남북교류
어떻게 해야 할까?

남북교류 어떻게 해야 할까?

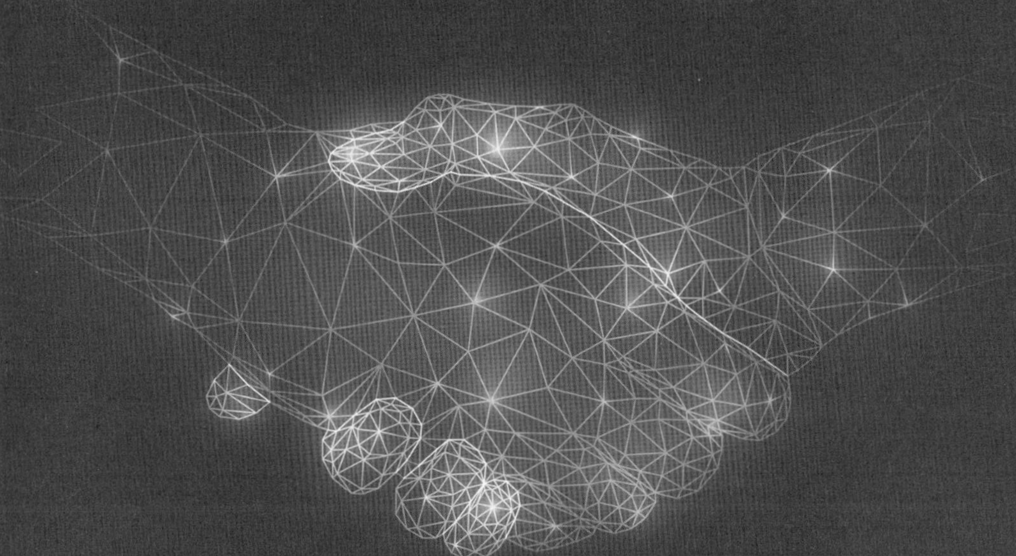

교류 60여년 진단과 새로운 방안

김영란

솔과학

서문

남북교류 왜, 무엇을, 어떻게 해야 할까? 남북은 대화가 시작된 1970년대부터 그동안 수차례에 걸쳐 교류협력을 통한 민족의 평화와 번영을 약속하였다. 그러나 그 약속은 매번 이행하는 모습을 잠깐 보이다가 서로에게 책임을 전가하며 파기를 반복하는 등 여전히 제자리를 맴돌고 있다. 최근들어 북한은 남북간 선언들을 성실히 이행해나가야 한다고 강조하고 있다. 이제는 정말 남북교류협력에 대한 합의가 선언으로 끝날 것이 아니라 실행의 동력을 확보하여 한반도가 평화번영의 길로 가는 결과물을 내놓아야만 한다.

남북은 2018년 정상회담을 통해 화해·평화의 희망과 함께 지난 10여 년간 침잠해 있던 교류협력의 장(場)을 다시 만들었다. 그러나 2019년 하노이 북미정상회담 결렬 이후 북한과 미국의 행동은 기대했던 남북관계 개선과 교류협력 추진에 찬물을 끼얹어 중단의 길로 내몰았다. 더구나 북한이 코로나19로 국경을 봉쇄하고 우리를 상대로 취한 일련의 행동은 남북관계를 더욱 어둡게 만들었다. 그럼에도 불구하고 지금이야말로 안토니오 그람시의 '지성의 비관, 의지의 낙관'이 절실한 때이다. 차가운 이성으로 현 상황을 면밀히 분석하고 현실을 극복 할 수 있는 대안을 마련해야 한다. 지난 70여 년의 남북관계가 그러했듯이 파국의 바닥을 친 이후에는 다시 좋아질 일만 남지 않았나 하는 희망의 끈을 잡고 한반도의 미래를 위한 아젠다를 발굴해야 한다.

남북간 분단체제를 극복하기 위한 시작은 '관계 맺기' 즉, 사람 간의 교류이다. 교류를 통해 적대감을 해소하고 화해와 평화번영의 새로운 시대를 열어나가야 한다. 통일의 선결조건으로써 민족적 화해는 서로 끊이지 않고 꾸준한 접촉이 이루어져야 가능하다. 동서독이 '상호 접근을 통한 변화'(Wandel durch Annährung)를 일관성 있게 추구하고, 단계적 접근 방법인 '작은 걸음의 정책'을 실시하여 통일을 이룬 것은 분단의 현실을 살아가고 있는 우리에게 시사하는 바가 크다.

남북통일이란 남북주민 모두가 공통의 가치관과 신념에 의해 민족의 생존과 번영을 지향하는 민족공동체를 형성하는 것이다. 민족공동체 형성을 위한 과정은 교류와 직결된다. 교류협력이 더욱 활발하게 계속되어야 할 필연성이 여기에 있다. 하지만 독일의 경우에서 보듯이 사회문화교류협력은 체제유지 문제와 아주 밀접한 관계를 맺고 있어 쉽게 성사되기 어려운 측면이 있다. 특히 남북은 이념적 갈등의 골이 깊을 뿐만 아니라 북한이 사회문화의 정치성을 강화하고 있다는 점에서 독일과는 또 다른 어려움이 있는 것이 사실이다.

남북은 1980년대부터 실제 교류를 진행해 왔다. 물론 남북관계의 정치 · 군사적인 상황 변화에 따라 진행과 중단 등 부침은 있었으나 교류의 맥은 이어져 왔다. 그렇지만 남북교류가 지향하는 민족동질성이 증대되기보다는 오히려 이질감만 더 확인하는 결과를 가져왔다. 그 이유는 무엇일까? 오랜 분단이 가져온 남북주민들의 마음속 제약 때문일 것이다. 그러므로 남북교류의 새로운 전기를 마련하여 서로 다름을 인정하고 함께 평화롭게 살아가는 방법을 터득해 나가는 것이 무엇보다 중요하다.

이 책은 저자의 박사학위 논문인 '남북 사회문화교류 변화 요인 연구'를 기반으로 하여 포스트 코로나와 남북관계 개선이라는 메커니즘 속에서 새롭게 추진할 수 있는 교류 방안을 남북한의 여건과 상황에 비추어 고찰하였다. 이를 위해 먼저 북한이 교류를 제의한 1954년부터 오늘날에 이르기까지 60여 년간의 남북교류 진행 상황을 진단해 보았다. 다음으로 남북한이 서로 공감대를 형성하고 평화롭게 공존하면서 번영할 수 있는 새로운 남북교류 추진 방안을 모색해 보았다. 다만, 여기서는 그동안 시행된 남북교류는 정치 분야는 거의 없으며 경제는 협력이 주를 이루었기 때문에 정치, 경제를 제외한 대부분 분야를 포괄하는 사회문화 분야 교류에 중점을 두었음을 밝혀 둔다.

남북 사회문화교류가 시작된 1981년부터 2018년까지 교류의 사례 590건을 수집하여 시기, 분야, 주체, 장소별로 어떻게 진행되었는지 그 동태성과 특징을 분단국 교류사례의 전범(典範)인 동서독과 연계하여 살펴보았다. 남북교류가 시기에 따라 빈도에 차이가 있는 것은 정치적인 환경 및 교류의 목적과 관련이 깊다. 교류 주체는 교류의 특징을 결정짓는 중요한 배경이 된다. 교류 분야는 교류가 미칠 이념적인 영향 및 기능성과 관련이 크다. 교류 장소는 주민들에게 미칠 파장과 편리성 및 상징성에 따라 다른 것으로 나타났다.

다음으로 남북 사회문화교류의 진행과 중단에 영향을 미치는 요인과 결과를 네 개의 시기로 구분하여 분석하였다. 교류 탐색기(1981~1989년)는 데탕트와 냉전체제 유지라는 이중적인 국제환경 속에서 먼저 북한이 통일전선 형성을 위해 교류를 추진하려 하였다. 그러나 그때는 남북간 기 싸움이 치열한 상황이라 교류 분위기를 탐색하는 정도에 그쳤다. 교류 시도기(1990~1997년)는 탈냉전과 사회주의권 몰락 등 국제정세 변화와 우리의 북방정책인「7.7선언」의 영향으로 1991년 교류를 포함한 남북관계 발전의 장전이라 할 수 있는「남북기본합의서」가 채택되었다. 이후 남한은 적극적으로 교류를 추진하려 하였으나, 북한이 자본주의 바람을 차단하기 위한 '모기장론'을 내세워 제한적인 교류에 그치고 말았다. 교류 활성화기(1998~2007년)는 국민의 정부의 '북한 변화' 지원 의지가 반영된 대북 포용정책이 교류에 결정적인 작용을 하였다. 북한이 경제난으로 실용주의 노선을 선택함으로써 2000년 남북정상회담과「6.15공동선언」이 채택되었고 교류 활성화로 이어졌다. 교류 침체기(2008~2018년)는 북한의 도발 및 핵 개발 등에 대한 대북강경정책과 대남정책의 충돌로 남북관계가 악화되면서 교류가 전면 중단되었다. 그러다가 2018년 평창동계올림픽을 계기로 남북관계가 새로운 국면을 맞이하면서 교류가 일시 재개되었으나, 북한 비핵화 문제에 대한 접점을 찾지 못함으로써 다시 중단되었다. 이렇게 남북교류는 실제 40년간의 역사를 갖고 있으면서도 아직도 정치, 군사의 영향에 따라 부침을 거듭하는 등 독자성을 확보하지 못하고 있다.

주지하듯이 서독정부는 동독정부에 대해 비정치적인 차원에서 교류와 협력을 강화하여 정치적인 관계개선을 모색하였다. 동독정부도 실리추구 차원에서 교류협력에 호응함으로써 동서독의 분단사는 마감되었다. 남북한도 정치적인 대화부터 강조하던 태도에서 벗어나 어떠한 교류협력이든 끊임없이 이어나가는 것을 목표로 삼아야 한다. 이를 통해 먼저 남북간 신뢰를 형성하고 그동안의 합의사항과 약속을 이행해가는 순서로 한반도 평화번영의 로드맵을 차근차근 실천해 나가야 한다.

그러나 남북교류가 중단된 지난 10여 년간 우리의 대북인식은 물론 교류 환경도 인적, 물적인 측면에서 많이 악화되었다. 이에 따라 교류를 추진할 수 있는 동력도 약화되었다. 그나마 다행인 것은 북한이 '사회주의 문명국' 건설이라는 김정은식의 변화를 통해 주민들의 생활향상과 국가발전을 도모하고 있어 여러 분야에서 교류협력의 여지가 많아졌다는 점이다. 물론 교류가 재개된다 하더라도 북한이 그들에게 도움이 되는 분야만을 선별하여 추진하는 '모기장'이라는 제약요인은 여전할 것이다. 이러한 점을 고려하여 우선 북한이 전략적으로도 부담을 느끼지 않고, 이익이 보장된다고 판단하여 호응할 수 있는 분야부터 교류를 추진해야 한다. 그리고 북한 변화에 실제 도움이 되도록 점진적이고 단계적으로 발전시켜 나가야 한다.

머지않아 평화의 시대를 맞이하는 큰 물결이 밀려오면서 역동적인 남북교류가 진행될 것으로 전망된다. 이 책은 지난 60여 년간 추진해 왔던 남북교류를 성찰해보고 새로운 시대에 대비하여 보다 더

진전된 교류 모델을 정립하자는 뜻에서 기획하였다. 남북교류에 관심을 가진 사람들이 이 책을 통해 남북관계와 교류에 대해 한층 더 이해하고 새로운 아이디어를 얻어 발전된 교류를 추진하는 데 도움이 되기를 바란다. 그리고 우리 모두의 이러한 노력이 남북한이 평화롭게 공존하다가 분단사를 마감하는 큰 가치로 이어지기를 기대한다.

마지막으로 30년 이상을 남북관계 업무에 매진하고, 학문에도 정진할 수 있도록 곁에서 묵묵히 도와준 가족들과 이 책이 나오는데 영감을 주고 남북문제에 대해 열정을 갖고 토론해 주신 여러 지인분께 감사드린다. 또한, 책의 발간을 위해 여러모로 애써주신 솔과학 출판사 관계자들에게도 고맙다는 말씀을 전한다.

2021년 1월

지은이 김영란

| 목　차 |

들어가며

: 논의의 목적과 기준

남북간 '적대적 대결' 관계 속에서 1981년부터 시작된 남북교류는 40년이 되었다. 남북은 1970년대 세계적인 데탕트 흐름에 발맞춰 대화와 교류를 하기로 합의하였으나 실행하지 못하였다. 그러다가 1980년대 냉전 관계 속에서 교류의 첫 걸음마를 떼기 시작하였다. 세계적인 탈냉전의 영향으로 남북은 1990년대 초반 「남북기본합의서」를 채택하고 본격적으로 교류를 실시하는 것 같았으나, 개방의 여파를 우려한 북한의 수세적 태도로 중단되고 말았다. 1998년 국민의정부의 대북 포용정책(engagement policy)과 2000년 남북정상회담 및 「6.15공동선언」을 계기로 남북교류가 활성화되었다. 그러나 2008년 이후 이명박·박근혜 정부의 대북정책인 '비핵·개방·3000'과 '한반도 신뢰 프로세스'가 북한의 대남도발 및 핵 문제 등과 충돌하면서 사실상 남북교류는 중단되었다.

2018년 평창동계올림픽을 계기로 남북관계 개선을 위한 교류가 재개되고 4월 27일 「판문점선언」과 9월 19일 「평양공동선언」으로 일시적이나마 남북교류에 긍정적인 정치·사회적 환경이 조성되었다. 또한, 개성 「남북공동연락사무소」 개소로 교류와 협력을 위한 제도화 수준을 높이는 효과도 기대할 수 있게 되었다. 북한도 '사회주의 문명국' 건설을 내세우며 '김정은식 변화'를 꾀하고 있다. 그러나 2019년 북한 비핵화를 위한 하노이 북미정상회담이 결렬되면서 남북관계가 다시 악화되고 3월부터 교류는 전면 중단되었다. 게다가 북한은 2020년 6월 남북교류의 상징인 남북공동연락사무소를 폭파함으로써 남한과 미국의 획기적인 입장 변화가 없는 한 상대하지 않겠다는 결의를 보였다.

이러한 상황 등을 고려해 볼 때 남북교류는 쉽게 재개되기 어려울 것이다. 설령 교류가 시작된다 하더라도 과거와는 다른 차원에서 새로운 방식으로 새롭게 접근해야 한다. 이를 위해서는 지난 40년간 실제로 진행된 남북교류의 모습을 성찰해 봐야 한다. 분단국 교류의 모범이라 할 수 있는 동서독 사례의 교훈을 통해 남북관계의 발전과 평화공존, 더 나아가 통일에 이바지 할 수 있는 교류를 추진해야 한다. 과거 동서독은 정치적 갈등과 충돌에도 불구하고 사회문화교류 협력이 중단된 적이 거의 없다. 이것이 바로 우리가 동서독의 교류 사례에서 배워야 할 교훈인 것이다.

남북 사회문화교류는 사회와 문화 등 다방면의 교류와 접촉을 의미하며, 남북간 긴장 완화와 이해 및 신뢰를 바탕으로 남북관계의 진전과 통일기반 구축에 중요한 역할을 한다. 북한도 "북과 남 사이의 접촉과 래왕, 협력과 교류를 폭넓게 실현하여 서로의 오해와 불신을 풀고 통일의 주체로서의 책임과 역할을 다해야 할 것"[1]이라며

1 이 책에서 북한 원전을 원용한 부분은 맞춤법, 띄어쓰기 등을 원문 그대로 인용한다. 『로동신문』, 2018년 1월 1일 신년사.

남북관계의 개선과 통일을 위해 교류와 협력이 필요함을 강조하고 있다.

칼 도이치(Karl Deutsch)는 교류이론에서 "두 체제 간의 정보 교환이나 상호왕래 등 교류의 증대가 상호 안전성을 제고함으로써 융합적 또는 복합적 안전공동체를 형성할 수 있다."[2] 고 교류의 중요성을 강조하고 있다. 여기서 안전공동체는 동질성이 증대된 상태를 의미한다. 남북은 분단 기간 왕래와 접촉, 교류가 지속되어 온 독일의 경우와 달리 심리적, 물리적으로 철저히 단절된 채 이질적인 방향으로 각각의 사회 변화를 경험하였다. 따라서 남북주민들에게 사회문화 교류는 상대방을 이해하고 신뢰를 쌓아가는 계기가 된다는 점에서 중요하다고 할 수 있다.[3]

이렇듯 남북관계 발전과 평화공존을 위해 중요한 사회문화교류를 더 효율적으로 시행할 필요가 있다. 이를 위해서는 그동안 실시된 남북 사회문화교류에 대해 첫째, 교류가 본래의 취지에 맞는 역할을 해왔는지 둘째, 교류의 성격과 방식 등은 어떤 요인에 영향을 받아 변화되었는지 그 변화 현상을 심층적으로 연구해 볼 필요가 있다.

이 두 가지 문제 중 첫 번째는 교류의 역할, 즉 교류가 본래의 취지에 맞게 진행되었는지 여부이다. 남북 사회문화교류는 분단으로 인한 사회·문화적 이질화를 극복하고 동질성을 회복하여 민족공동체 형성을 지향하는 과정에서 실질적인 역할을 한다.[4] 고 한다. 하지만 북한은 1990년대 남북간의 "동질성 회복은 제도통일을 말하는

---

2 이상우, 『국제관계론』(서울: 박영사, 1979), p. 249.

3 전미영, "남북 사회문화교류 활성화를 위한 과제," 『북한연구』, 제6권 1호(2010), p. 94.

4 조한범, 『남북 사회문화 교류협력의 평가와 발전방향』(서울: 통일연구원, 1999), p. 1

것으로 통일을 하지 않겠다는 것" [5]이라며 반발하였다. 그런데 2000년대 들어 남북교류와 협력이 활발해지자 "접촉과 래왕은 민족적 동질성의 이질화를 막고 민족사회의 동질성 회복을 가속화시키게 할 것이며 완전한 민족통일을 위한 현실적 여건을 마련할 수 있게 할 것"[6]이라면서 남북간 교류가 민족동질성 회복의 필수 요소임을 강조하였다. 이러한 점에서 남북 사회문화교류는 확대 · 심화되고 지속되어야 할 필연성이 있는 것이다.

이 책은 위에서 제기한 두 번째 문제인 남북 사회문화교류 변화 현상에 주목하고 있다. 그동안 연구자들이 실시한 남북 사회문화교류에 관한 연구는 대부분 교류에 대한 평가와 발전 방향 및 방안이었다. 또한, 남북한 평화공존과 사회통합 그리고 통일을 위해서는 사회문화교류가 필요하다는 당위론적인 언설들이었다고 할 수 있다. 정작 남북 사회문화교류가 어떻게 진행되었고, 어떤 요인에 의해 변화되었는지 그 현상에 대한 구체적인 연구는 이루어지지 않았다.

이러한 맥락에서 이 책은 지난 40년간 시행되어 온 남북 사회문화

---

5 김일성은 남한의 '남북간 동질성 회복' 주장에 대해 '동질성 회복'은 '제도통일'과 마찬가지인 것으로 결국 통일을 하지 않겠다는 것이라고 하였다. 김일성은 1991년 신년사에서 "지금 일부 사람들은 〈이질화〉 되어 있는 북과 남을 통일하기 위하여서는 〈동질성〉을 회복하여야 한다고 하고 있으나 북과 남은 … 민족적으로는 여전히 동질적인 것입니다. 북과 남 사이에 서로 다른 것이 있다면 지난 40여년동안 존재하여온 두 제도와 관련된 이질성인데 그것은 수천년에 걸쳐 형성되고 공고화된 민족적 동질성에 비한다면 크게 문제로 될 것이 없습니다. … 동질성회복이라는 구실 밑에 제도가 단일화되기 전에는 두 개 국가로 갈라져 있을 수밖에 없다. 하나의 국가, 하나의 제도에 의한 〈제도통일론〉 을 주장하는 것은 나라의 분렬을 끝없이 지속시키자는 것이며 결국 통일을 하지 않자는 것입니다." 『로동신문』, 1991년 1월 1일 신년사.

6 최기환, 『6.15시대와 민족공조』(평양: 평양출판사, 2004), p. 165.

교류가 어떤 요인에 의해 변화되었는지 심층적으로 분석하였다. 이를 위해 첫째, 남북 사회문화교류는 분단 이후 현재까지 어떻게 전개되어왔는지 둘째, 교류는 어떠한 변화의 특징을 나타내고 있는지 셋째, 교류의 변화에 어떤 요인들이 영향을 미쳤는지 분석하였다. 그리고 이를 바탕으로 남북의 평화공존과 번영을 위한 새로운 교류 추진 방안을 모색해 보았다.

먼저 남북 사회문화교류가 어떻게 진행되었는지 그 동태성을 살펴보기 위해 분단 이후 현재까지 교류에 대해 통시적으로 접근하면서 교류사례를 구체적으로 분석하였다. 이를 위해 남북간에 실제로 교류가 진행된 1981년부터 2018년 8월까지 사회문화교류 사례 590건을 수집하여 교류의 시기·분야·주체·장소 등 네 가지로 분류하여 분석하였다.

교류의 시기는 탐색기(1981~1989년), 시도기(1990~1997년), 활성화기(1998~2007년), 조정기(2008~2018년)로 구분하였다. 교류의 분야는 학술·교육, 문화·예술, 방송·언론·출판, 체육, 종교, 남북공동행사, 기타로 분류하였다. 교류의 주체는 교류를 누가 주도하였는지에 따라 민간, 정부 등으로 분류하고 교류를 어디에서 주최했느냐에 따라 남한, 북한, 해외 등으로 분류하였다. 교류의 장소도 남한, 북한, 해외 등으로 분류하여 교류 현황과 특징 등을 살펴보았다.

남북 사회문화교류가 시기에 따라 진행과 중단을 거듭하며 전개되는 과정에서 그 빈도에 있어 차이가 있는 것은 교류가 정치적 영향 아래에 놓여 있기 때문이다. 또한, 교류의 분야·주체·장소 등 부문별 교류가 각 시기에 따라 차이가 나는 것은 남북이 교류를 통해 추구하고자 하는 목적과 연관성이 크기 때문이라고 할 수 있다. 교류의 주체가 정부 중심으로 진행되느냐 또는 민간 중심으로 진행되느냐 하는 성격의 차이는 교류의 특징을 결정짓는 중요한 배경이 된다. 어떠한 분야의 교류가 미칠 이념적 · 정치적 영향이 크고 적음과 기능성 및 성격 등에 따라 교류의 발전 가능성에도 차이를 보인다. 교류 장소도 교류로 인해 주민들에게 미칠 영향과 교류의 편리성 및 상징성 등에 따라 변화를 보일 수 있다.

다음으로 남북 사회문화교류 변화의 특성과 요인을 살펴보았다. 교류의 변화에 영향을 미치는 것을 요인으로 규정하고 크게 남한 요인, 북한 요인, 남북관계 요인, 국제환경 요인 등 네 가지로 구분하여 어떻게 영향을 미쳤는지 분석하였다. 이 네 가지 요인 중 하위 요소는 남한의 경우 최고지도자 성향 및 정권의 지향, 통일정책 및 대북정책, 정치·경제·사회적 상황, 남북관계 개선을 지향하는 사회 내부의 동력과 이를 우려하는 여론 등에 영향을 받았다. 북한의 경우는 최고 지도자의 의지와 인식이 가장 중요한 요인이다. 그리고 통일목표와 대남정책, 정치·경제적 상황의 변화, 사회·문화적 정책지향, 핵실험 등이 영향을 끼친다. 남북관계의 경우는 대결 상태이냐 화해·협력 상태이냐 등 관계변화에 따라 크게 달라지며 남북정상회담 및 주요 합의사항, 남북대화 진전 여부 등이 영향을 미친다. 국제환경은 냉전 구조의 변화, 북핵 문제 등 국제적 사건, 북미·북중·북일 관계 및 한미관계 등 한반도 주변 정세의 변화가 중요한 작용을 한다.

남북교류는 시기에 따라 한가지 요인이 매우 강한 영향을 미쳐 교류를 견인하기도 하고, 여러 요인이 복합적으로 교류를 추동하기도 한다. 교류 탐색기와 시도기인 1980~1990년대는 냉전구조 변화 등 국제정세가 교류 시작에 큰 영향을 미쳤다. 활성화기인 2000년대는 남한의 대북 포용정책이 교류를 견인하고 북한이 실용주의 노선을 선택함으로써 교류가 증대되었다. 조정기인 2008년 이후에는 남북한의 대북정책과 대남정책이 충돌하면서 교류의 퇴보를 가져왔다. 이렇게 남북 사회문화교류가 변화를 겪게 된 것은 여러 가지 요인들이 서로 맞물려 영향을 미친 중층결정(overdetermination)의 결과라고 할 수 있다.

그동안 남북 사회문화교류에 관한 연구는 크게 두 가지 방향으로 진행되었다. 첫째, 1991년 「남북기본합의서」 채택을 전후하여 교류가 시작되었을 때 교류 방향에 관한 연구이다. 둘째, 2000년 남북정상회담을 전후로 교류가 활성화됨에 따라 교류의 발전방안 등에 관한 연구이다. 그러나 2008년부터 이명박·박근혜 정부가 들어서면서 교류가 축소되자 사회문화교류에 관한 연구도 거의 중단되다시피 하였다. 이와 같이 남북 사회문화교류에 관한 연구는 남북관계 상황 변화에 의한 교류의 진전 여부에 따라 부침이 심하였다. 그간 진행된 남북 사회문화교류에 관한 연구를 살펴보면 다음과 같다.

첫째, 남한의 입장에서 사회문화교류협력에 대한 평가와 향후 발전 방향 및 대응방안 등에 대한 논의가 대부분이었다. 즉 문화·체육·종교 등 분야별 교류협력 증진방안, 지자체 및 대북지원 단체의 교류협력 활성화 방안 등 남북간에 진행되었거나 향후 추진해야 할 교류협력 방향에 관한 것이었다. 출간된 논문이나 책자 및 발표 자료도 이와 같은 범주를 크게 벗어나지 않는다. 이 책자의 핵심 주제라 할 수 있는 남북 사회문화교류의 변화 현상을 분석하는 연구는 거의 이루어지지 않았다. 다만 그동안 진행되었던 남북 사회문화교류에 대한 평가는 남북관계 상황이나 북한의 교류 의도 및 남한 민간단체의 교류 행태에 대한 문제점을 지적한 정도에 불과하다.

남북 사회문화교류 변화 현상을 파악하기 어려운 것은 북한의 경우 남북 사회문화교류와 관련된 정책이나 의도를 공개적으로 표명한 적이 없다. 게다가 실제 교류에 참여한 북한 관계자들의 이야기도 직접 들을 수 없었기 때문이다. 그리고 남한 교류단체의 단발성 교류에 나타난 행태가 마치 남한의 교류에 대한 전체 입장 또는 문제인 것처럼 확대되는 경우도 많았다.

둘째, 연구자들은 남북 사회문화교류는 분단으로 인한 이질화를 해소하고 동질성 확대를 통한 사회통합 등 교류 취지에 부합되어야 한다는 주장을 하였다.[7] 이와 함께 동서독의 사회문화교류가 독일 통일에 미친 영향이 남북 사회문화교류와 통합에 시사하는 바가 크다는 점을 강조하였다.[8] 하지만 그동안 남북 사회문화교류가 어떻

7 윤인진, "남북한 사회통합의 조건과 전망," 전성우 편 『남북한 사회통합의 길』(서울: 금왕출판사, 2001); 김경웅, "남북한의 사회문화적 통합을 위한 전략적 접근," 『통일경제』, 제6호(1995); 박병영, "사회문화통합의 이론과 그 쟁점," 『통일연구』, 제8권 2호(2004); 김문조·김종길, "남북한 사회통합의 추진과제 및 방안," 『아세아연구』, 제96호(2002); 전미영, "남북 사회문화 통합을 위한 교류협력의 과제," 『통일문제연구』, 통권 46호 하반기(2006).

8 김학성, 『동서독 인적교류 실태 연구』(서울: 민족통일연구원, 1996); 박성조, "동서독간의 교류 및 협력형태와 남북한 교류에 시사점," 『평화문제연구』, 제1권 4호(1989); 황병덕 외, 『신동방정책과 대북 포용정책: 브란트와 김대중의 민족통일 대구상』(서울: 두리미디어, 2000); 김영윤, "동서독 교류 협력과 대동독 대가지급," 『통일정책연구』, 제10권 2호

게 진행되어 왔고 왜 변화되었으며 그 변화 요인이 무엇이었는지에 대해서는 깊이 있게 살펴보지 않았다. 남북 사회문화교류의 변화 현상을 고찰하기 위해서는 먼저 지난 40년간 진행된 교류 사례를 분석하는 것이 선행되어야 한다. 그러나 그 사례가 체계적으로 정리되어 있지 않아 연구를 시도하는 것 자체가 어려울 수밖에 없었을 것이다.

이 책은 남북 사회문화교류의 변화 현상에 대한 원인과 의미에 주목하였다. 사회문화교류의 변화 현상을 상세하게 분석하기 위해 북한이 처음 남한에 교류를 제의한 1954년부터 최근 교류가 진행된 2018년 8월까지 남북 사회문화교류에 영향을 미친 요인들을 살펴보았다.

먼저 시간적인 범위는 남북한 간에 실제로 사회문화교류가 성사된 1981년부터이나 북한이 1954년 처음 교류를 제안하였기 때문에 1950년대부터 북한의 교류에 관한 입장을 살펴본다. 북한은 1950~1970년대 비록 평화공세이기는 하나 지속적으로 남한에 교류를 제의하였다. 또한, 남북은 1972년 「7.4공동성명」을 통해 처음으로 "다방면적인 교류를 실시"하기로 합의하였다. 따라서 당시 교류에 관한 남북의 입장을 살펴보는 것이 그 이후 교류 변화에 대한 이해에 도움이 될 것이다. 1981년부터 2018년까지 진행된 남북 사회문화교류의 변화 현상을 파악하는 데 있어 무엇보다도 중요한 것은 실제 교류가 어떻게 진행되었으며, 그 의미는 무엇인가 하는 점이다.

(2001.12); 박성조, 『분단의 두 얼굴』(서울: 역사비평사, 2005).

다음으로 공간적인 범위는 남북 사회문화교류가 어떻게 변화되었는가를 고찰하는 데 있어 남한, 북한, 남북관계, 국제환경 등 네 가지 변수 요인이 교류 변화에 결정적인 역할을 한다는 전제 아래 분석을 하였다. 이 요인들도 시기와 상황의 변화에 따라 교류에 미치는 영향에 커다란 차이가 있다.

이 책에서 분석대상은 먼저 1981년부터 2018년 8월까지 진행된 남북 사회문화교류 사례이다. 지난 40년간 교류가 어떻게 전개되었는가를 살펴보기 위해서는 교류 사례를 수집해야 한다. 하지만 그동안 진행된 남북 사회문화교류 현황에 대한 공식적인 통계자료는 생산되지 않고 있다. 다만, 남북협력사업의 경우 1990년대부터 통일부의 승인을 받고 진행되었기 때문에 기본적인 현황[9]은 있으나, 북한주민 접촉신고 후 진행된 사회문화교류에 대한 공식적인 통계자료는 거의 없는 실정이다.

따라서 이 책은 1980년대부터 2018년까지 통일부에서 발간한 『통일백서』·『남북교류협력동향』·『판문점 수첩』·『사회문화공동위수첩』을 비롯하여 국내 신문기사, 남북교류 관련 논문 및 책자 등을 참고하여 교류 사례를 수집하였다. 그리고 북한의 『조선중앙년감』과 『로동신문』 등에 실린 사회문화교류 사례도 수집하였다. 북한의 『조선중앙년감』에 실린 남북 사회문화교류 관련 내용은 주로 예술공연, 체육 등 남북당국간 행사와 통일전선 형성에 기여한다고 판단할 수

9 남북협력사업은 처음으로 1991년 3월 대한탁구협회가 일본에서 개최되는 제41회 세계선수권대회(1991년 4월 24일-5월 6일)에 남북단일팀으로 참가하기 위해 신청하였다.

있는 행사이다. 6.15·8.15남북공동행사를 비롯하여 노동자·농민·청년학생·여성 등 부문별 남북공동행사 등을 중심으로 100여건 정도가 수록되어 있다. 이렇게 남북한 자료를 통해 수집한 사회문화교류 사례 총 590건을 대상으로 교류의 시기, 분야, 주체, 장소별로 구분한 후 구체적으로 분석하여 각각의 특성을 파악하였다.

남북 사회문화교류 변화 요인을 고찰하기 위해 북한, 남한, 남북관계, 국제환경 등을 살펴보았다. 북한 요인은 최고지도자의 교류에 대한 인식이 가장 중요하다. 그 인식을 파악하기 위해서는 1차 자료(primary material), 즉 최고지도자가 해당 기관에 하달한 내용이나 문헌을 입수하여 분석하는 방법이나 정책 수립 및 집행자들에 대한 직접 면담을 통해 추출하는 방법이 가장 적절할 것이다. 그러나 이러한 문헌은 북한 내부의 문헌이기 때문에 현재로서는 입수가 현실적으로 불가능하다.

이 책에서 활용 할 수 있는 자료는 북한당국이 내놓은 공식 문헌이다. 이 공식 문헌은 이데올로기적 편향성과 지향성, 역사 소급 및 내용 수정 등의 이유로 신뢰성이 떨어짐에도 불구하고 최고지도자의 생각이나 정책 방향 등이 반영되어 있어 그 어떤 자료보다도 북한을 이해하는 데 도움이 되기 때문이다. 그러므로 북한 최고지도자들이 남북교류와 관련하여 언급한 내용이 실린 『김일성선집』, 『김일성저작선집』, 『김일성저작집』, 『김일성전집』과 『김정일선집 』, 『김정일전집』 등 저작물을 살펴보았다.[10] 또한 최고지도자 저작의 인용학

10 북한 원전을 활용하는 데 있어 유의할 점에 대해서는 다음의 글들을 참고하였다.

적 서술이 총괄적으로 다뤄진 『철학사전』, 『정치사전』 등도 참고한다. 그리고 매년 발행되는 『조선중앙년감』을 통해 북한의 정책 방향 및 대남·대외관계 등을 알아보았다.

북한 방송·언론매체의 논조는 남북관계에 있어 주요 현안에 관한 그들의 입장과 주장을 강조하기도 하고 남한의 입장과 주장에 대해 비판을 하기도 한다.[11] 그러므로 『조선중앙통신』은 물론 당 기관지인 『로동신문』과 주요 일간지 『민주조선』·『조선신보』·『평양신문』 그리고 잡지 『근로자』·『조선예술』· 『조선문학』 등에 실린 내용도 분석하였다. 『조선중앙년감』과 신문, 잡지 등은 비록 당국의 선전 의도가 고스란히 담겨있기는 하나 최고지도자의 저작물과 달리 소급하여 재판하지 않으므로 보다 객관적인 정보를 제공한다는 측면에서 공간 문헌으로서 가치가 높다고 할 수 있다.

또한, 북한이 한국전쟁 이후 남한에 교류를 처음으로 제의한 1954년부터 2018년까지 『로동신문』에 보도된 신년사[12] 중 남북교

류길재, "김일성·김정일 문헌을 어떻게 읽을 것인가," 이주철, "북한연구를 위한 문헌자료의 활용," 경남대학교 북한대학원 엮음, 『북한연구방법론』(서울: 한울아카데미, 2003).

11 북한은 대개 대남·대미관련 주요 현안에 대한 자신들의 입장이나 주장을 밝힐 때는 '조선중앙통신'을 이용한다. 그러면 '조선신보'(조총련계)가 이를 받아 내용을 요약하고 보충설명을 하여 인터넷에 등재한다. '조선중앙통신'의 보도내용이 대남용으로서 메시지가 강할 때는 다시 '평양방송'(북한주민 대상 방송이 아님)을 통해 내보내며, 북한주민을 대상으로 하거나 대남선전이 강할 때는 '로동신문' 논평이나 사설에 게재하고, 이를 다시 '조선중앙방송'을 통해 북한주민들에게 알리는 것이 북한 보도의 통상적인 관례이다.

12 신년사는 최고지도자가 지난해 설정한 목표에 대한 전체적인 평가와 함께 새해에 추진해야 할 정책대강을 제시하는 일종의 국정지표로서의 기능을 한다. 또한 신년사는 정책방향 제시 외에도 주민들을 특정방향으로 유도하는 통치행정과 정치사회학적 의미가 내포되어 있기 때문에 글자와 문장의 행간에 숨은 뜻을 면밀히 살펴볼 필요가 있다.

류와 관련된 내용에 대해서도 분석을 하였다.[13] 그리고 시기별 대남 정책과 대남관계의 기본 방향은 물론 정치·경제적 상황과 함께 사회·문화적인 정책지향 등도 살펴보았다. 북한은 사회문화정책을 별도로 제시하지 않는 것이 통례이므로 사회·문화적인 정책지향을 알아보기 위해서는 『주체문학론』이나 『문화론』 등을 통해 문예정책이나 문화정책 등을 파악하였다.

남한 요인을 알아보기 위해 최고지도자의 성향 및 정권의 이념적 지향, 정부별 통일정책 및 대북정책, 정치·경제·사회적 상황 및 남한 내 사회문화교류 관련 여론 등을 참고하여 분석하였다.

남북관계 요인도 남북은 분단 이후 현재까지 갈등과 대립, 화해와 협력 등 많은 변화를 겪었다. 그 과정에서 남북관계 발전을 위한 대화와 합의사항 등이 남북교류 변화에 있어 중요한 요소로 작용하고 있으므로 상세히 살펴보았다. 이를 위해 통일부에서 발간한 『남북대화』·『북한이해』·『통일백서』·『남북교류협력동향』 및 시기별로 남북관계 변화상을 알수 있게 해주는 다양한 서적과 논문 등을 참고하였다.

국제환경 요인은 1970년대 전후 세계적인 데탕트[14]와 1990년대

---

13 언론 보도내용을 분석하는 대표적인 기법으로는 크렘리놀러지(Kremlinology)가 있다. 크렘리놀러지란 舊소련의 정치적 중심을 상징하는 크레믈린(Kremlin)과 학문을 뜻하는 올러지(ology)를 합성한 단어이다. 크렘리놀러지란 舊소련의 언론매체가 보도한 상징교차나 의전절차, 성명이나 고위 인사들의 대외 메시지 등을 장기간에 걸쳐 분석함으로써 그 변화 추이를 도출하고 이를 통해 외교정책상의 변화를 감지해내는 기법이다. 특히 북한의 로동신문 등 언론매체는 북한 지도부가 보도되거나 공개되기를 원하는 사실만을 보도한다는 특성을 갖고 있다고 할 때 크렘리놀러지가 적용될 수 있는 좋은 조건을 갖추고 있다. 류길재, "김일성·김정일의 문헌을 어떻게 읽을 것인가," 경남대학교 북한대학원 엮음, 『북한연구방법론』(서울: 한울 아카데미, 2003), pp. 66-67.

14 김지행, 『데탕트와 남북관계』(서울: 선인, 2008); 김성윤, 『신데탕트 기류하의 한반도』(서울: 반도출판사, 1989); 홍석률, "데탕트기 한국의 대공산권 외교정책," 『한국문화연구』,

전후 탈냉전[15]이 남북한 각각 및 남북관계에 미친 영향을 알아보았다. 그리고 북핵 문제로 야기된 남북·북미 갈등과 국제사회의 대북제재 등이 남북교류에 끼친 영향이 지대하므로 중요한 분석 대상이 되었다.

이 외에도 1970~2000년대 남북대화에 직접 참여했던 인사들의 회고록[16]이나 저작 등도 당시 남북당국의 교류에 관한 입장과 인식의 흐름을 파악하는 데 참고하였다.

남북 사회문화교류 사례분석에 있어 시기, 분야, 주체, 장소 등 4개 영역으로 구분하여 구체적으로 살펴보는 이유는 다음과 같다.

첫째, 교류 시기는 남북관계 진전 여부 및 국제환경의 변화에 따라 사회문화교류에도 변곡점이 있었기 때문에 매우 중요하다. 분단 이후 남북관계는 국제정세 등 대내외적인 상황 변화에 따라 대결과 갈등, 화해와 협력 등 관계변화를 겪었다. 이로 인해 교류도 시작과 중단, 재개 및 활성화, 또 다시 중단과 재개 등 다양한 변화를 보임에 따라 교류 빈도수도 시기별로 큰 차이를 보였다.

둘째, 교류 분야는 북한의 체제유지 문제 등과 밀접한 관련이 있어 남북관계 상황 변화에 따라 분야별 수용 여부와 폭도 크게 달라

제34권(2018) 등 참고.

15 정해구, 『탈냉전 10년(1988-1997)의 남북관계』(성남: 세종연구소, 1999); 정문헌, 『탈냉전기 남북한과 미국: 남북관계의 부침』(서울: 매봉, 2004); 장달중·이정철, "냉전과 탈냉전의 남북관계," 『세계정치』, 24호(2002). 등 참고.

16 이동복, 『통일의 숲길을 열어가며 1,2』(서울: 삶과꿈, 1999); 박철언, 『바른 역사를 위한 증언 1,2』(서울: 랜덤하우스, 2005); 임동원, 『피스메이커』(서울: 창비, 2015).

진다. 예컨대 북한은 문화[17] 분야 교류에 있어 남한 등 자본주의 문화가 북한으로 유입되는 것을 극도로 꺼린다. 또한, 1990년대 언론, 방송 분야 교류는 수용하지 않다가 국민의 정부 들어 방송사의 공신력이 교류의 중요한 요소로 대두됨에 따라 교류가 급증하였다가 2008년 중단된 것에서도 알 수 있다.

셋째, 교류 주체는 사회문화교류 성격을 결정짓는 중요한 배경이 된다. 사회문화교류는 민간부문이 주축이 되어 이루어져야 한다. 그러나 초창기의 교류는 주로 정부 당국의 주도로 이루어짐으로써 교류의 본질적인 의미를 창출하지 못한 측면이 강하였다. 국민의 정부 들어 민간단체가 중심이 되어 교류가 진행됨으로써 교류 활성화에 크게 기여하였으나, 2008년 보수정권 집권 이후 민간교류가 동력을 잃게 되었다. 2018년 들어 교류가 재개되기는 하였지만, 민간교류가 본래 기능을 수행하는 데는 한계가 있었다.

넷째, 교류 장소가 중요한 것은 북한에 있어서는 개방 문제 및 주민들의 사상오염과 깊은 관련이 있기 때문이다. 따라서 북한은 1980년대 말부터 시작된 동구 사회주의권 붕괴 이후 1990년대 초반 남북 왕래교류를 꺼리면서 가능한 제3국에서 접촉 위주로 진행하기를 희망하였다. 한편 2000년대 남북 왕래교류가 본격적으로 이루어지면서 남한 국민들의 대북인식이 상당히 긍정적으로 변화된

17 "북한의 문화는 계급사회에서 계급적 성격을 띠며, 반동적 계급의 요구와 취미를 반영하고 그 계급적 이익을 실현하는데 복무하는 문화는 반동적 문화이며 근로인민대중의 지향과 요구 실현에 이바지하는 문화는 정치, 경제와 밀접한 연관 속에서 변화 발전한다고 한다. 문화발전에 가장 유리한 조건을 마련해주는 것은 사회주의 사회이며, 사회주의 문화는 노동계급을 비롯한 근로 인민대중의 진실한 생활감정과 지향을 집중적으로 반영한 것으로서 참다운 인민적 문화로 된다."고 한다. 과학백과사전출판사, 『대중정치용어사전』(평양: 과학백과사전출판사, 2005), p. 326.

것도 교류 장소가 중요한 이유 중의 하나가 되었다.

이와 같은 분석을 위한 남북 사회문화교류 분류 기준은 〈표 1〉과 같다.

〈표 1〉 남북 사회문화교류 사례 분류 기준

구분		분류 기준
시기		탐색기(1981~1989년), 시도기(1990~1997년), 활성화기(1998~2007년), 조정기(2008~2018년) 등 4개
부문별	분야	학술·교육, 문화·예술, 방송·언론·출판, 체육, 종교, 남북공동행사, 기타 등 7개
	주체	주도 : 정부, 민간, 정부·민간 공동 등 3개 주최 : 남한, 북한, 남·북한, 해외, 남·북·해외, 민족공동위원회(남·북·해외동포 공동 주최) 등 6개
	장소	남한, 북한, 경계지역(금강산, 개성), 남·북한, 해외, 남한·해외 및 북한·해외 등 6개

이 책에서 〈표 1〉처럼 남북 사회문화교류 사례를 분류한 기준의 구체적인 근거는 다음과 같다.

첫째, 교류 시기는 1981년부터 2018년 8월까지로 하되, 남북관계 진전 및 국제정세 등 환경 변화가 교류에 미친 요인과 실제 교류 진행 여부 및 교류 빈도 등을 결정하게 된 4개 시기로 구분하여 교류의 전개과정과 특징 등을 살펴보았다.

교류 탐색기(1981~1989년)는 세계적인 데탕트 속에서 냉전체제 유지라는 이중적인 구조가 적대적 대결 상태이던 남북간에도 영향을 미쳐 남북은 대화와 함께 초보적이나마 교류를 모색하였다. 이 시기는 남북간에 처음으로 종교 분야에서 민간교류가 이루어진

1981년부터 정부 차원에서 실시한 1985년 남북예술단 교환공연 후 사실상 교류가 중단된 1989년까지로 한다.

교류 시도기(1990~1997년)는 1980년대 말 세계적인 탈냉전 등 국제상황의 변화와 함께 노태우 정부의 남북대결 종식 및 공동번영을 모토로 한 「7.7선언」으로 고위급회담 등 남북대화가 교류를 본격적으로 시작하는 데 영향을 미쳤다. 이 시기는 남북화해 분위기 조성을 위해 1990년부터 정부 차원에서 예술공연, 체육교류가 시작되어 1991년 「남북기본합의서」채택으로 교류가 본격화되는 듯하였다. 그러나 북한의 핵개발 및 대남도발로 남북왕래 교류는 사실상 중단되고 제3국에서 간헐적으로 교류가 진행되었다. 따라서 1990년대 초반 남북교류가 본격적으로 시작되어 1990년대 중후반 교류의 끈을 잇는 정도로 진행된 1997년까지로 한다.

교류 활성화기(1998~2007년)는 1998년 출범한 국민의 정부의 대북포용정책 추진과 이에 대한 북한의 호응으로 사상 처음 남북정상회담이 성사되고 「6.15공동선언」으로 교류 활성화에 커다란 영향을 미쳤다. 이 시기는 1998년부터 그동안 중단되었던 교류가 재개되어 참여정부로 이어지는 동안 교류의 다양화와 함께 다변화되는 등 활발하게 진행된 2007년까지로 한다.

교류 조정기(2008~2018년)는 이명박·박근혜 정부의 대북정책 변화와 북한의 대남도발 및 핵실험 등으로 인한 남북관계 악화가 교류 위축 및 중단에 영향을 미쳤다. 2017년 5월 출범한 문재인 정부의 남북관계 개선 분위기 조성 노력과 북한의 2018년 2월 평창동계올림픽 참가를 계기로 교류가 재개되어 진행된 8월까지로 한다.

둘째, 교류의 분야는 7개로 크게 구분한 후, 다시 교류내용에 따라 세분하여 교류현황과 특징 등을 분석한다. 7개 분야의 분류기준은 다음과 같다.

학술·교육 분야는 평화·통일, 언어, IT·과학, 일제청산, 문화, 의학, 교육, 기타 등으로 세분한다. 문화·예술 분야는 미술·사진·공예 등 전시회, 공연, 역사유적, 영화, 문화 애니메이션, 언어 등으로 나눈다. 방송·언론·출판 분야는 다큐멘터리, 영상, 역사, 뉴스, 신문, 자연, 저작권 문제 등으로 세분한다. 체육 분야는 축구, 태권도, 농구, 탁구, 아이스하키 등 개별 종목과 아시안게임, 올림픽, 육상대회 등으로 구분한다. 종교 분야는 기독교, 불교, 천주교, 천도교, 원불교 등으로 나눈다. 또한, 남북공동행사는 6.15·8.15 등 민족공동행사와 부문별 청년·학생, 노동자, 농민, 교육자, 여성, 종교인 등으로 나눈다. 기타 정치인 방북이나 남한주민의 '아리랑공연' 참관을 위한 대규모 평양방문, 그리고 정부의 남북 사회문화교류 지원 내용 등도 살펴본다.

셋째, 교류의 주체는 먼저 남한을 중심으로 정부와 민간의 주도 여부에 따라 정부, 민간, 정부·민간 공동 등 3개로 구분한다. 다음으로 남한·북한·해외단체 등의 주최 여부에 따라 남한, 북한, 남·북한, 해외, 남·북·해외, 민족공동위원회(남·북·해외동포 공동 주최) 등 6개로 분류한다. 그리고 교류 주체에 따른 교류의 성격과 특징 등을 상세히 살펴본다.

넷째, 교류의 장소는 남한, 북한, 경계지역(금강산, 개성), 남·북한, 해외, 남한·해외 및 북한·해외 등 6개로 구분한 후 장소에 따른 교류의 특징과 의미를 살펴본다. 특히 2000년 이후 교류 장소로 많이 이용된 금강산, 개성 등 경계지역을 평양과 구분하여 살펴봄으로써 장소에 따른 의미를 알아본다.

이 분류 기준에 의해 남북 사회문화교류 사례 590건을 상세히 분석하여, 교류 변화과정과 그 과정에 어떠한 요인들이 영향을 미쳤는지를 살펴본다.

남북 사회문화교류는 동서독의 사회문화교류협력 사례를 하나의 모델로 적용해 볼 필요가 있다. 그러나 남북과 동서독 간에는 분단의 국내외적 환경과 조건이 다르기 때문에 보다 적실성 있는 시사점을 얻기 위해서는 독일분단의 역사적·상황적 맥락 속에서 사회문화교류협력의 전개과정을 정확히 이해해야 한다. 이를 바탕으로 양자 간의 유사성과 상이성이 반영된 적합한 시사점을 도출하여 적용하였다.

다음으로 남북 사회문화교류 변화요인을 고찰하기 위해 문헌연구와 함께 내용분석(Content Analysis)을 하였다. 시기별로 북한·남한 및 남북관계 요인과 국제상황 요인이 남북 사회문화교류의 시작과 발전, 후퇴에 어떻게 작용했으며, 어떤 요소들이 영향을 미쳤는지 검토하였다. 그리고 이러한 요인들이 교류의 분야, 주체, 장소에도 어떻게 영향을 미쳐 교류의 변화를 가져왔는지 살펴보았다. 이와 같이 지난 40년간 진행된 남북 사회문화교류의 사례분석과 함께 교류가 시기별로 어떤 요인에 의해 변화되었는지 종단면을 분석한 결과, 교류의 변화 현상에 대한 원인과 의미를 알 수 있었다. 이를 바탕으로 앞으로 보다 발전적인 남북교류의 추진 방안을 살펴본다.

1부

남북교류, 왜 해야 하나?

1

남북교류의 의의

가. 남한의 남북사회문화교류 개념과 의의

남북 사회문화교류는 남북간의 '사회와 문화'[18] 방면에서 교류와 접촉을 의미하며 상호이해 증진을 위해 추진되는 친선교류와 인도주의적 사업 등이 여기에 속한다. 또한, 남북간의 차이와 갈등을 완화하고 사회문화공동체 형성을 위한 기반을 구축하며 남북간의 상호 변화와 발전, 신뢰증진을 추구해나가는 다방면의 교류협력 행위

18 사회와 문화는 인간생활의 전 영역을 포함하므로 그 정의도 매우 포괄적이다. 릿저(Ritzer)는 사회학적 의미에서 사회란 "일정한 영역 내 구성원들 사이의 유형화된 상호작용의 체계"라는 매우 추상적이고 포괄적인 의미를 지닌다고 한다. 여기에는 행위자로서의 개인, 가족, 집단, 조직, 구조 등의 단위들이 포함된다. G. Ritzer, et al., Sociology (Boston: Allyn & Bacon, 1979), p. 15; 문화의 개념도 Edward B. Tylor가 원시문화(Primitive Culture)에서 이미 언급했듯이 "지식, 신앙, 예술, 법률 도덕, 관습, 그리고 사회의 한 구성원으로서 인간에 의해 얻어진 다른 능력이나 관습을 포함하는 복합총체(Complex Whole)"로서 생활양식이라는 종합적 의미를 지니고 있다. Edward B. Tylor, *Religion in primitive culture* (NewYork: Harper and Row, 1958).

를 말한다. 남북 사회문화교류는 궁극적으로 분단을 극복하고 민족의 평화와 통일을 달성하는데 기여할 수 있는 통일문화의 형성이라는 시각에서 추진할 필요가 있다.[19]

남북 사회문화교류의 개념은 남북관계에서 정치, 경제 분야를 제외한 여타 분야를 지칭하는 의미로 사용되고 있다. 남북 사회문화 분야에 관련된 논문이나 문건 등에 의하면 협의의 개념은 학술, 문화·예술, 언론·출판, 체육, 종교 분야가 중요한 영역으로 나타난다. 광의의 의미에서 사회문화교류는 학술, 문화·예술, 언론·출판, 체육, 종교뿐만 아니라 관광 분야, 일상생활 문화를 포함하여 대북지원 및 이산가족 상봉 등을 통한 인도적 차원의 인적교류도 포함된다고 할 수 있다.[20]

남북 교류협력의 바탕이 되는「남북기본합의서」중 사회문화 분야의 교류협력에 관한 내용을 담고 있는 제16조는 "남과 북은 과학·기술, 교육, 문화·예술, 보건, 체육, 환경과 신문, 라디오, 텔레비전 및 출판물을 비롯한 출판·보도 등 여러 분야에서 교류와 협력을 실시한다."고 규정하고 있다.

〈표 2〉에서 보는 것처럼「남북기본합의서」 내용을 보다 구체화하고 실천해 나가기 위한「남북교류협력 부속합의서」 제 9조에는「남북기본합의서」 제 16조에 포함되었던 '과학·기술'과 '환경'이 그 성격상 경제 분야에 포함되므로「부속합의서」 제1장 경제교류협력 부문으로 이관시켰다. 따라서 이 책에서도 과학·기술과 환경 부문은

19 통일부 통일교육원,「통일·남북관계 사전」(서울: 통일부 통일교육원, 2004), p. 213.

20 오기성, "남북교류 활성화를 위한 민간단체의 역할: 사회문화교류를 중심으로,"『인천대 통일문제와 국제관계』,제10호(1998), p.10.

제외하였다. 다만 「남북기본합의서」 제 16조가 사회문화 분야의 여러 부문을 예시적으로 나열한 것임을 고려하여 현재 남북 사회문화 교류에서 중요성이 큰 '종교' 부문을 추가하였다.[21]

〈표 2〉 남북 사회문화 분야 교류협력 관련 법적 개념 규정

남북기본 합의서 ('91.12.13)	第16조: 남과 북은 과학·기술, 교육, 문화·예술, 보건, 체육, 환경과 신문, 라디오, 텔레비전 및 출판물을 비롯한 출판·보도 등 여러 분야에서 교류와 협력을 실시한다.
남북교류협력 부속합의서 ('92.9.17)	제9조: 남과 북은 교육, 문화·예술, 보건, 체육과 신문, 라디오, 텔레비전 및 출판물을 비롯한 출판·보도 등 여러 분야에서 교류와 협력을 실시한다.
남북사회문화 협력사업처리에 관한 규정 ('98.5.12)	제3조: 이 규정에서 '사회문화 분야 협력사업'이라 함은 남한과 북한의 주민이 합의 또는 계약에 의하여 공동으로 행하는 문화, 체육, 학술 등에 관한 제반활동으로서 민족의 동질성 회복과 사회문화공동체 형성을 위해 남한, 북한 또는 제3국에서 다음 각 호의 1에 해당하는 사항을 기획·실시 및 사후처리하는 일련의 행위를 말한다. ①공동조사·연구·저작·편찬 및 그 보급에 관한 사항 ②음악·무용·연극·영화·기타 예술적 또는 오락적 관람물의 공동제작·공연 및 상영에 관한 사항 ③음반·영상물 및 방송프로그램의 공동제작에 관한 사항 ④국내·외 체육행사 단일팀 출전 및 공동개최에 관한 사항 ⑤문화·학술 연구단체 및 청소년 단체의 육성과 체육진흥을 위한 지원에 관한 사항 ⑥기타 사회·문화 분야 협력사업의 특성을 고려하여 통일부장관이 인정하는 사항

※ 개정 전 「남북 사회문화협력사업 처리에 관한 규정」은 사회문화교류협력 분야를 교육·학술, 문화·예술, 종교, 보건, 과학, 체육, 출판·보도 등 구체적이고 폭넓게 정의하였으며, 협력사업을 비영리적 활동에 국한하였다.

21 『사회문화공동위수첩』(서울: 남북회담사무국, 1995)은 사회문화 분야의 남북교류 추진사례를 열거하면서 주요 분야로 출판·보도, 학술, 예술, 종교, 체육 분야를 포함하고 있다. 『사회문화 분야 남북교류협력실무안내』(서울: 통일원, 1996)에서는 사회문화 분야로 학술, 문화·예술, 종교, 체육, 언론·출판 분야를 열거하면서 '종교'를 포함하고 있다.

국민의 정부 이후 남북 사회문화 분야와 관련된 대부분 문건에는 교육·학술, 문화·예술, 체육, 종교, 언론·방송·출판, 관광 분야가 주요 영역으로 나타나고 있다.[22] 그런데 관광 분야는 남한국민의 금강산 관광이나 개성관광이 주를 이루고 있다. 반면 2000년 남북정상회담 이후에는 사회문화교류에 있어 남북 공동행사가 중요한 의미를 차지하고 있다. 또한, 민간단체 및 지방 자치단체의 대북지원 및 이산가족 상봉 등을 통한 인도적 차원의 인적교류도 광의의 의미에서 사회문화교류협력의 의미를 지니고 있다. 이처럼 사회문화교류 분야는 정부 차원에서 추진하는 접촉이나 경제적 목적인 경제협력을 제외한 전 영역을 포함하고 있다.

그러나 이 책에서는 이산가족 상봉, 금강산·개성관광 그리고 대북지원 등 인도주의적 사업 분야를 제외한 교육·학술, 문화·예술, 종교, 체육, 언론·방송·출판 분야 및 남북 공동행사 그리고 기타 정치인 방북이나 사회문화교류를 위한 정부 차원의 지원 등을 남북 사회문화교류의 분야로 본다.

남북 사회문화교류의 개념은 남북한 주민들의 접촉과 왕래, 재외

---

22 남북은 1972년 7.4공동성명, 1991년 남북기본합의서, 2000년 6.15공동선언, 2007년 10.4선언을 비롯하여 2018년 4.27판문점선언 및 9.19공동선언에 이르기까지 다방면적인 교류와 협력을 명시하고 있다. 이와 관련하여 『남북기본합의서 개요』(서울: 국제문제조사연구소, 1992); 『사회문화공동위수첩』(서울: 남북회담사무국, 1995); 『사회문화 분야 남북교류협력 실무안내』(서울: 통일부, 2000)은 사회문화 분야의 남북교류 추진사례를 열거하면서 주요 분야로 학술, 문화·예술, 종교, 체육, 언론출판 분야를 예시하고 있다. 이 외에 박병석, 『남북한 사회문화교류의 현황과 전망』(서울: 아태평화재단, 1995); 최대석, 『남북문화교류 활성화방안 연구』(서울: 민족통일연구원, 1995); 조한범, 『남북 사회문화교류협력의 평가와 발전방향』(서울: 통일연구원, 1999) 등에서도 유사한 구분을 하고 있다. 2000년 이후에는 이에 더해 『남북한 이해』(통일원, 2002) 등에서 남북 사회문화교류에 '남북공동행사'를 포함하여 예시하고 있다.

국민들의 북한 방문, 협력사업 등을 포괄한다. 남북교류협력에 필요한 경우에는 정부로부터 남북협력기금을 지원받을 수 있다.[23] 여기서 '접촉'은 남한과 북한의 주민이 서로 정보나 메시지를 보내고 받는 과정을 말한다. 북한주민을 직접 대면하여 의사를 교환하거나 중개인(제3자)을 통하거나 전화, 우편, FAX, 인터넷 등의 통신수단을 이용한 의사 교환도 모두 접촉에 포함된다. '왕래'는 남한국민이 북한지역을 방문하거나 북한주민이 남한지역을 방문하는 것을 말한다. 남북한 직접 왕래 뿐만 아니라 제3국을 경유하여 남북한을 왕래하는 경우도 포함된다. 왕래를 희망하는 주민은 '남북교류협력에 관한 법률'에 따라 통일부장관이 발급하는 증명서를 소지해야 한다. 그러나 외국 정부로부터 영주권을 취득하였거나 이에 준하는 장기체류 허가를 받은 재외국민은 재외공관장에게 신고함으로써 북한을 방문할 수 있다. 그리고 '협력사업'은 각 해당 분야에서 상대지역 및 제3국에서 당사자 간 합의에 의해 공동으로 행하는 연속성이 있는 행위를 말한다.[24]

남북 사회문화교류는 분단체제로 인한 이질화를 극복하고 동질성을 확대해 나가는 과정이며 궁극적으로는 남북간 사회문화적 통합의 기초가 된다는 점에서 의의를 찾을 수 있다. 남북이 상호 이해의

23 통일부, 『사회문화분야 남북교류협력 실무안내』(서울: 통일부 교류협력국, 2000), pp. 15-42.

24 협력사업의 유형으로는 공동조사·연구·저작·편찬과 그 보급, 영화·연극·음악·무용·기타 예술적 또는 오락적 관람물의 공동 제작·상영 및 공연, 음반 및 영상물·방송 프로그램의 공동 제작, 국내·외 체육행사 단일팀 출전 및 공동 개최, 학술·문화 연구단체, 청소년 단체의 육성 및 체육진흥을 위한 지원사업의 공동 추진, 기타 사업 특성을 고려하여 통일부장관이 인정하는 사업 등이다. 통일부, 『사회문화분야 남북교류협력 실무안내』(서울: 통일부 교류협력국, 2000), p. 33.

폭을 넓히기 위해서는 비정치적인 사회문화 분야에서 교류와 협력의 활성화가 필요하다. 특히 통일이 남북한 주민들의 사회문화적 통합이 중요한 요소임을 고려할 때 사회문화교류협력은 매우 중요한 의미를 지닌다.

나. 북한의 남북교류 개념과 의미 변화

북한은 남북교류에 대해 직접 정의하고 있지는 않다. 다만 "북과 남 사이의 접촉과 래왕, 협력과 교류를 폭넓게 실현하여 서로의 오해와 불신을 풀고 통일의 주체로서의 책임을 다해야 한다."[25]고 강조하고 있다. 또한 "남북사이에 이질적인 리념과 체제가 대립하여 있고 따라서 상호 뿌리깊은 불신과 오해를 아직 완전히 해소하지 못하고 있는 현 상황에서 서로 래왕, 접촉하고 교류를 활발히 하는 것은 민족적 화해와 단합, 민족공조를 실현하는데서 중요한 의의를 갖는다."[26]고 주장하고 있다. 이와 같이 북한은 남북간 서로 이해와 신뢰를 구축하고 통일로 나아가기 위해서는 교류가 필요하며, 이를 위해서는 왕래와 접촉이 필수 요소임을 역설하고 있다.

북한은 1960년대부터 『로동신문』 등을 통해 수시로 남한에 교류를 제안하였다. 이후 최고지도자들이 신년사를 통해 남북교류 계기가 마련되는 등 중요한 이슈가 있을 때마다 교류에 관한 입장과 의

25 『로동신문』, 2018년 1월 1일 신년사.

26 최기환, 『6.15시대와 민족공조』(평양: 평양출판사, 2004), p. 120.

도를 드러내고 있다. 북한은 신년사에서 남북교류라는 용어로 명기하지는 않더라도 남북교류의 이념적·전략적 근거가 될 수 있는 '민족대단결'[27], '우리민족끼리·민족공조'[28], '화해·단합(단결)', '대화' 등의 용어를 사용하였다. 또한, 사회문화교류 개념으로 볼 수 있는 '합작과 교류'[29], '왕래', '접촉', '교류', '협력' 등의 용어를 사용하고 있다. 북한이 1960년대부터 2018년까지 신년사에서 사용하고 있는 교류 관련 용어와 그 빈도를 종합하면 〈표 3〉과 같다.

---

27 1990년대 이후 북한 대남전략의 핵심은 '반미·자주와 연공·연북'을 주요내용으로 하는 '민족대단결론' 이다. 1972년 김일성은 남북고위급회담에 참가한 남측 대표단에게 조국통일 3대원칙으로 자주·평화통일·민족대단결을 내세웠다. 이후 1990년대부터는 민족대단결노선 또는 사상으로 부각 시켜 왔는데 민족대단결사상은 "민족의 자주성 옹호와 실현을 위해 사상과 리념, 정견과 신앙의 차이, 재산의 유무와 사회적 지위에 관계없이 모든 계급, 계층이 하나로 굳게 단합할 데 대한 사상"이라고 한다. 또한 연방제방식의 통일을 이룩하기 위해서는 민족대단결을 해야 하며 연방제통일이 곧 민족대단결이라고 하였다. 따라서 민족대단결론은 북한의 사상이자 통일방안이며 대남전략이라고 할 수 있다. 김정일, "위대한 수령김일성동지의 조국통일유훈을 철저히 관철하자," 『김정일선집 제14권』(평양: 조선로동당출판사, 2000), pp. 344-346; 김희일, 『민족대단합의 길에 빛나는 거룩한 자욱』(평양: 평양출판사, 2007), p. 3.

28 북한은 2000년 6.15공동선언을 조국통일의 이정표로 내세우면서 우리민족끼리와 민족공조를 본격적으로 주장하고 있다. 남북은 6.15공동선언 1항에 "나라의 통일문제를 그 주인인 우리민족끼리 서로 힘을 합쳐 자주적으로 해결해 나가기로 한다."고 명시하였다. 이에 따라 북한은 "우리민족끼리 리념은 공동선언을 관통하고 있는 기본정신이며 중핵을 이루는 사상으로 우리민족끼리 리념을 구현하여 민족화해와 단합을 실현해나가는 것이 민족공조"라고 한다. 최기환, 『6.15시대와 민족공조』(평양: 평양출판사, 2004), pp. 33-34

29 북한은 "남북 합작과 교류는 남북한의 대중들에게 조국통일의 방침과 정당성을 민족적, 계급적으로 각성시키고 조국통일 투쟁에 떨쳐나서도록 하는 중요한 조건"이라고 설명하고 있다. 사회과학출판사, 『주체사상에 기초한 남조선혁명과 조국통일이론』(평양: 사회과학출판사, 1975), p. 203.

〈표 3〉 북한 신년사의 남북교류 관련 용어

연도	우리 민족 끼리	민족 대단결	민족 공조	화해 단결	대화 협상	교 류				
						합작	왕래	접촉	교류	협력
1964						1			1	
1972					1			3		
1982				1						
1985		2			5	2		3	2	
1986					4					
1988				1						
1990						1	6	2	1	
1991					3		2	1	3	
1992		1			1				2	2
1994		1		1						
1995		4		2						
1996		2		1						
1997		4								
1998		3			1					
1999		2		1	1			1		
2000		5								
2001	1	3		1						
2002	1		1	1						
2003	2	1	2	2					1	1
2004	2	1	4						1	1
2005	2		1	1						1
2006	4	2	1	1	1			1	1	
2007	1	3		1						
2008	3			2					1	2
2009	2			2						1
2010	1			1	2		1	1		3
2011	1			1	3		1		1	4
2012	1			2						
2013	1			1						
2014	4									
2015	1	1			5			2	1	
2016	2			1	2			1		
2017							1	1		
2018	1			2			3	3	2	1
총계	30	35	9	26	29	4	14	19	17	16

〈표 3〉에서 처럼 북한 최고지도자들이 신년사를 통해 언급한 남북교류와 관련된 용어의 빈도를 살펴보면 "우리민족끼리 민족대단결하자"면서 교류를 위해서는 '접촉'이 가장 중요하다고 강조하고 있다. 그리고 매년 사용한 용어의 빈도를 보면 북한의 교류 목적과 의지에 있어서 변화가 나타난다.

먼저 '우리민족끼리'는 「6.15공동선언」 이후 매년 등장하며 그 중요성이 강조되고 있다. '민족대단결'은 1995년부터 줄곧 강조해오다 2008년 이명박 정부 들어서부터는 거의 언급하지 않았다. '민족공조'는 국민의 정부 말기인 2002년에 등장하여 참여정부 기간 내내 주장하다가 2007년부터 주장하지 않았다. '화해와 단결(단합)'은 꾸준히 등장하였다. '대화'는 남북관계 단절 후 대화 분위기가 조성된 1998년과 그 이후 남북관계가 단절되었다가 대화의 필요성이 대두된 2010년부터 다시 주장하였다. 또한 '대화'는 2015년 남북관계 개선을 위한 고위급회담과 최고위급회담을 제의하면서 많이 사용하였다.

남북 사회문화교류와 직접 연관된 '합작'은 1990년까지 언급하였으나, '합작'의 의도에 대해 남한이 강한 거부감을 나타냄에 따라 그 이후부터는 언급하지 않고 있다. '왕래'는 전혀 언급하지 않다가 남북교류가 거의 중단된 2010년부터 언급하였다. '접촉'은 필요에 따라 간혹 언급하였다. '교류'와 '협력'에 대해서는 국민의 정부 시기에는 전혀 언급하지 않다가 교류와 협력이 활성화된 2003년부터 언급하기 시작하였다. 특히 '협력'에 대해서는 이명박 정부 들어 교류협력사업의 중요성을 강조하면서 본격적으로 사용하기 시작하였다. 그러나 김정은 집권기인 2012년 이후 거의 사용하지 않다가 2018년부터 교류협력의 중요성을 강조하면서 다시 사용하기 시작하였다.

한편 남북교류 관련 용어도 시기별로 그 개념과 의미가 변화하였다. 첫째, '교류' 용어 사용의 이중성이다. 북한은 1960년대부터 1980년대까지 『로동신문』 등을 통해 지속적으로 남한에 교류를 제안할 때에는 수시로 교류 용어를 사용하였다. 그러나 실제 교류가 이루어진 1990년대에는 '교류'라는 용어는 사용하지 않고 대신 민족의 '화해와 단결' 같은 용어를 사용하였다. 2000년 남북정상회담을 계기로 교류가 본격적으로 이루어질 때도 '교류' 용어를 사용하지 않았다. 이후 2003년 참여정부 때부터는 '교류' 용어를 적극적으로 사용하기 시작하였다. 그러나 남북관계가 악화된 2009년부터 '교류' 용어를 거의 사용하지 않다가 2018년 들어 남북관계 개선이 필요하다는 주장과 함께 다시 사용하였다.

둘째, '왕래와 접촉'은 과거 통일전선 형성의 가장 유력한 방법에서 협력사업의 가장 유용한 수단으로 바뀌었다. 왕래와 접촉은 과거에는 주로 인적교류를 통한 남북간 화해와 협력, 연대강화 등 통일전선전술 차원에서 사용하였다. 그러나 2008년 이후 사실상 교류가 중단되자 2010년부터 "민족공동의 이익을 첫 자리에 놓고 각계각층의 래왕과 접촉을 통해 협력사업을 추동하자"[30]면서 왕래와 접촉이 교류협력사업 추진에 필수적인 방법임을 강조하며 사용하고 있다. 2018년부터는 남북관계 개선을 위해 '왕래와 접촉'이 필요함을 주장하였다.

---

30 『로동신문』, 2010년 1월 1일 신년공동사설.

셋째, '협력'은 남북관계 개선을 위한 화해·협력 분위기 조성을 위해 협력하자는 의미에서 경제적 실익을 챙길 수 있는 협력사업을 위한 협력으로 변화되었다. 특히 '협력'은 남북교류가 정점이었던 2003년부터 교류와 협력이 활발히 진행된 데 대한 평가의 의미로 사용하다가 2010년부터는 협력사업의 중요성을 강조하기 위해 사용하였다. 그러나 김정은이 집권한 2012년부터는 남북교류가 진행되지 않자 '협력'이라는 용어도 사용하지 않다가 2018년부터 다시 사용하기 시작하였다.

넷째, '민족공조'는 남북관계 상황 및 대미관계 변화에 따라 그 의미를 달리하고 있다. 2002년에 등장한 '민족공조' 용어는 북핵 문제로 미국이 대북압박을 가하자 "북과 남이 공조하여 사대·외세를 물리치고 반미자주를 해야 한다."고 주장하면서 그 의미가 외세배격에 맞추어졌다. 그러나 북한이 남북교류에서 '민족공조'를 강조한 것은 '민족공동의 이익'으로, 교류를 통한 경제적인 실리를 의미하였다. 또한 "남북 협력과 교류사업은 민족공조를 전제로 하는 것이며 그 자체가 남북의 공조를 의미하는 것"[31]이라면서 '교류가 곧 민족공조' 과정임을 강조하였다.

다섯째, '민족대단결'은 통일과 체제생존의 전제조건에서 체제유지의 조건으로 변화되었다. '민족대단결'은 과거 주로 인적교류를 통한 통일전선 형성으로 '남조선 혁명'을 이룩하겠다는 전략에서 1990년대부터 체제 유지를 위한 수세적인 정책을 취하면서 그 의미가 전환되었다. 이후 대남정책이 통일보다는 남북공존으로 변화

31 최기환, 『6.15시대와 민족공조』(평양: 평양출판사, 2004), p. 73.

되면서 2008년부터는 거의 사용하지 않고 있다.

여섯째, '우리민족끼리'는 2000년 「6.15공동선언」에서 공식적으로 등장하였다. 이후 조국통일 운동에서 구현해야 할 근본이념으로 규정하고, 외세를 배격하고 자주통일과 평화번영을 이룩하는데 우리민족끼리 힘을 합치자고 주장하고 있다. 또한, 남북교류가 활발히 진행되거나 중단되어도 언제나 "우리민족끼리 발전적인 남북관계를 전개해 나가자"면서 적극적으로 사용하고 있다.

북한의 남북교류 목적은 1960대에서 1980년대는 주로 '조국통일 실현'과 '통일전선 형성'에 초점이 맞추어져 있었다. 1990년대 초반에는 '조국통일 실현'을 위해 교류를 하자고 주장하면서도 남북교류에 대한 우려 등 이중성을 나타내었다.[32] 1990년대 중반 이후부터 '조국통일 실현'을 위해 교류가 필요하다고 주장하는 가운데서도 2008년부터는 교류가 '평화번영'과 '민족공동이익'을 위해 필요함을 강조하고 있다. 김정은 집권기인 2012년부터는 조국통일보다는 '민족공동이익'과 '남북관계 개선'을 전면에 내세우고 있다. 이와 같이 북한은 남북교류의 목적이 그들이 처한 상황과 남북관계 변화에 따라 다르게 나타나고 있다.

---

32 김일성은 1991년 신년사에서 "남조선 당국은 … 〈교류우선론〉에만 매달리고 있다. 우리는 인도적인 래왕이나 교류문제를 해결하는 것도 필요하다고 인정하지만 보다 긴절한 평화문제, 군사문제를 뒤로 미루려는데 대해서는 타협할 수 없습니다. … 우리나라의 실정에서 군사문제의 해결을 회피하고 교류만을 고집하는 것은 사실상 평화도 바라지 않고 정상적인 래왕과 교류 자체도 하지 않겠다는 것이나 다름없습니다." 라면서 남북교류에 대한 불편한 심기를 드러냈다. 『로동신문』, 1991년 1월 1일.

2

동서독의 교류가 남북교류에 주는 교훈

남북간 교류에서 동서독의 교류 사례가 중요하게 된 것은 독일통일 이후이다. 독일은 통일 준비가 덜 된 상태에서 외적 요인에 의해 갑작스럽게 통일이 이루어짐으로써 경제통합과 사회문화적 융합과정에서 예상치 않은 문제가 발생하였다.[33] 독일처럼 오랜 기간 단계적 교류를 통해 통일을 준비해 왔던 사회에서도 정치통합 이후 사회문화적 통합에 어려움이 있었다면 남북한은 더욱 난관이 클 것이라 예상된다. 물론 남북한 통일이 동서독의 통일과 같은 경로를 밟을 수 없고, 통일의 양태나 방법 또한 독일과 같을 수는 없다.[34]

독일과 한반도는 국제적, 역사적, 사회적 맥락이 서로 다르다. 분단 상황이라는 측면에서는 유사성을 가지고 있지만, 교류협력과 관련해서는 양 지역의 상황 차이는 매우 크기 때문에 독일의 경험을

33 이온죽 외, 『남북한 사회통합론』(서울: 삶과꿈, 1997), p. 23.

34 Philip Zelikow · Condoleeza Rice 저, 김태현·유복근 역, 『독일 통일과 유럽의 변환』(서울: 모음북스, 2008), p. 12.

있는 그대로 받아들이기는 어려운 측면이 있다. 그러나 남한의 대북 정책이 화해와 협력을 목표로 하고 있다는 점에서 독일 사례는 그 의미가 크다 할 것이다. 특히 어떠한 여건에서 교류협력이 활성화될 수 있는지, 또 이를 위해 어떤 정책이 요구되는지, 그리고 교류협력이 동서독 관계에 어떠한 영향을 미쳤는지 등을 보여준다는 점에서 시사하는 바가 크다.[35]

따라서 동서독의 사회문화교류 사례를 중점적으로 분석할 필요가 있다. 첫째, 서독은 왜 동독과 교류협력을 추진했는가? 서독과 동독은 사회문화 분야의 교류협력에 대해 어떠한 입장을 견지하고 있었으며, 어떤 정책을 추진하였는가? 신동방정책 하에서 서독은 동독과 교류협력에 관한 입장을 어떻게 재정립하였으며, 정책에는 어떤 변화가 있었는가? 이에 대한 동독의 대응과 정책은 어떻게 변화되었는가를 살펴보아야 한다. 특히 서독의 대동독 사회문화 분야 교류협력은 동서독간 맺은 협정에 크게 영향을 받았다. 따라서 신동방정책 추진 이후 동서독간 체결한 「우편협정」(1970)을 비롯하여 「베를린협정」(1971), 「통행협정」(1972), 「기본조약」(1972), 「체육·보건협정」(1974), 「문화협정」(1986), 「과학 · 기술협정」(1987), 「방송협정」(1987) 등 각각의 협정체결시 서독과 동독의 입장 및 협정의 내용과 동서독의 교류협력에 미친 영향 등을 분석하였다. 그 이유는 남북 사회문화교류 전개 및 변화과정에 있어 남한의 입장과 북한의 입장 그리고 남북간 주요한 합의사항 등이 커다란 영향을 미쳤기 때문이다.

---

35 이우영·손기웅·임순희, 『남북한 평화공존을 위한 사회·문화 교류·협력의 활성화 방안』(서울: 통일연구원, 2001), p. 8.

둘째, 동서독이 추진했던 사회문화 분야 교류협력을 '신동방정책' 추진 전후로 그 특징을 살펴보았다. 이 책에서는 문화·학술, 청소년, 언론·방송, 체육, 종교를 중심으로 살펴보았다. 그 이유는 동서독간 교류협력에 대한 분석이 현재 남북한 관계에서 규정되고 있는 사회문화 분야 교류협력의 개념과 비슷하기 때문이다. 남북관계의 전반을 규율하고 있는 장전으로써 사회문화교류협력의 바탕이 된 「남북기본합의서」는 사회문화 분야의 교류협력에 대해 비슷하게 규정하고 있다. 그리고 남북간에도 지난 40년간 시행해온 교류의 상당 부분이 동서독간 교류협력과 유사한 목적과 방식으로 진행되었다는 점이다.

셋째, 동서독의 사회문화 분야 교류협력이 변화된 요인을 살펴보았다. 당시 국제정세와 서독의 동방정책 추진과 이에 대한 동독의 수용이 교류협력의 활성화와 발전에 어떻게 영향을 미쳤으며 그에 따른 교류의 변화 양상은 어떻게 나타났는지 알아보았다. 이 또한 남북 사회문화교류 변화 요인에 있어 남한 · 북한 요인, 남북관계 요인 그리고 국제정세 및 상황 등이 영향을 미쳐 교류의 시작과 활성화, 중단과 재개 등을 가져왔기 때문이다.

넷째, 동서독의 사회문화 분야 교류협력에 대한 평가를 통해 남북 사회문화교류에 적용될 수 있는 시사점을 도출하였다.

가. 신동방정책·독일정책 추진 전후 환경

독일이 분단에서 통일에 이르는 기간 동안 동서독은 동·서블록의 국제정세 및 양독과의 관계, 양독 각각의 정치·경제·사회적 요인에 의해 신동방정책[36]및 독일정책[37]의 추진환경에 변화를 가져왔다. 특히 서독의 신동방정책 추진환경은 국제적·국내적 여건은 물론 동독의 입장 등에 따라 변화가 있었으며, 이러한 환경은 신동방정책에 의한 동서독의 사회문화교류협력에도 중요한 요인으로 작용하였다.

신동방정책·독일정책 등장 이전 환경

1949년 8월 제2차대전 전승국인 미국·영국·프랑스 점령지역에서 아데나워를 초대총리로 하는 서독정부가 출범하였다. 또한, 소련

---

36 동방정책은 중부유럽에 위치한 서독이 분안 후 대소련정책, 대동유럽정책, 대동독정책을 포괄하는 총체적 전략을 의미한다. 아데나워 등의 동방정책과 구분하여 브란트(Willy Brandt)의 동방정책을 신동방정책이라고 부른다. 좁게는 브란트 수상이 동독과 서독 간의 긴장을 완화하고 독일 통일의 기반을 마련하기 위해 실시한 정책으로 동서독간 교류협력을 기반으로 하고 있다. Timothy Garten Ash, Im Namen Europas: *Deutschland und der geteilte Kontinent*, Ulm: Hanser Verlag, 1993 & Frankfurt/a.M.: Fischer Taschenbuch Verlag, 1995, p. 61; 황병덕 외, 『신동방정책과 대북포용정책: 브란트와 김대중의 민족통일 대구상』(서울: 두리, 2000), p. 42 재인용; 신동방정책은 기민당·기사당과 사민당이 대연정을 구성했던 1966년부터 시작되었으며, 1969년 사민당이 집권하면서 본격적으로 추진되었다. 이후 1970년대에 들어와 동서독 정상회담과 모스크바조약, 동서독기본조약 등 일련의 동방조약이 체결되었고 이를 바탕으로 1975년 헬싱키선언과 더불어 유럽안보협력회의(CSCE)가 형성됨으로써 신동방정책 및 독일정책의 기반이 확립될 수 있었다. 황병덕 외(2000), 위의 책, p. 36.

37 일반적인 의미에서 독일정책은 19세기 비스마르크의 독일통일 이후 유럽 강자로 등장한 독일에 대한 정책을 의미하였다. 이러한 의미는 제2차 세계대전 이후 독일의 분단과 통일로 집약되는 '독일문제'에 대한 전승국들의 외교정책과 분단 당사국인 동서독의 정책을 의미한다. 황병덕 외(2000), 위의 책, p. 42 재인용.

군정지역에서도 1946년 4월 동독사회주의통일당(SED)이 결성되고 1949년 10월 인민의회가 구성되었다. 그러나 서독은 동독이 민주적 절차에 의해 세워진 정부가 아니라는 이유로 동독정부를 인정하지 않았다.[38] 아데나워는 국제정치에서 초강대국인 미·소의 등장과 냉전의 발발, 패전국 독일 등을 직시한 현실주의적 입장에 의해 대외정책을 추진하였다. 냉전체제가 격화되면서 서독은 NATO에 가입하고 소련 측의 바르샤바조약기구와 맞서면서 상호 적대시 경향이 더욱 심화되었다.

아데나워는 1955년 재무장 및 나토 가입을 계기로 1963년 퇴임할 때까지 서유럽 통합정책을 추구하는 한편 서방정책을 기반으로 이전보다 공세적인 독일정책을 추진하였다. 아데나워는 "자유민주체제에 의해 자유 속에서 통일을 달성하겠다."는 신념으로 서독 외교정책의 최고 목표를 독일통일에 두었으며, 동독은 국제법적 의미의 국가가 아니라는 입장에서 동독이 서독에 병합되는 합병통일을 추구하였다.[39] 아데나워는 '힘의 우위정책'에 입각하여 통일정책을 추진하였다. 이 시기에 서독은 소련의 두 개의 독일론에 대항하여 동독과 외교관계를 수립한 국가와는 수교하지 않겠다는 소위 '할슈타인 원칙'(Hallstein Doktrin)을 채택하고 단일대표권을 강력히 주장하였다.

그러나 아데나워의 독일정책은 50년대 말부터 태동된 미국 대통령 케네디의 대소정책 변화 등 국제정치상의 긴장완화 분위기에 제

38 평화문제연구소, 『동서독통합20년, 독일통일바로알기』(서울: 평화문제연구소, 2010), p.3.
39 황병덕 외(2000), 앞의 책, p. 43.

대로 적응하지 못하고 미국과 불협화음을 보였다. 독일문제 관련 대소외교정책이 한계를 보임에 따라 대내외적 비판에 직면하게 되었다. 케네디는 과거의 대량보복전략 대신 긴장완화를 위해 유연한 대응전략을 추진하여 대소안보정책에 혁명적 변화를 시도하였다. 또한, 케네디의 평화전략은 독일의 현상유지를 인정하는 것으로써 아데나워의 동독 불인정정책 및 실지 회복정책과 정면 배치되는 것이었다. 이러한 과정은 아데나워의 독일정책이 국제정치적 상황에 부합하지 않을뿐더러 독일분단의 벽만 높이는 결과를 초래한 것으로 독일 국민들에게 인식되었다.[40]

동독은 1950년대 중반 이후 체제경쟁에서 불리함을 감지한 후 서독의 영향력을 차단하고 동독 주민들을 통합하기 위해 사회적 불평등, 독점자본 문제, 실업문제 등 서독 자본주의의 폐해에 대해 집중적으로 선전하였다. 소련은 베를린을 동독에 편입시키려 했던 의도가 서독의 반발로 좌절되고 서독과 서베를린간 교통망을 동독이 통제하도록 하면서 베를린 위기를 야기하였다. 이 문제는 1961년 베를린장벽 구축으로 막을 내리게 되었다. 동독은 베를린 봉쇄 및 장벽 구축을 단행하는 등 대서독 '차단정책'을 서독에 대한 정책의 근간으로 삼았다. 동독은 독일 분단을 아데나워의 대동독 강경노선에 입각한 통일정책으로 보지 않고 동독사회주의 역사적 발전 경향으로 치부하였다. 또한 먼저 사회주의 건설 후, 사회주의 통일로 가는 것으로 정책방향을 선회하였다.

40 황병덕 외(2000), 앞의 책, p. 44.

신동방정책·독일정책 추진 환경

서독의 신동방정책 및 독일정책이 추진된 국제·국내적 여건과 이 정책에 관한 동독의 입장 등을 살펴보면 다음과 같다. 먼저 서방연합국들은 동독 불인정, 과거 국경선 고수 등 서독의 독일정책을 비판하고 정책노선 수정을 요구하였다. 케네디는 1963년 사회주의권과 평화공존을 추진하는 평화전략을 공포하고 군비경쟁의 악순환 고리를 끊고자 하였다. 케네디는 "우리는 진정한 평화가 공산주의자들의 이익에 부합하도록 정책을 추진할 것이다."[41]라고 하는 등 정책상에 있어 혁명적인 전환을 도모하였다.[42]

케네디 사후 존슨 대통령도 동구권 국가들에게 화해를 시도하는 가운데 독일통일이 동서 긴장완화를 위한 전제가 아니라 긴장완화의 결과로 가능하다는 견해를 분명히 함으로써 아데나워의 독일정책 노선을 무시하였다.[43] 또한 존슨은 세력균형과 더불어 갈등과 개입을 동시에 추구하는 외교정책을 추진하였다. 소련의 브레즈네프도 소련의 대외정책을 전향적으로 추진하였다. 더욱이 소련과 중국의 우수리강을 둘러싼 국경전쟁이 발발함으로써 소련은 국경지대 군사력 증강을 위해 유럽에서는 긴장완화 기조를 정착시킴으로써 안보의 부담을 줄일 수 있는 방도를 강구하였다. 이러한 안보상의 이유로 소련은 대외정책 침체와 함께 경제침체 등이 지속됨에 따라

---

41 Peter Bender, *Die Neue Ostpolitik und ihre Folgen: Vom Mauerbau bis zur Vereinigung* (München, 1995), p. 120.

42 황병덕 외(2000), 앞의 책, p. 47.

43 William. W. Griffith, *The Ostpolitik of the Federal Republic of Germany* (Cambridge, MA: The MIT Press, 1978), p. 131.

서방과 관계개선을 통해 안보·경제적 문제를 해결하려 하였다.[44]

서독 정치권도 베를린장벽이 구축된 이후 동서베를린간 통행이 단절됨으로써 주민들의 불만이 고조되고 있는 점을 더 이상 무시할 수 있는 상황이 아니었다. 이에 따라 야당이던 사민당의 빌리 브란트 보좌관이던 에곤 바는 1963년 사민당의 새로운 독일정책인 '접근을 통한 변화'(Wandel durch Annährung)를 투칭에서 발표하게 되었다.[45] 서독은 '접근을 통한 변화'를 기치로 동구권과 접촉의 필요성을 주장했다. 베를린 시장이던 브란트의 주도로 동독과 베를린 통과협정을 체결하여 서베를린 주민들의 동베를린 방문을 가능하게 하였다.[46]

이러한 환경 변화에 때맞춰 1969년 브란트를 총리로 하는 사민당·자민당 연립정부가 출범하면서 동서 긴장 완화와 서독의 참여 및 오세르·나이세 국경선의 인정, 통일 유보 및 동독을 사실상의 국가로 인정하는 등 범유럽적 차원의 평화질서 확립을 표방하였다. 즉 사민당의 신동방정책 및 독일정책이 실현될 수 있는 여건이 갖추어졌다.[47] 브란트는 서베를린 시장 경험을 바탕으로 동서독의 적극적인 교류를 희망하였고, 동독으로서도 국가승인이라는 당면 목표를 위해 이를 수용했다. 또한 소련도 당시 중국과 국경충돌 및 체코 침공 후 이미지 관리, 그리고 미국과 전략무기 제한회담 등으로 서독

---

44 황병덕 외(2000), 앞의 책, p. 48.

45 Andreas Vogtmeier, *Egon Bahr und die deutsche Frage: Zur Entwicklung der sozialdemokraatischen Ost-und Deutschlandpolitik vorn Krigesende bis zur Vereinigung* (Berlin: Verlag J. H. W. Dietz Nachfolger, 1996), p. 61

46 평화문제연구소, 앞의 책, p. 4.

47 황병덕 외(2000), 위의 책, p. 48.

과 관계개선이 필요했기 때문에 호의적인 태도를 보였다.[48]

신동방정책은 '접촉을 통한 변화'에 입각하여 첫째, 독일문제가 동·서간 갈등의 근본적인 쟁점사항인 만큼 이를 서독정부가 주도적으로 해소하여 유럽의 안보에 기여하려고 하였다. 둘째, 동서독 관계의 제도화된 병존을 인정함으로써 이데올로기적인 상이성을 초월한 실질적인 협력관계에 바탕을 둔 긴장이 완화된 공존관계를 정립하여 동독체제의 변화를 유도하려는 데 있었다. 따라서 신동방정책은 민족적인 이해에 입각하여 독일통일을 달성하기 위한 구체적인 청사진을 제시하기 보다는 독일문제는 새로운 유럽 평화질서가 조성된 가운데 장기적으로 풀어나갈 수밖에 없다는 인식에 기초하고 있었다.

양독 관계 전문가인 빌헬름 브룬스(Wilhelm Bruns)는 양독간 관계를 '협력', '대결', '경쟁'으로 요약한 바 있다. '협력'은 양측이 정치적으로 대화를 지속하고 각종 교류 분야에 대한 협상을 통해 협정을 체결하는 관계이다. '대결'은 동서독이 이념적인 측면에서 상대편과 결코 화해하지 않고 군사적인 측면에서 자기 체제의 안보를 위해 1970년대 이래 각 분야의 교류와 협력에도 불구하고 군비경쟁을 지속해 왔던 관계를 말한다. '경쟁'은 동서독이 자신의 경제·사회체제를 상대편 체제에 대한 모범으로 생각하고 자신의 체제가 상대편 체제에 영향을 줄 수 있을 것이라는 희망 아래 자기 체제의 우수성을 과시하기 위해 노력했던 관계이다.[49]

---

48 평화문제연구소(2010), 앞의 책, p. 4.

49 Wilhelm Bruns, *Deutsch-deutsche Beziehungen. Prämissen, Probleme, Perspektiven.* (Opladen, 1984) 참조.

따라서 과거 동서독 관계는 위 세 가지 특성을 가진 '적대적인 협력관계'(Antagonistische Kooperation)였다고 할 수 있다. 이러한 '적대적 협력관계'의 특징은 양측 모두 어느 한편의 도움 없이는 야기된 문제를 만족스럽게 해결할 수 없다. 양측은 협력을 통해 서로 이득을 볼 수 있으나, 체제 내적으로는 강화된 단속을 통해 체제 공고화를 꾀하며 체제 외적인 협력관계와 균형을 이루려 한다. 그러나 이념적인 적대관계는 의식적으로 남겨 두었다. 동독은 체제간 교류로부터 오는 위험을 방지하고 동독 집권체제의 안정을 취하고자 내적으로는 체제 단속을 강화하였다.

1972년 「기본조약」 체결시 서독은 동독과의 관계를 "우방국이나 동맹국의 주민간에 존재하는 그러한 관계가 아닌, 특수한 성격의 관계"라고 공식적으로 규정하였다.[50] 연방정부가 양독간의 관계를 특수한 것으로 보는 이유는 결코 동독의 주권을 침해하기 위해서가 아니라 오히려 양독에 독일인들이 살고 있으며 독일민족의 운명을 자주적으로 구체화시켜 나갈 권리가 있다는 점에서 이 특수성을 인정하였다.[51]

신동방정책 추진의 대내·외적인 배경과 동독의 입장을 동서독 교류협력과 연계하여 보면 다음과 같다. 첫째, 신동방정책 추진의 대외정책적인 배경은 1960년대 동·서진영간 긴장완화 분위기가 조성됨에 따라 서독이 그간 유지해왔던 대외정책을 고수할 경우 외교적으로 고립될 위험이 있다는 데 있었다. 1960년대 초부터 시작된 미·

50 통일원, 『동서독 교류협력 사례집』(서울: 통일원, 1995), p. 2.

51 1975년 1월 30일자 서독정부의 '민족 현황'에 대한 보고서. 통일원, 『동서독 교류협력 사례집』(서울: 통일원, 1995), p. 6.

소간 긴장완화정책으로 군축과 세계평화에 새로운 비전이 제기되는 가운데서도 유럽제국은 미·소의 지배 하에 외교정책적으로 주도권을 상실할 위험에 처하게 되었다. 특히 서독은 할슈타인 원칙의 고수와 단독대표권 주장 때문에 외교정책의 대미 의존성이 더욱 심화되었다. 미국은 긴장완화 정책을 추진하면서 냉전적인 자세를 유지하는 서독에 압력을 가해 모든 현안을 소련과 해결하려 하였으므로 서독은 외교적인 고립상태가 되었다. 브란트의 신동방정책은 이러한 서독 외교의 편중성에 따른 고립에서 탈피하기 위해 추진되었다.[52]

둘째, 신동방정책 추진의 국내정책적인 배경은 그간 '힘에 의한 우위정책'이 실패하고 양독의 분단이 더욱 심화되었다는 데 있었다. 1950년대부터 추구해오던 서독의 힘에 의한 우위정책은 베를린장벽 구축에 의해 동독체제가 안정화되면서 점차 사라지게 되었다. 서독의 정치권에서는 '힘에 의한 우위정책'이 무용한 정책이 되어버렸고 분단 장기화는 불가피하다고 판단하였다. 그리고 동독지도부는 신봉쇄정책과 신감시정책을 펼침으로써 여행, 가족방문, 관광은 물론 통신마저 어렵게 하였다. 따라서 브란트의 신동방정책 추진의 목표는 인적 접촉의 재개와 함께 유럽이라는 틀 속에서 독일의 단일성 회복을 추구하는 것이었다.[53]

셋째, 신동방정책에 관한 동독의 입장은 베를린장벽 구축을 통해 체제붕괴 위험으로부터 벗어났으나 동독 사회주의체제의 문제점들은 동독주민들의 동서독 체제비교를 통해 드러날 수밖에 없었다. 더

52 통일원(1995), 앞의 책, pp. 211-212.

53 통일원(1995), 위의 책, p. 212.

욱이 동독은 다른 국가들로부터 정당성 위기에 노출되어 있었기 때문에 동독을 주권국가로 인정해 주는 신동방정책을 동독체제의 결함을 제거해주는 기회로 활용하였다. 동시에 국내적으로는 동독의 정당성을 확보하는 계기로 활용하였던 것이다. 그러나 신동방정책에 따른 동독체제의 국내정치적 정당성 확보는 동독 사회주의체제의 이념적 목표와 갈등에 빠지게 된다. 과거 동독은 체제의 정당성 확보를 자본주의 비판에 의존하였으나 이 정책은 주민들의 반발만 불러일으키게 되어 동독지도부는 서독체제의 영향력을 최소화하기 위해 차단정책을 취하게 된다.[54] 또한 동시에 신동방정책을 계기로 서방세계와 관계를 개선함으로써 자본 조달, 기술 이전, 교역 증대 등 경제적 이익을 취함으로써 동독 경제의 발전에 활용하였다. 즉 서독의 신동방정책에 대해 체제 정당성 확보 및 경제적 실리를 추구하고 다른 한편으로는 신동방정책의 부정적인 효과를 방지하기 위한 정책의 일환으로 대서독 정책을 취했던 것이다.[55] 이상 동서독의 사회문화교류에 영향을 미친 요인을 분석하면 〈그림 1〉과 같다.

54 Wihelm Bleek, Rainer Bevermann, "Die Deutschlandpolitik der SPD/FDP-Koalition 1969-1982," *Materialien der Enquete-Kommission Aufarbeitung von Geschichte und Folgen der SED-Diktatur in Deutschland* (Ulm, 1995) 참조.

55 황병덕 외(2000), 앞의 책, pp. 56-57.

〈그림 1〉 동서독의 사회문화교류에 영향을 미친 요인

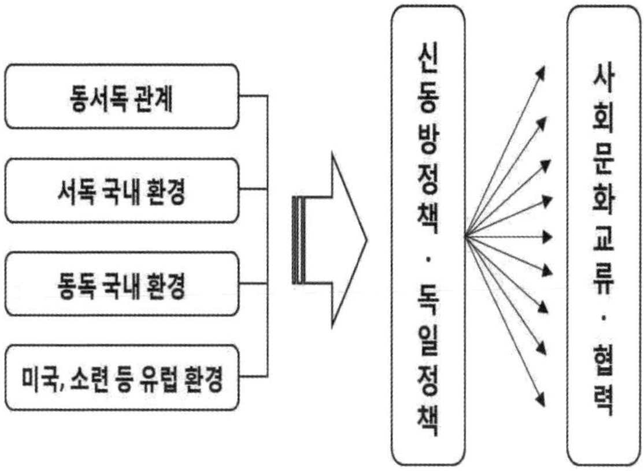

나. 동서독의 교류 전개과정

동서독의 변화 과정과 밀접한 사회문화교류의 전개과정은 1961년 베를린장벽 설치 이전과 이후, 1972년 동서독 기본조약 체결, 1982년 서독 기민당(CDU)정권의 출범과 함께 이루어진 동서독 관계의 확대 등 네 시기로 구분할 수 있다. 시기별로 교류 전개과정과 특징을 살펴보면 다음과 같다.

첫번째 시기는 베를린장벽 설치 이전의 동서독간 교류협력으로 냉전과 분단의 고착화 과정을 반영하는 것이었다. 서독정부는 동독을 국가로 인정하지 않음으로써 정부 차원의 공식적인 접촉은 거의 이루어지지 않았다. 다만 경제관계 및 인도적 차원의 교류는 서독정부의 노력으로 최소한 유지되었다. 양독은 1951년 '경제와 무역에 관한 베를린협정'을 체결하였고, 베를린을 통한 양독주민의 왕래 가능성은 열려 있었다. 동독은 서독주민의 동독방문은 제한적이지만 허용하였다. 그러나 동독주민의 서독방문은 공무상 여행 외에 여타 방문에 대해서는 탈출을 우려하여 엄격히 규제하였다. 하지만 1953년 동독 노동자들의 폭동, 이른바 '6월 항쟁'을 계기로 다소 완화되었다.

두번째 시기인 1960년대 동서독간 교류협력이 베를린장벽 설치로 극도로 위축되었다. 이에 서독정부는 동독 주민들의 고통을 완화하기 위해 경제지원을 제안하여 1963년부터 교류협력이 재개되었다. 또한 민간차원에서 관계 발전도 적극적으로 추진하였다. 그러나 상호간 제도적 합의가 충분하지 않아 동독을 방문한 서독주민의 신변보장 문제 등 여러 가지 문제점이 발생하였다. 이에 서독은 1960년대 말경 동서독 관계의 정상화를 전제로 하는 브란트(Willy Brandt)의 '신동방정책'을 추진함으로써 양독간 교류협력 활성화의 기초가 되었다.

세번째 시기인 1970년대 초반 미·영·불·소 4대 전승국 간의 베를린협정[56]과 동서독 간의 통행조약, 기본조약 등 체결은 정치관계 정상화는 물론 양독관계 전반의 활성화를 가져오게 되었다. 또한 양독간 교류협력도 제도적 기틀을 확립할 수 있었다. 교류협력 활성

---

56 동서독간 협정체결에 있어 쟁점은 서베를린에 대한 효력 여부로, 동독은 서베를린이 전승 4국의 점령지역이기 때문에 협정의 효력 범위에서 제외된다고 주장한 반면 서독은 서베를린만을 협정대상지역에서 제외하는 것은 불가하다는 입장이었다. 전승4국은 베를린협정(1971.9.3.)에서 "서베를린은 서독의 구성 부분은 아니나 현재 서독과 서베를린간 결합관계는 유지, 발전되어야한다."고 합의함으로써 양독 간에 체결되는 협정대상에 서베를린이 포함됨을 확인하였다. 그 외 베를린협정은 서독과 서베를린간의 동독영토를 통과하는 민간인 및 민간물자의 신속한 왕래자유를 보장함으로써 서독과 서베를린간 통행문제가 해결되었다.

화는 서독의 독일사회민주당(SPD) 정부가 표명한 '접근을 통한 변화'를 모토로 하는 '신동방정책'이 결정적인 역할을 하였다. 슈미트(Helmut Schmidt) 총리가 추진한 '무의미한 통일논의보다는 통일여건 조성' 차원에서 실질적인 관계개선에 초점을 맞춘 독일정책이 동서독 교류협력의 활성화에 크게 기여하였다. 그러나 동독정부는 서독과 교류협력이 동독사회에 미칠 좋지 않은 영향을 우려하여 '대서독 차단정책'을 동시에 추진하였다. 동독정권의 차단정책은 특히 문화분야의 교류협력에서 소극성을 나타냄으로써 1973년부터 시작한 문화 분야 협상이 1986년에서야 결과를 맺었다.

네번째 시기인 1980년대는 문화협정(1986년)과 과학기술협정(1987년) 체결로 교류협력이 확대되었다. 동독은 교류협력을 통한 경제적인 이해관계에 관심이 많았다. 1980년대 초반 경제침체에 빠졌던 동독은 서독의 교류협력에 대한 정치적인 의도를 알면서도 양독관계의 확대를 거부할 수 없었다. 동독정권이 교류협력과 관련한 규제를 완화한 배경에는 주민들의 체제불만을 희석시키려는 의도도 내포되어 있었다. 결국 동독주민들의 동독체제에 대한 근원적인 불만과 동구 사회주의권의 개혁 바람은 1989년 11월 베를린장벽 붕괴와 함께 대규모 동독주민들이 서독으로의 탈출로 이어졌다.[57] 그리고 1990년 10월 3일 독일 통일을 가져왔다.

57 베를린장벽이 열린 후 일주일 만에 동독 인구의 절반이 넘는 9백만명 정도의 동독인들이 서독을 방문했다. 서독인들은 그들을 형제자매로 환영했고 동서독을 막론하고 동일 땅 전체에 있는 사람들이 광란의 축제를 벌였다. 그들은 대부분 동독으로 돌아갔고 일부는 머물러서 세상이 어떻게 바뀔지 지켜보고 있었으며 국가 지도자들도 앞으로 어떻게 될지 아무도 몰랐다. Philip Zelikow · Condoleeza Rice 저, 김태현 · 유복근 역, 『독일 통일과 유럽의 변환: 치국경세술 연구』(서울: 모음북스, 2008), p. 164.

다. 동서독 사회문화교류의 특징

동서독 통일과정에서 서독은 '접근을 통한 변화'라는 교류정책을 일관되게 추진함으로써 통일을 앞당겼다는 평가를 받고 있다. 서독은 동독에 대해 정치적인 대응보다는 비정치적인 민간교류협력을 통해 정치적 관계개선을 모색해 왔으며, 동독도 실리추구 차원에서 서독과 교류협력에 응했다.

동서독은 1972년 「기본조약」을 통해 양독간 관계는 정상화되고 국제적으로 공식화되었지만, 그 이후에도 양독관계의 성격은 평화공존이냐 민족내부의 특수관계이냐의 문제가 제기되었다. 또한 동독은 서독으로부터의 현상유지 인정을 통한 자국의 독자적인 국가인정 쪽에 무게를 두었다. 반면 서독은 조약의 도구적 잠정적 성격을 강조하며 분단의 고통 완화를 통해 궁극적인 통일 쪽에 중점을 두는 등 입장의 차이를 보였다. 기본조약 제7조[58]에는 "쌍방은 본 조약의 원칙에 의해 상호이익을 위하여 경제, 학술, 기술, 교통, 사법 ,우편, 전신업무, 보건, 문화, 스포츠, 환경보호 등 분야의 협력을 발전시키고 촉진시킨다."고 함으로써 사회문화교류협력의 중요한 계기를 마련하였다. 이후 「체육·보건협정」(1974년), 「문화협정」(1986년), 「과학·기술협정」(1987년), 「방송협정」(1987년) 등을 체결하여 교

58 「기본조약」 제7조는 사회문화교류협력과 관련하여 "독일연방공화국과 독일민주공화국은 쌍방 간의 관계를 정상화하는 과정에서 실제적, 인도적 문제를 협의할 용의가 있음을 선언한다. 쌍방은 본 조약에 따라 상호이익을 위해 학술, 경제, 교통, 기술, 사법, 우편, 전신업무, 문화, 스포츠, 보건, 환경 등 분야에서 교류협력을 발전시키고 촉진시키기 위해 협정을 체결 한다. 세부사항은 추가의정서에 규정한다."고 명시되어 있다. 이우영 외, 앞의 책(2001), p. 19.

류협력이 더욱 활성화되었다.

동서독의 사회문화교류협력사업은 ①주민간 적대적 대결의식 약화, ②주민간 이해증진과 신뢰 회복, ③동독주민의 의식변화, ④통일의 토대 구축 차원에서 추진되었다.[59] 동서독 교류협력의 활성화는 중장기적으로 '접근을 통한 변화' 유도가 효과적으로 나타난 것이다. 동독주민들의 동독체제에 대한 비판의식과 서독체제에 대한 선호와 동경 등 의식변화가 결국 통일의 추진력으로 작용하였다고 할 수 있다.

독일 통일에 큰 영향을 끼친 동서독 간의 사회문화교류협력 실태와 특징을 살펴보면 다음과 같다.

문화·학술 분야

동독은 1950년대부터 서독의 문화침투가 사회주의체제 유지에 부작용을 낳을 것을 우려하여 국가적 차원에서 대서독 문화교류 차단정책을 실시하였다. 서독도 국가적 차원에서 동독과 문화교류를 제한하는 정책을 실시하지는 않았으나 동독으로부터의 문화유입에 대해서는 경계하였다. 동독은 1970년대 들어서는 문화에다 이념적인 이유를 더해 '공동의 민족문화'를 거부하고 서독문화를 '제국주의적 문화'로 비난하면서 '사회주의적 민족문화'를 강조하였다. 동독공산당(SED)은 심지어 동서독 문화는 전혀 공통성이 없어 승계할 가치가 없다고 하면서 심지어 서독과 문화교류를 외국과 문화교류

59 전미영, "남북 사회문화교류 활성화를 위한 과제," 『북한연구』, 제6권 1호(2010), p. 25.

로 간주하였다.

동독 문화정책의 전략적 목표는 ①정치·경제·문화 등의 단일한 사고방식 형성, ②문화정책을 통하여 발전된 사회주의국가 형성, ③공산주의로 점진적 이행을 위한 원칙적 전제조건 조성, ④소련과 여타 사회주의국가와 친선과 협력 지속 강화, ⑤사회주의와 제국주의 간 계급투쟁의 필요성 강화 등이었다.[60] 반면 서독은 동서독 간에 '하나의 문화민족' 개념[61]으로 동서독간 문화교류를 추진하고자 하였다.

이러한 견해 차이로 동서독은 문화교류협력을 위한 협상에 진척을 보지 못하고 1973년 11월 17일 개시된 문화협상은 1986년 5월 6일에야 「문화협정」으로 체결되었다. 문화협정이 여타 분야 협정에 비해 늦어진 것은 동독이 서독문화의 침투가 사회주의체제고수에 부작용을 가져올 것이라고 판단했기 때문이다. 서독이 동독과 문화협정을 추진한 것은 동서독주민 간의 문화적 공통성을 유지하고 보존시키며, 문화적인 측면에서 주민들의 생활의 질을 향상시키고자 한 것이었다. 즉 문화협정을 통해 문화 분야의 공동협력을 계기로 상대 체제의 사회와 문화생활에 대한 상호이해를 제고시켜 주민간 평화적인 관계를 유지하자는 것이었다.[62]

---

60 Klaus-Eberhard Murawski, "Die Kulturbeziehungen zwischen der BRD und DDR", Erika Lieser-Triebnigg (hrsg.), *Kultur im geteileten Deutschland* (Berlin, 1984), pp. 45-58 참조.

61 1973년 1월 18일 브란트 수상은 "분단에도 불구하고 언어, 예술, 문화, 일상생활과 정신문화유산의 공통성에 기초한 민족은 영원하다"고 언급하였다. 헬무트 콜 수상은 1982년 10월 13일 "독일인의 민족국가는 분열되었지만 독일민족은 계속 유지되어 왔으며 앞으로도 지속될 것이다"라고 밝혔다. 이우영 외(2001), 앞의 책, p. 16.

62 이장희, "통독정책으로서 동서독간 문화협정," 『국제법학회논총』, 제 33권 2호(1988),

동독이 문화협정을 체결한 주요 이유는 세계적인 문화 수준을 자랑하고 있는 서독과 협정체결을 통해 동독의 문화수준을 국제적으로 과시하고 서독과 대등한 관계에 있음을 알리려는데 있었다. 다른 한편으로는 동독 내에서 문화 분야 종사자들이 외부세계와 접촉 제한으로 인한 소외감과 불만이 체제유지에 역작용할 우려가 있어 이를 해소하는 배출기능으로 활용하려 했던 것이다.[63] 1972년 기본조약 체결에서부터 1986년 문화협정 체결 전까지 양독간 제한적으로 이루어졌던 문화교류는 연극과 오케스트라 방문공연이 가장 활발하였다.[64] 이외에도 동독 조형미술 작품이 함부르크에 전시되었으며, 독일예술 및 문화유적 안내책자가 동독에서 제작되어 동서독에서 판매되었다. 1980년에는 양독의 도시에서 '영화주간'이 개최되기도 하였다.

동서독은 1986년 문화협정 체결[65]시 '문화'의 개념을 문학, 연극,

---

pp. 91-98; 최정호, 『분단국의 통일과 문화예술 및 문화예술인의 통합에 관한 연구』(서울: 한국문화예술진흥원, 1991) 참조.

63 이우영 외(2001), 앞의 책, p. 17.

64 동서독 간에 1964년부터 1966년까지 활발히 진행되었던 초청 공연교류가 1967년에 갑자기 침체된 것은 동독측이 독일민주공화국에 대한 완전한 승인을 요구해옴으로써 협상이 결렬되어 그동안 쌍방 간에 진행되었던 초청공연이 중단되었다. 통일원, 『동·서독 관계발전에 관한 보고 및 문서』(서울: 통일원, 1992), p. 6.

65 화협력의 주체를 언급한 제1조는 서독의 주장으로 국가기관, 문화단체에 국한하지 않고 문화예술 분야 종사자들의 각각의 활동도 포함시켰다. 협력분야와 관련하여 대학과 대학인들간의 교류(제2조), 문학·예술·영화·박물관 부야의 교류(제3조), 방문공연과 서적 교류 등 상업적 활동으로서의 문화교류 (제4,5조), 도서관 관련 분야 및 역사적 기록문서 교류 (제6,7조), 학술·문화행사(제8조) 그리고 서독이 강력히 요구하였던 라디오와 텔레비전 분야의 협력 및 해당기관간 협정 체결문제(제9조), 그 외 체육 분야(제10조) 및 학생·청소년 교류(제11조)가 규정되었으며, 제12조에서는 문화협정 내용을 구체적으로 실천하기 위한 2년간의 사업계획을 양독이 작성하기로 하였다. Bundesministerium für innerdeutsche Beziehungen, *Das Kulturabkommen*(Bonn: BMB, 1990), pp. 35-40 참조.

음악, 미술 분야를 포함하여 교육, 학문, 역사적인 문서, 출판, 도서관, 대중매체, 청소년, 체육 분야까지 확대하여 교류의 대상으로 삼았다. 문화 분야 교류협력을 통해 동독이 경제적인 실리를 획득할 수 있도록 협력당사자는 예술가와 연주가들의 상업적 초청공연 분야에서도 장려조치를 하였다. 그리고 문화·예술·영화제작 분야에서도 상업적인 관계 조성을 위해 노력하기로 규정하였다.

한편 문화협정을 통해 가장 획기적인 진전을 이룬 분야는 동서독 대학간 자매결연이었으며, 학술교류협력도 확대되었다.[66] 연방 차원의 지원과 민간단체의 재정 부담 아래 수많은 교류가 이루어졌다. 국제행사를 통해 맺어진 교류 활동이 점차 동서독간 협력사업으로 발전되는 경우도 있었다. 19세기에 시작되었던 편집사업들이 부활되어 이른바 '공동체 계획'이라는 이름 하에 통일직전까지 계속 되었다. 대표적인 사업이 『그림 독일어사전』 편찬으로, 분단된 독일이 함께 이루어낸 학술교류일 뿐만 아니라 언어와 문화보전 작업에 큰 기여를 하였다.

서독은 동독과 학술 분야 교류협력을 촉진하기 위해 문화협정 체결 이전부터 재정 및 행정지원을 하였다. 문화협정 이후 본격적으로 추진된 재정지원은 학술접촉을 위한 직접 지원과 독일학술교류재단(DAAD)이 관장하는 대학생, 학자의 교환과 동독에서 연구 및 자료수집 여행이었다. 1988년 한 해동안 약 400명의 서독 학자들이 동

66 1986-1987년도 첫 사업 계획에 서독 자아르브뤼켄대학과 동독의 칼-맑스대학간에, 1988년에는 뮌헨대학과 칼-맑스대학, 아아헨공대와 드레스덴공대 그리고 슈투트가르트대학과 칼-맑스대학 간에 자매결연이 맺어졌다. 동독은 대학 수가 서독에 비해 현저히 적었기 때문에 자매결연시 동독의 몇 개 대학이 서독의 많은 대학과 접촉을 가졌다.

독여행과 약 250명의 동독 학자들이 서독 여행시 재정지원을 받았다. 학술분야 교류가 이루어지는 동안 동서독은 교류가 장기적으로 지속되기 위해서는 단순한 접촉의 증대보다는 전문분야 연구 성과물에 대한 인정과 관심이 있어야 한다는 점을 깨닫게 되었다. 서독 학자들은 동독이 연구한 독문학과 역사학 분야의 성과물에 관심을 가졌다. 동독이 요구한 자연과학 분야 교류에 대해서는 군사적 기술 이전과 관련되지 않는 한 동독과 학술교류가 정부의 정책 틀 내에서 적극 이루어져야 한다는 공감대가 형성되었다.

1970년대 초 세계적인 데탕트와 서독의 신동방정책 추진을 바탕으로 동서독은 1972년 「기본조약」을 체결하였다. 이를 근거로 1973년 11월 과학기술 분야 교류협력에 관한 회담을 개최하였고 1987년 9월 「과학기술협정」이 체결되었다. 과학기술협정은 학술교류를 자연과학 및 기술 분야에 중점을 두었고 협력 대상도 대형 연구기관이었다. 문화협정은 인문·사회과학에 중점을 두고 협력 대상은 대학교가 중심이었으며 교류도 동서독 주민간 접촉을 증대시키는 정책적 측면에서 추진되었다.

학술 분야 교류협력은 학술적인 연구, 기술정책보다는 학술 분야에서 동서독 주민간 접촉을 증대시키는 문화정책적, 독일정책적 측면에서 추진되었다. 그러나 동독이 과학·기술 분야 교류협력에 합의한 이유는 서독의 과학·기술 및 노하우를 도입하여 동독경제 건설과 사회주의 경제체제를 고수하기 위함이었다. 반면 서독은 동독이 동구권과 산업기술협력 분야에서 교두보 역할을 하고 있서 양독간 과학·기술협력 제도화를 수용하였다.

청소년 분야

독일은 2차대전 패전 이후 청소년들의 교육에 지대한 관심을 가졌으나, 서방 점령국들은 청소년단체 조직에 신중을 기했다. 1946년 3월 소련 점령지역에 독일청소년자유연맹(Freie Deutsche Jugend: FDJ)이 결성되었다. 서방 점령국들은 깊숙이 뿌리박힌 '히틀러-청소년단체'에 대한 불신으로 이들 단체의 활동을 감독하였으며, FDJ가 서방 점령지역 청소년들과 교류를 예의 주시하였다. 1949년 5월 23일 독일연방공화국(서독) 건립에 이어 10월 3일 서독청소년연맹(Deutscher Bundesjugendring: DBJR)이 결성되었다. 양독국가 수립 후 FDJ는 DBJR과 교류를 모색하였으나, 냉전기에 교류는 극히 미미하였다.[67]

1960년대 중반까지만 해도 양독 청소년단체간 대화 및 교류는 주로 FDJ의 주도하에 이루어졌으나, 1970년대부터는 DBJR이 적극적으로 FDJ와 대화를 모색하였다. 1972년 기본조약과 1975년 유럽안보협력회의(CSCE) 헬싱키 최종문서는 DBJR에 관한 FDJ의 태도에 커다란 영향을 미쳤다. 1979년 4월 DBJR의 회장이 FDJ를 공식 방문하게 되었고, 1981년 10월 서독 헬무트 슈미트와 동독 에리히 호네커와 정상회담에서 청소년 교류가 주요 사안으로 다루어졌다. 그 이후 양독 사이에 청소년 교류에 대한 공식적인 합의가 이루어졌다.[68]

동서독 청소년단체는 조직과 사회적 역할에 있어 큰 차이가 있었

---

67 통일원, 『동서독 교류협력 사례집』(서울: 통일원, 1995), pp. 636-637.

68 통일원(1995), 위의 책, p. 638.

다. 동독의 청소년단체는 국가 통제 아래 있는 공산당 후보자당원의 교육장으로 사회주의인간 양성을 위한 교육을 하였다. 교육은 탁아소, 소년 개척자(Junge Pionier, 초등학교 중심), 독일 청소년 자유연맹(FDJ, 중·고등학교), 체육 · 기술협회(Gesellschaft fü Sport und Technik, 18~21세), 군대 과정을 통해 이루어졌다. 청소년단체의 장은 호네커처럼 공산당 서기장에 오를 정도의 요직이었다. 이에 반해 서독의 청소년단체는 국가가 재정을 지원하였으나, 국가목표를 수행하는 기구는 아니었으며 단체 가입도 전적으로 자유의사에 따랐다.

동서독의 청소년 대책을 보면, 서독은 동독 체제하에 있는 청소년들에게 정치사회화 과정에서 적절한 대책을 마련해 주지 않으면 민족동질성 상실뿐만 아니라 앞으로 독일통일에 장애요소가 된다고 판단하였다. 이에 양독 청소년들 간의 사적 교류, 여행, 정치적 논쟁을 벌일 수 있는 단체간 공식적 모임 등 다양한 관계가 형성되고 개인적인 친분관계가 맺어지도록 하였다. 양독 청소년들이 서로 대화를 하면 상대방에 대한 선입견과 적대감이 효과적으로 해소될 수 있으며 서로 이해할 수 있는 여건이 마련된다고 보았다.

1972년에 체결된 「통행협정」은 양독간 관광여행이나 개인여행 등 여행교류의 기본원칙을 설정하였을뿐, 청소년 교류에 대한 명확한 규정은 없었다. 다만 서독은 동독과 합의[69]를 토대로 청소년들의 동독 견학을 장려하여 여행의 75%가 수학여행 형태로 이루어졌다.

---

69 청소년 교류에 관한 동서독간 협정은 서독청소년연맹(Deutscher Bundesjugendring: DBJR)과 동독 FDJ간에 1980년 9월 20일 체결된 「청소년여행에 관한합의」, 서독청소년여행 알선기관인 독일유스호스텔협회(Jugendherbergwerk)와 동독청소년 여행 전담사 Jugend tourist간의 1987년 9월1일 「단체여행에 관한 협약」, 1986년 「문화협정」 등이었다. 이우영 외(2001), 앞의 책, p. 29.

나머지 25%는 청소년단체, 협회, 기타 사회단체들에 의해 이루어졌다. 서독정부는 청소년들의 동독여행을 교통비 및 체류비 명목으로 지원하였다.[70]

서독 청소년단체중 동독 청소년단체와 가장 활발한 접촉을 벌였던 단체는 신교 청소년단체였다. 동독정부가 신교 청소년단체의 서독과 접촉을 허용한 이유는 ①접촉을 통해 서독으로부터 물질적 도움을 받고, ②교회를 통해서만 비공개적으로 진행될 수 있었기 때문이며, ③종교 활동 테두리 내에서 동독사회에 대한 청소년들의 불만을 해소할 수 있는 탈출구로 이용하고, ④동독 청소년들이 서독체제와 접함으로써 서독에 대한 부정적인 판단이 부각되도록 유도하려는 의도도 내재되어 있었다.[71]

동독은 서독으로부터 경제적 반대급부를 의식하여 서독의 청소년 교류에 마지못해 응하면서도 동독 청소년들의 사상오염을 우려하여 서독여행을 체제맹종에 대한 포상으로 이용하였다. 여행자도 20대 중반의 기혼자인 자유독일 청년단체 회원들을 중심으로 방문단을 구성하였고 양독 청소년들의 만남도 감시하였다. 반면 서독의 청년단체는 중등 및 대학의 15세에서 25세 청소년들이 신청만 하면 동독을 방문할 수 있도록 하였다. 서독 청소년의 동독여행은 독재체제와 자유민주주의체제를 직접 체험하는 생생한 정치교육이 되었던 것이다.

따라서 서독정부가 의도했던 청소년 교류는 양독 관계를 돈독히

70 Gisela Helwig, "Jugendaustausch zwischen beiden deutschen Staaten," *Deutschland Archiv*, 8(1984), pp. 804~806 참조.

71 이우영 외(2001), 앞의 책, pp. 30-31.

하고 민족적 공통의식을 유지하기 위해 추진했던 것과는 달리 상호 이질감만 확인하는 계기가 되었다. 동독도 청소년들에게 서독 자본주의의 부정적인 면을 체감시키려 했던 목적과 달리 오히려 동독의 정통성이 붕괴되는 데 영향을 미치는 결과를 초래하게 되었다.

언론·방송 분야

언론·방송 교류는 양독간 합의에도 불구하고 실질적인 교류협력에는 많은 어려움이 있었다. 서독은 국가로부터 독립된 언론기관이 자유로운 의사 표현과 여론 전파를 기본으로 하는 데 반해 동독은 언론도 맑스-레닌주의 정당의 목표에 봉사해야 하는 것으로 인식함으로써 취재에 애로가 있었다.

동독의 언론인들은 1950년대에 서독에서 다른 나라 언론인들과 같은 조건으로 활동할 수 있었으나, 서독 언론인들은 1972년까지 동독에 상주하면서 활동할 수 없었다. 서독의 언론인들이 1972년까지 동베를린에서 열린 외신기자회견에 가끔 초청되기도 하였으나, 취재허용 대상과 취재 가능 언론인의 선발 기준은 동독정부의 결정에 따를 수밖에 없었다. 1972년 기본조약이 체결된 이후 서독 언론인들이 상주하며 취재 활동을 할 수 있었으며 문화·체육행사 및 전당대회, 박람회 등을 취재하기 위한 단기여행으로 동독방문이 가능해졌다. 또한 1987년 5월 동서독은 상대방의 프로그램 매입, 공동제작, 프로그램 내용의 일부 편집 및 사용, 정보제공 등 방송협력을 규정한 방송협정을 체결하였다.

서독은 언론·방송 분야 교류를 추진하면서 동독에 대한 보도로 동독정부가 언론·방송 분야에서 폐쇄성을 극복 할 수 있도록 유도하였다. 동독 내에서 서독 언론인과 접촉을 시도하려는 이익집단과 교류를 추진하는 한편 서독 언론인들이 동독체제를 소개하고 비판할 수 있도록 하였다. 동독주민들은 동독 상주 서독특파원의 보도에 의해 자국 내에서 일어나고 있는 일들에 대한 정보를 취득하는 경우가 많아 서독 TV를 대부분 시청하였다. 동독은 서독과 관련한 객관적인 보도를 하지 않거나 아예 보도 자체를 하지 않는 경우가 많았다.[72]

양독간 국경은 교류를 물리적으로 차단하였지만 서독의 전파매체는 국경을 넘어 동독주민들이 동독방송보다는 서독의 TV, 라디오를 시청하였다.[73] 동독에서 주민들의 서독방송 시청은 항상 정치적 논쟁거리였으며, 서독측으로 향하는 안테나 철거나 대형 공동안테나의 사용을 금지하고 단속하기도 하는 등 여러 방법으로 시청을 막아보려고 하였다.[74] 그러나 이러한 통제조치들은 동독주민들의 동독지도부에 대한 반감만 증폭시키고 오히려 정치적인 불안정을 조장하였을뿐 이를 시정하지는 못했다. 1970년대 초반 동서독 간의 긴

---

72 Anthony John Goss, "Die Darstellung des deutsch-deutschen Verhätnisses in der Fernsehberichterstattung beider deutscher Staaten," *Deutschland Archiv*, 4(1980), pp. 403-406 참조.

73 동독주민은 SECAM 방식인 텔레비전수상기에 PAL방식의 서독프로를 시청할 수 있는 장치를 설치하였고, 1970년대 초부터는 대형 공동안테나를 설치할 경우 케이블을 통해 위성수신까지 가능하게 되었다. 통계에 의하면 1985년에는 전 가정의 40%가, 1990년에는 전 가정의 $\frac{2}{3}$가 이러한 대형 공동안테나에 연결되었던 것으로 나타났다.

74 방송 시청 자체는 처벌하지 않았으나 시청한 정보를 퍼트리거나 공동으로 모여 시청하는 행위는 처벌하였다. 이 때 적용된 형법조항은 '전쟁선전·선동'(89조), '반국가적 선동'(106조), 공공활동 비방(220조), '공무집행 방해'(214조) 등이었다. 또한 방해전파를 발사하여 기술적으로 서독방송의 시청을 방해하려고도 하였다.

장완화와 더불어 동독의 호네커는 서독에 대한 정책을 전환하고 일단 동독주민들의 서독 TV 시청은 묵인하되, 동독 TV 프로그램을 개선하여 동독주민들의 동독 TV 시청을 높이는 방침을 정하였다.[75]

이러한 가운데서도 동독 주민들의 꾸준한 서독 TV 시청은 양독관계에서 정치적인 의사 형성의 중요한 수단이 되었고, 결국 양독주민간 공통적인 의사형성의 통로 마련에 기여하였다. 동독주민들은 대부분 서독방송을 신뢰하였다. 특히 서독 프로그램중 정치적 사건을 다룬 특집보도를 선호하였으며 현란한 상업광고는 물질적 욕구를 자극하여 서독을 동경하게 하는데 기여하였다.[76]

체육 분야

체육 분야 교류는 정치적 영향으로부터 완전히 차단된 적이 없으며, 오히려 변화하는 국내 및 국제정세와 밀접한 관련을 맺고 있었다. 나치시대 체육활동에 대한 깊은 불신을 품고 있었던 서방 점령군은 1945년 12월 1일 독일의 모든 체육단체를 해체시켰으며, 지역 차원에서 비군사적 체육단체들의 활동만 허용하였다. 소련 점령지역에서도 소련식 사회주의 체육제도가 도입됨에 따라 과거 전통적인 독일체육 구조는 붕괴되었다. 동독은 1950년부터 서방진영의 단결과 서독의 서구편입을 방해할 목적으로 양독간 체육교류에 대한 전략을 수정하기 시작하였다. 동독체육위원회(DSA)는 서독과 체육

---

75 통일원, 『동서독 교류협력 사례집』(서울: 통일원, 1995), p. 690.

76 1985년 동독 이주민들이 설문조사에서 평가한 서독TV 방송의 정보 신뢰도는 "거의 신뢰가 56%, 완전 신뢰가 25%로 81%가 신뢰 한다"로 나타났다. Kurt R. Hesse, "Nutzung und Images des Westfernsehens bei DDR-Üersiedlern," *Media Perspektive*, 4(1986), pp. 265-272 참조.

교류를 통해 서독 체육인들을 대상으로 한 사회주의 이념교육 선전의 장으로 이용하려고 하였다.[77]

1957년부터 1961년 8월까지 양독간 활발한 체육교류가 전개되었으나, 베를린장벽이 설치된 1961년부터 1966년까지는 거의 교류가 이루어지지 않았다. 서독의 서독스포츠연맹(DSB)과 국가올림픽위원회(NOK)는 "동서독 간 정상적인 왕래가 가능할 때까지 동독과 체육교류를 단절한다."는 결정을 함으로써 동독의 체육에 대한 정치화 행동에 단호히 맞섰다. 그러나 한편으로는 서독의 체육계마저 정치화한다는 비난을 받았다.[78]

양독간 체육교류의 과제와 목표는 동서독이 추구하는 정책에 따라 각각 다른 모습을 보였다. 1972년 동독은 기본조약이 체결되자, 그때부터 체육의 국내정치적 과제에 눈을 돌리기 시작하였다. 동독스포츠는 서독에 대한 동독의 동서독 분리정책의 일환에 불과하였다. 이에 반해 서독은 경기에서 승리보다는 독일인들 간의 인적교류를 통한 유대 강화에 주력하였다. 서독은 양독관계를 정상화한다는 기본 방침에 따라 체육교류를 지원함으로써 동질감 강화와 주민단합에 기여하고자 하였다. 이에 대해 동독은 민족의 개념을 사회주의 계급이론에 입각하여 동독 고유의 민족의식을 창출하고 확립시키고자 하였다.[79]

맑스-레닌주의에 입각한 동독의 체육은 어린이들의 체육활동을 비롯하여 근로자들의 휴양활동의 일환인 체육까지 모두 국가의 범

---

77 통일원(1995), 앞의 책, p. 657.

78 통일원(1995), 위의 책, p. 658.

79 통일원(1995), 위의 책, pp. 662-663.

국민적 사업으로 당의 지도 아래 운영·감독되었다. 동독의 체육단체는 소련 점령 시절 동독체육위원회(DSA)란 명칭으로 발족되었으며 그 역할은 순수한 체육단체라기보다 이념교육과 직결된 사회단체였다. 동독은 특기종목의 체육을 동독공산당 산하 특기종목 체육중앙위원회가 관할하도록 하였으며 이 위원회는 동독체조·체육연맹(Deutscher Turn und Sportbund: DTSB)의 직속 상부기관이었다.

또한, 체육 및 체육 특기자에 대한 재정과 사회보장 관련 사항도 국고뿐만 아니라 동독 자유노조연맹(Freier Deutscher Gewerkschaftsbund)과 FDJ로부터 각출하는 등 체육을 정치와 연관시켜 관리하였다.[80] 그리고 체육을 조기 군사교육으로써 동독 군사력 강화에 이용하였다.

동독은 서독보다 우위에 있는 체육 분야의 교류를 통해 동독주민에게는 자의식과 자긍심을 갖게 하고, 대외적으로는 동독의 우월성을 선전하는데 목적이 있었다. 이런 이유로 동독은 양독 체육교류에서 승리에 커다란 집착을 보여 특정분야의 정상급 선수들만 교류가 이루어졌다. 동독은 체육 분야에서 우수한 능력을 인정받아 실제로 국제적 명성을 얻을 수 있었으나, 양독간 체육교류를 통해서는 동독이 목표한 동독 고유의 민족의식 확립은 거둘 수 없었다. 이는 동독인들이 동서독 경기에 큰 관심을 가지는 한편 서독과 사회주의 우방

80 동독이 체육을 정치적 수단으로 이용한 것은 에리히 호네커(Erich Honecker)가 FDJ위원장이었던 시절에 "체육은 그 자체에 목적이 있는 것이 아니다. 체육은 목적을 위한 수단일 따름이다"라는 발언에서 알 수 있다. 1957년 4월 28일 DTSB의 창립선언문에 "DTSB는 회원들에게 사회주의적 사고 및 행동교육을 실시하며, 순수 체육정신과 정치적 중립성 같은 반동주의적-부르조아적 사상을 단호히 배격한다."고 밝힌 것에서도 잘 나타나고 있다.

국과 경기에서 서독을 '우리 팀'이라 부르며 서독을 응원하는 등 이념과 체제를 초월하여 민족적 유대감을 보였기 때문이다.[81]

한편 양독은 체육협정(1974.5.8.) 체결을 통해 체육 분야 협력체계를 구축하였으나 체육교류를 통한 주민 유대강화 및 민족화합에 기여하고자 하는 서독의 의도가 크게 성과를 거두었다고는 할 수 없었다. 그러나 1980년대 중반 시작된 '도시간 자매결연'을 계기로 체육인들 만의 교류를 넘어서 사회체육 차원에서 일반주민들간 교류를 활성화시키는 방법도 고려되었으나, 결국 도시간 자매결연사업의 일환으로 머무르고 말았다.[82]

종교 분야

동서독의 교류중 가장 활발하게 이루어진 분야는 종교이다. 동서독의 신교교회는 분단되기 전에는 하나의 교회조직인 독일신교연합회(EKD)로 존재하였다. 동 연합회는 공동 예배의식과 성서번역 등 전통이 있어 형식적인 분리에도 여타 분야 조직체의 분리와 같은 이질화 현상은 일어나지 않았다. 또한, 신학적인 면에서 모든 교회는 '그리스도 안에서 하나'이기 때문에 교회지도자나 신자들의 상호 의견교환, 물질적 지원, 방문 등은 이루어질 수밖에 없었다. 이런 이유로 EKD는 1969년 동독신교연합회가 설립되어 분리될 때까지 동독에도 전권위임자를 위임해 놓고 전 독일을 관할하는 신교연합단체이었다.[83]

---

81 통일원(1995), 앞의 책, p. 668.

82 통일원(1995), 위의 책, p. 675.

83 황병덕 외(2000), 『신동방정책과 대북포용정책: 브란트와 김대중의 민족통일 대구상』

EKD는 분단 초기부터 통일문제에 관심을 가지고 독일통일이 곧 동서독교회의 소망이라고 주장하면서 동서독 정부간 의견 차이를 해소하는데 중개 역할을 하고자 하였다. 여기에는 동독주민의 대부분이 신교도인데다 EKD만이 동서독 주민으로부터 신뢰를 받았으며, 동서독의 지도층과 유대관계를 형성하고 있었기 때문이다. 당시 교회는 공식문서 등에서 서독이 동독을 인정하지 않기 위해 사용한 용어인 '소련점령지역', '중부독일' 대신 동독의 정식국호를 사용하는 등 동서독 양측에 신중을 기했다.[84] EKD는 베를린장벽 설치 전까지는 동서독인들이 참가하는 종교대회를 동서독에서 번갈아 가며 개최하였으나 베를린장벽 구축 후에는 서독지역에서만 종교대회가 열렸다. 동서독 교회간 접촉과 목회자간 여행은 동독신교연합회가 EKD로부터 분리된 후 확대되었다.

1980년대 초 청소년들이 대거 참여한 평화운동 집회 형식의 종교대회는 동서독인이 참석하는 대화의 광장이 되었다. 1985년 뒤셀도르프 종교대회가 대성황을 이루면서 종교대회는 민족통일 문제가 아닌 평화문제를 주제로 동서독간 안보정책의 경직성 해소를 위해 노력하였다. 동독정부도 호네커가 집권한 1970년대 이후부터 교회세력을 이념적으로 극복할 수 없는 시민사회의 잔재로 보고 사회체제 내에서 역할을 인정하였다.

또한, 카톨릭교회간 교류협력을 보면 동독 카톨릭교회 지도자들은 서독 카톨릭교회와 조직적이고 지속적인 접촉과 교류는 동독정

(서울: 두리미디어, 2000), pp. 319-320.

84 이우영 외(2001), 앞의 책, pp. 40-41.

부의 의구심을 자극하여 득보다 실이 많다는 판단 아래 개인적이고 간헐적인 접촉을 하였다. 서독 카톨릭교회 목회자들도 동독당국에 의해 동독 자유왕래가 제한받았기 때문에 제3세계나 동유럽 국가에서 더 많은 활동을 하였다.

서독교회의 동독교회 지원은 연대의식에 기초하여 분단 직후부터 물질적인 지원이 시작되었다. 서독교회는 자체 재원과 헌금 및 정부 예산으로 동독교회 및 동독주민들에게 지원을 하였다. 이것은 동독교회 및 교회기관 유지에 절대적으로 필요하였다. 동독정부는 목회자 봉급 및 교회 건물 유지를 위해 서독의 지원을 묵인하였으며 동독의 76개 교회 부속병원은 서독의 지원 덕분에 국영병원보다 훨씬 양호한 의료수준을 유지하였다.[85]

서독교회의 지원으로 동독의 교회와 부속병원, 양로원과 주민들의 고통을 실질적으로 줄일 수 있었으며 물질적 혜택과 더불어 복음이 전파되어 교회가 생존할 수 있었다. 또한, 주민들이 실생활에 필요한 지원을 받음으로써 동독 내 체제저항세력 양성의 발판이 되었다. 이러한 지원은 동독정권의 안정에 일시적으로 기여한 것처럼 보였으나, 오히려 동독정권을 붕괴시키는 역할을 한 것이다.

한편 서독교회의 동독교회 지원은 특이한 방식으로 이루어졌다.[86] 첫째, 현물을 통한 물질적 지원 형태로 교회와 회원들에게 필

---

85 서독교회의 지원으로 동독의 교회, 부속병원, 양로원 및 기타 기관의 수백만에 달하는 주민들이 분단에 따른 고통을 실질적으로 줄일 수 있었으며, 물질적 혜택과 더불어 복음이 전파되어 무신론적인 체제에서 교회가 생존할 수 있었다. 또한, 주민들이 실생활에 중요한 지원을 받음으로써 동독 내 체제 저항세력 양성의 밑거름이 되었다.

86 Amin Volze, "Kirchliche Transferleistungen in die DDR," *Deutschland Archiv*,

요한 물품, 기구 등이 후견지원과 자매지원 형식으로 전달되었다. 신교의 지원은 EKD 산하 사회구호복지기구인 Diakonie의 중앙공급으로 이루어졌으며 구교의 지원은 사회복지단체인 Caritas가 주로 활동하였다. 둘째, 교회지원 목적의 원자재 공급을 통한 재정 이전 형태로 동독교회가 운영자금을 조달하도록 하였다. 셋째, 인도주의적 목적의 원자재 이전의 형태로 서독은 국가 차원에서 동독 정치범 석방[87]과 이산가족 재합류를 추진하면서 대가로 교회를 통한 물자지원방식을 택하였다.[88]

라. 동서독 사회문화교류의 시사점

신동방정책은 통일의 시각을 아주 현실적이고 장기적으로 갖고 있었다. 그리고 통일기반 조성을 위해 교류와 협력, 특히 민족의 이질성을 극복하고 동질성을 회복하기 위한 사회문화교류협력을 중요시하였다. 이 정책은 통일여건을 마련하기 위한 현실주의적 시각에서 '접근을 통한 변화'를 통해 장기적으로 통일을 추구한다는데 목표를 두고 양독간 교류와 협력을 끊임없이 진행하였다.

동서독은 신동방정책 추진 이후 교류와 협력, 특히 사회문화 분야

1(1991), pp. 62-68 참조.

87 1963~1990년간 서독정부가 동독정부에 정치범 석방 대가로 지불한 금액은 총 34억 6천 마르크에 달한 것으로 나타났다.

88 동독은 서독의 공급제품을 받을시 소비제품보다는 외화절약과 국민경제에 파급효과가 있는 산업용·원자재인 원유, 수은, 다이아몬드, 구리, 은, 주석, 팔라듐 등을 선호하였다.

에서 교류와 협력이 활성화되었다. 1960년대 베를린장벽 설치를 전후하여 일시적으로 교류협력이 제한되거나 차단될 때도 있었다. 그러나 빌리 브란트 수상은 양독간 교류협력의 문제점이 근본적으로 양독정부의 공식적인 접촉과 제도의 부재에 기인한다고 보고 양독관계를 '적대적 협력'으로 전환시킬 것을 천명하였다. 또한, 정부는 물론 민간차원의 교류협력 활성화를 위한 제도적 인 틀을 마련하였다. 즉 조약 및 협정 체결 등 법적 제도화는 양독간 교류협력의 활성화를 위한 기반이 되었다. 이 과정에서 서독은 독일문화에 대한 자긍심을 바탕으로 사회문화 분야 교류협력의 필요성을 강조하였다. 이와 동시에 정치적 논쟁은 피하면서 민족문화유산의 유지를 위해 노력하였다. 또한 상호 접근을 통한 변화를 추구하고 단계적 접근방향인 '작은 걸음의 정책'(die Politik der kleinen Schritte)을 추진하여 동독의 반발을 해소해나가는 현실적인 정책을 일관되게 추진하였다.

양독간 사회문화 교류협력은 문화예술인의 교환 방문과 공연이 주를 이루면서 학술, 체육, 청소년, 언론·방송, 종교 분야 교류협력으로 점차 확대되었다. 1986년 체결된 「문화협정」은 정부·민간 부문의 교류협력이 획기적으로 증대되는 계기가 되었다. 협정이 체결되고 나서 동서독 정부 대표는 22개 프로젝트에 대해 협의를 계속하여 구속력 있는 규정을 만들어냈다. 결국 문화협정은 상호 이질감을 해소하고 향후 통일을 준비하는 데 중요한 역할을 하였다.

독일통일을 이루어낸 추진력은 동독 주민들로부터 비롯되었다. 이는 사회주의체제 하에서 동독 주민들의 체제비판과 체제거부가 정치, 경제, 사회, 복지 등 모든 면에서 서독체제가 우월하다는 인식이 1989년 11월 베를린장벽을 무너뜨린 원동력이 되었다. 그리고 1990년 10월 3일 통일은 서독의 민주사회가 자신들이 지향하는 체제임을 깨달은 동독주민들의 선택의 산물이 되었다.[89]

신동방정책 하에서 추진된 동서독의 사회문화교류협력 사례가 남북한 사회문화교류 발전에 제공해 줄 수 있는 시사점은 다음과 같다.

먼저 동독정권의 소극적인 태도에도 불구하고 사회문화교류가 성과를 거둔 것은 서독정부가 1960년대부터 긴장 완화란 국제정치 속에서 '적대적 협력'을 이끌어낸다는 목표로 '접근을 통한 변화' 정책을 일관되게 추진했기 때문이다. 동시에 이러한 독일정책을 전승 4개국 등 국제사회가 용인하거나 지지하도록 외교적 노력을 기울였다. 교류협력의 제도적 틀을 형성했던 「기본조약」과 분야별 협정체결은 서독정부의 국내외적인 정치적 노력의 산물이며 동서독간 교류협력은 이러한 제도적 틀의 확립에 따라 활성화될 수 있었다.[90] 남북한은 정치, 군사, 이념적으로는 대립상태가 지속되고 있으나 경제와 사회문화 부문에서는 교류가 진행되고 있는 '적대적 협력'을 해왔다. 따라서 적대적 협력관계가 심화되어 교류협력이 더욱 활성화 될 수 있도록 해야 한다.

다음으로 독일의 교류협력 사례를 볼때, 동서독과 남북한 상황의 차이를 고려하여 남한정부가 사회문화교류정책의 세부지침을 구체적으로 마련해야 할 필요가 있다. 특히 동서독간 교류협력의 활성

89 독일의 통일이 동독주민들의 열망 이외에도 서독의 외교적 노력의 산물이었음은 재론할 여지가 없다. 서독은 동독총선을 통해 확인된 동독주민들의 통일에 대한 민의를 민족자결을 원칙으로 천명한 전승 4개국과 관련 주변국들로 하여금 통일독일의 군사 안보적 위상에 관해 합의하지 않을 수 없게 함으로써 통일을 앞당겼다.

90 황병덕 외(2000), 앞의 책, p. 365.

화가 양독간 합의된 교류협력에 관한 법적 제도화에서 비롯되었다는 점을 감안하여 남북간에도 향후 협의될 수 있는 사회문화교류 관련 협정과 구체적인 추가의정서 등을 준비해 두어야 한다.[91] 남북은 2001년 3월 문화부장관이 방북하여 북한 문화상과 문화협정 체결의 앞선 단계로써 '문화분야 교류 합의서'를 체결하였고 문화부장관 회담 정례화를 합의하였다. 그러나 2002년 부시 미국 대통령이 북한을 '악의 축'으로 규정한 이후 모든 논의가 백지화 되었다.

사회문화교류는 교류의 활성화 뿐만 아니라 사회문화적 동질성 확보 차원에서도 중요하다. 그러나 독일 사례에서 보듯이 사회문화 교류협력은 체제유지 문제와 관련이 깊기 때문에 쉽게 성사될 수 있는 부분이 아니다. 남북한은 이념의 차이뿐만 아니라 북한이 사회·문화의 정치성을 강조하고 있어 독일과 달리 교류협력 활성화에 어려움이 따를 수 밖에 없다.

사회문화교류 활성화를 위해서는 남북한 상황을 고려하여 추진방법을 모색하는 것은 물론 교류 분야 선정에 있어서도 신중을 기해야 한다.[92]

첫째, 교류 추진방법에 있어 서독은 동독의 소극성을 고려하여 상호주의 원칙에 집착하지 않고 탄력성을 보여주었다. 남한도 북한이 교류협력에 소극적이란 점을 고려하여 상호주의보다는 유연성을 보여줄 필요가 있다. 예컨대 서독은 공연, 전시회, 체육경기 등을 개최하는 경우에 동독에서 개최와 서독에서 개최 빈도를 동일하게 하는

91 황병덕 외(2000), 앞의 책, p. 366.

92 이우영 외(2001), 앞의 책, p. 48.

것이 아니라, 어느 한쪽에서 개최하는 것도 수용하는 탄력성을 보여주었다. 또한, 서독은 교류협력에 소요되는 비용도 동독의 경제사정을 고려하여 서독이 많이 부담하겠다는 자세를 보여주었다. 그러나 교류협력 유지와 지속성을 고려하여 일방통행식의 교류협력이 아니라 다양한 내용으로 상호 이해관계가 관철될 수 있는 자세를 견지하였다.[93] 남북 사회문화교류에 있어서도 남한은 북한의 경제적 현실을 고려하여 비용적인 측면에서 좀 더 부담을 안을 수 있다는 자세를 보여주는 것이 교류 활성화에 도움이 될 것이다. 그러나 일방통행식이나 단발성 및 이벤트성의 교류는 지양해야 한다.

둘째, 교류 분야 선정의 경우 서독은 가능한 동서독의 공동관심부문이나 체육 등 동독이 서독보다 우월하다고 판단하여 쉽게 응해올수 있는 부문을 선정하였다. 그리고 공연·전시회 등 교류협력을 통해 동독이 경제적으로 이득을 얻을 수 있는 부문을 우선적으로 고려하였다. 남한도 북한과 교류에 있어 이런 점을 고려하여 교류 분야를 선정할 필요가 있다.

서독은 민간차원에서 교류협력이 활성화될 수 있도록 인도적, 행정적, 재정적인 지원을 하였다. 남한정부도 지원은 하되, 간섭은 하지 않는다는 문화정책의 기본원칙을 남북 문화교류에도 적용하면서 문화예술·학술·시민단체 등 민간부문이 교류의 주체로 나설 수 있도록 지원해 나가는 것이 바람직하다. 보다 많은 교류를 통해 북한주민과의 접촉면과 접촉공간을 확대시켜 나가는 것이 남북주민 간에 상호 동질성을 확대해 나가는 데 기여할 수 있다. 서독의 사례가

93 황병덕 외(2000), 앞의 책, pp. 368-369.

보여주듯이 민간의 교류협력에 대한 정부의 재정적 지원도 필요하다. 교류협력을 민간이 주도적으로 추진해가야 한다는 것은 두말할 나위가 없다. 그러나 남북교류협력사업 중 상징성이 있고 교류 전반에 파급영향이 있는 사업은 정부가 재정적인 지원을 하는 것이 바람직 할 것이다.

서독은 민족적 동질성을 인식시키기 위해 청소년 교류를 정책적·재정적으로 지원하였다. 그 결과, 동독 현실에 대한 실망감으로 역효과를 가져온 측면도 있었으나 분단 현실을 직접 체감하는 교육적 기회가 되었다. 동독은 체제선전을 위해 선발된 청소년들이 서독체제에 대한 동경심을 갖는 부작용을 낳았다. 그러나 중요한 사실은 동서독 청소년간 만남이 상호 현실과 상대방에 대한 이해의 기회가 되었다는 점이다.

서독정부의 지원은 사회문화교류협력을 위한 전문가들을 양성하는데도 이루어졌다. 정부기관, 대학·연구소, 각 정당 및 재단, 민간단체 등에 속한 다양하고 폭넓은 전문가그룹을 양성하여 이들을 통일과정은 물론 통일 후 과도기에 나타난 문제점을 효율적으로 대처하는 데 활용하였다.

한편 서독 종교단체의 동독에 대한 지원은 주민들의 고통을 실질적으로 줄이고 동포애를 체감하게 하는 직접적인 방안이 되었다. 베를린장벽의 붕괴가 동독교회를 중심으로 이루어졌다는 사실은 시사하는 바가 크다. 또한, 서독이 교류과정에서 현금 지불을 억제하는 대신 교류협력 활성화를 위해 청산결제방식[94]을 적극 활용하였으

94 내독교역은 VE(Verrechnungseinheit)라는 청산단위에 기초하여 이루어졌다. VE청산단

며, 교회의 인도적 지원도 현금 대신 물품을 지원했다는 점이다. 이는 북한이 남북 사회문화교류와 경제협력에서 획득한 외화를 핵 개발 등에 투입했다는 남한의 우려를 감소시키는데 있어 선택할 수 있는 합리적 방법이 될 수 있다. 남북도 이미 「남북기본합의서」에 청산결제방식의 도입을 합의[95]하였으나 세부사항은 합의되지 않았으므로 실질적인 청산결제방식을 도입할 필요가 있다. 남한이 북한에 현물을 제공할 때에도 북한의 긴장완화와 평화공존에 대한 적극성 여부에 따라 바세나르협정도 탄력적으로 적용할 필요가 있다.

이상 동서독의 교류협력 과정을 보면 첫째, 교류협력은 점진적이고 단계적으로 진행되어왔다는 점이다. 둘째, 교류협력의 초기 단계에서는 상호 신뢰회복에 중점을 두었으나 점차 사회문화의 동질성 및 공동체 인식의 형성을 위해 노력했다는 점이다. 셋째, 교류협력은 서독의 동독에 대한 일방적인 이익보장으로부터 출발하였으나, 동독의 적극적인 호응으로 교류협력이 발전되었다는 점이다. 넷째, 교류협력의 주체가 정부 주도에서 점차 다양한 민간단체 주도로

위는 양독의 통화권이 이분화되고 구매력 역시 서독마르크화와 동독마르크화 사이에 큰 격차가 발생함에 따라 양독간에 도입된 결제수단이었다. 양국은 국제결제수단으로 기능하는 서독마르크화도 아니고 전혀 교환능력이 없는 동독마르크화도 아닌 체제중립적인 청산단위로서 VE를 내독교역의 결제수단으로 채택하였다. 따라서 환율의 차이에도 불구하고 1DM = 1VE = 1동독마르크로 결제되며, 청산단위 VE의 가치가 서독 DM에 상응하였다. 대금청산은 거래자의 청산은행인 서독의 연방은행과 동독의 국가중앙은행 사이에 계정간 이체방식에 의한 청산계정(Clearing Accounts)에 의하여 처리되었다.

95 「남북교류협력부속합의서」 1조 8항은 "남과 북 사이의 물자교류에 대한 대금결제는 청산결제방식을 원칙으로 하며 필요한 경우 쌍방의 합의에 따라 다른 결제방식으로 할 수 있다"고 규정되어 있다. 그리고 9항은 "남과 북은 청산결제은행 지정, 결제통화 선정 등 대금결제와 자본의 이동과 관련하여 필요한 사항은 쌍방이 합의하여 결정한다."고 규정하고 있다.

확대·전환되었다는 점이다. 이와 같은 동서독의 교류협력 사례는 남북간 교류에 적용될 부분이 많다.[96] 민족공동체 형성 과정은 남북간 동질성을 증대하는 것을 의미한다. 따라서 남북간 교류는 더욱 활성화되고 지속되어야 할 필요가 있는 것이다.

96 윤덕희·김도태, 『남북한 사회·문화공동체 형성방안』(서울: 민족통일연구원, 1992), pp. 58-59.

3

남북교류 변화의 특성과 요인

남북 사회문화교류는 분단과 남북관계라는 특수한 상황의 복합구조 속에서 이루어졌다. 따라서 남북교류의 변화 현상을 살펴보기 위해서는 동서독의 사회문화교류에 영향을 미친 요인을 교류사례를 통해 유추해 볼 수 있다. 또한, 남북관계를 대북정책과 대남정책의 상호 작용의 결과로 가정할 때 남한과 북한의 국내정치 변수가 국제체계의 변수와 맞물려 정책결정에 어떻게 영향을 미쳤는지를 파악해 보면 남북교류 변화에 어떤 요인들이 작용하는지 추측해 볼 수 있다.

먼저 독일통일에 기여한 신동방정책 및 독일정책 형성과정에는 동서독 관계, 서독과 동독의 국내환경, 미국 및 소련 등 유럽의 환경 등이 커다란 영향을 미쳤다. 국제환경 차원에서 다자적 관계 중심의 블록 형성 및 대결과 국내환경 차원에서 역사적으로 형성된 정치문화, 분단국 관계 차원에서 최소한의 제도적 장치 등은 분단 초기부터 독일에 특성화된 상황으로써 상수적 성격을 띠고 있었다. 그러나 그 이외 조건들은 국내정치적 민주화 및 제도화의 발전, 국제정치적 변화, 그리고 이에 따른 분단국 관계의 개선에 맞춰 변화를 거듭해 왔다.[97] 이러한 변화 과정에서 신동방정책과 독일정책은 동서독의 사회문화교류협력에 결정적인 역할을 하였고, 동독도 역시 이러한 환경변화의 흐름에 호응을 함으로써 교류협력의 발전을 가져왔다.

신동방정책 및 독일정책으로부터 비롯된 동서독간 사회문화교류협력이 남북간 대북·대남정책 차원에서 추진한 사회문화교류와는 시간적 차이, 상황 조건의 차이, 추진전략 및 중점분야의 차이로 인해 직접적인 지표로 간주하기는 어렵다. 그러나 분단 상황이라는 측면을 고려할 때, 남북간 사회문화교류에 영향을 미친 요인을 유추해 볼 수 있다.

다음으로 남북관계는 대북정책과 대남정책의 상호작용이라는 점에서 국내정치적 변수들이 대북정책에 어떠한 영향을 미쳤는지를 살펴본다. 한 국가의 대외정책은 상당 부분 국내정치의 산물로 항상 특정한 시기의 특정한 정부의 정책이다. 그것은 상당 부분이 당시의 국내정치적 상황을 반영하기 때문이다. 예컨대 어떤 사회적 지지기반과 이념적·정책적 지향을 가진 정당이 집권하고 있는가? 북한과 관련한 현안이 발생했을 때 이에 대한 여론의 향방은 무엇인가? 현직 대통령의 정치철학은 무엇이며, 정책결정 과정에서 대통령과 참모들의 역할은 어떻게 이루어지고 있는가? 정책집행 과정에는 어떤 관료조직이 참여하고 있으며 그들 사이에는 어떠한 동학이 작동하

97 황병덕 외(2000), 앞의 책, p. 35.

고 있는가? 등에 대해 자세히 살펴보아야 한다.[98]

남한사회에서 벌어지고 있는 대북정책 논쟁중 북한의 비핵화와 남북관계의 평화적 관리 중 어느 것에 더 우선순위를 둘 것인가 하는 문제가 있다. 김대중·노무현 정부는 남북한 관계의 평화적 관리에 정책의 우선순위를 두어 왔으나, 이명박·박근혜 정부는 비핵화와 북한변화에 정책의 우선순위를 두어 왔다. 그런데 각 정부는 자신의 정책 우선순위를 객관적 국제환경을 반영한 국가이익 차원에서 정당화한다.[99] 그러나 정부별로 정책 우선순위가 차이가 나는 것은 정책결정자를 포함한 통치집단의 신념체계의 차이를 떠나서는 설명될 수 없다. 그리고 이러한 차이를 가져온 것은 정권교체와 그에 따른 정권 지지기반의 변화였다.[100]

냉전 시기 남과 북이 상대방에 대해 추구한 정책은 기본적으로 봉쇄정책이었다. 그러나 1970년대 동서 데탕트(화해)를 배경으로 한

98 밸러리 허드슨 저, 신욱희 외 역, 『외교정책론』(서울: 을유문화사, 2009) 참조.

99 남북한 관계에서 남한은 국가이익을 '존망의 이익', '핵심적 이익', '중요한 이익' 등으로 분류한다. 이 중 '중요한 이익'은 남북관계 개선발전, 민족경제의 발전, 통일에 유리한 국제환경 조성 및 활용, 북한의 변화 유도 등으로 남북교류 목적과 깊은 연관이 있다고 할 수 있다. 남한은 구체적인 대북정책을 이러한 국가이익 혹은 그 조합의 발현으로 설명한다. 구영록, "대외정치의 핵심개념으로서의 국가이익," 『한국과 국제정치』, 제10권 1호(1994), pp.10-12; 전성훈, "한국의 국가 이익과 국가전략," 『국가 전략』, 제5권 2호(1999), pp.184-185; 임동원, "한국의 국가 전략: 개념과 변천과정," 백종천 편, 『한국의 국가 전략: 전략환경과 선택』(성남: 세종연구소, 2004), pp.48-50; Donald Nuechterlein, "The Concept of 'National Interest': a Time for New Approach," Orbis (Spring 1979), pp.79-81. 반면 북한은 국가 이익을 '생존'(정권유지 혹은 체제유지), '경제발전', '적화통일' 등으로 규정하고 구체적인 대남정책을 이러한 국가 이익의 발현으로 설명한다. 백학순, "대남전략," 정성장 외, 『북한의 국가 전략』(서울: 한울, 2003).

100 임수호, "한국의 정권교체와 대북정책 변화: 이명박 정부를 중심으로," 『한국정치연구』, 제9권 2호(2010), pp. 138-147.

남북의 1971년부터 1972년까지 대화는 화해정책이었다. 화해정책은 관여정책(engagement)과 다르다. 관여정책은 상대방의 의도나 행동을 변경시키기 위해 물질적 이익을 제공하는 것인데, 이는 힘의 우위에 있는 국가만이 취할 수 있는 정책이다. 힘의 균형상태에서는 관여정책으로 인한 물질적 이익의 이전이 힘의 균형에 영향을 미칠 수 있어 추진될 수 없는 것이다.[101] 1970년대 남북간 화해정책이 탈냉전 이후 관여정책과 다른 점이 여기에 있다.

탈냉전 이후 노태우·김대중 정부의 대북정책은 관여정책에 해당한다고 할 수 있다. 냉전 종식과 함께 남북간 힘의 균형이 남한의 우위로 반전되었고, 국제사회에서는 소련과 중국이 미국적 질서에 편승하는 상황이 되었다. 이에 따라 노태우·김대중 정부의 대북 관여정책은 기본적으로 미국의 지지 하에 추진될 수 있었다. 제5공화국에서 김대중 정부에 이르는 시기에는 민주화와 함께 대북정책 결정에서 대통령을 비롯한 국가기구의 권위적 결정은 줄어드는 대신 여론이나 언론의 영향력은 증대되는 경향이 있었다.[102]

2006년 10월 북한의 핵실험 이후 노무현 대통령과 총리는 포용정책의 수정을 표명했음에도 불구하고 포용정책의 정당성과 효율성을 주장하는 관료들에 의해 대통령의 방침이 변경되었다고 한다. 즉 포용정책을 지속 추진하되 국제사회의 요구에 응하는 선에서 대북제재에도 참여하는 정책이라는 타협적 정책으로 귀착되었다는 것이

101 전재성, "관여정책의 국제정치이론적 기반과 한국의 대북정책," 『국제정치논총』, 제43권 1호(2003).

102 이정진, "대북정책 결정과정에 나타난 대통령과 여론의 영향력," 『국제정치논총』, 제43권 1호(2003).

다. 이것은 대통령의 권한과 역할이 대북정책 결정에서 가장 핵심적인 변수임을 인정하면서도 관료정치의 역할이 점차 증대되고 있는 현실을 보여준 것이라고 할 수 있다.[103]

북한의 대남정책 결정은 최고지도자의 대남인식이 가장 중요한 변수라고 할 수 있다. 1990년대 동구 사회주의권 국가 붕괴 후 김일성과 김정일이 '고립의 위기감'과 '피포위 의식' 중 어느 것을 더 중요시 했느냐에 따라 북한의 대외 협력정책과 강경정책이 결정되었다. 이 두 가지 인식을 결정짓는 요소는 북한 내부의 정치적인 안정, 특히 김정일 권력승계의 안정성과 밀접히 연관되어 있다는 것이다.[104] 그러나 한편으로는 1990년대 북한이 '통미봉남' 정책을 추진하게 된 배경을 김정일 정권의 정치적 불안정성에서 찾고 있다. 즉 북한이 체제위기를 해결해 나가기 위해 대내적으로 '우리식사회주의'를 제시함으로써 주민들의 이념적 동요를 막고 남한당국의 배제정책과 무력시위를 통한 긴장조성을 통해 체제결속을 강화했다는 것이다.[105]

이상의 논의를 정리하면 남한의 대북정책이나 북한의 대남정책은 최고지도자나 정책결정집단 혹은 관료집단에 의해 결정된다. 여기서 누가 의사결정 단위인지는 남과 북이 다를 수 있고, 문제가 되는 구체적 정책의 성격에 따라 다를 수가 있다. 북한에서는 최고지도자

---

103 안문석, "북한 핵실험에 대한 한국의 대북정책 결정과정 분석: 관료정치모델의 적용," 『한국정치학회보』, 제42권 1호(2008).

104 Alexandre Mansourov, "North Korean Decision-Making Process Regarding the Nuclear Issue," *Nautilus Institute Special Report* (May 1994) 참조.

105 고유환, "북한의 대내정치와 대남정책의 상관성 분석," 『통일경제』, 제1호(1997).

변수가 가장 중요하다. 남한의 경우도 최고지도자 변수가 가장 중요하나 민주화 이후 점차 정책참모집단 등 소규모 의사결정집단 또는 정책결정과 집행에 참여하는 관료집단의 역할도 중요해지고 있다. 또한 로즈노우(James Rosenau)의 예비이론[106]에서처럼 남북한의 대북·대남정책에서는 최고지도자의 변수와 함께 국제체계 변수가 중요하다. 따라서 남북한의 최고지도자나 정책집단이 한반도를 둘러싼 강대국 관계, 동맹관계, 남북한 세력균형에 대해 어떤 인식을 갖고 있는지도 파악해야 한다.

남북교류도 대북·대남정책으로부터 비롯되었으나 교류가 추진되기까지는 여러 가지 대내외적인 요인이 복합적으로 작용하였다. 예컨대 1991년 「남북기본합의서」는 탈냉전 및 사회주의권의 몰락과 이에 따른 국제적 고립에서 벗어나려는 북한정권의 의도가 큰 영향을 미쳤다.[107] 하지만 남한 정부의 「7.7선언」과 대북접근도 영향을 미쳤다. 만일 당시 남한정부가 북한에 대한 고립정책을 폈다면 「남북기본합의서」는 채택되지 않았을 것이고, 이로 인해 파생된 남북간 교류도 전개되지 않았을 것이다. 이처럼 남북교류에 중요한 계기가 된 「7.4공동성명」이나 「남북기본합의서」 는 국제환경 요인이, 「6.15공동선언」은 남한 요인이 결정적인 영향을 미쳤다고 할 수 있다.

---

106 로즈노우(James Rosenau)는 국가의 크기, 경제발전 정도, 그리고 정치 체제의 개방성에 따라 개인 수준 변수(최고지도자의 성격), 역할 수준 변수(최고지도자가 맡고 있는 역할), 정부 수준 변수(국내정치), 사회 수준 변수(국가속성, 문화), 국제체계 수준 변수 등의 중요도가 달라진다는 예비이론(pre-theories)을 제시한 바 있다. James Rosenau, "Pre-Theories and Theories of Foreign Policy," Barry Farrell (ed.), *Approaches in Comparative and International Politics* (Evanston: Northwestern University Press, 1966) 참조.

107 정성장 편, 『김정은 정권의 대내전략과 대외관계』(성남: 세종연구소, 2014), p. 88.

동서독의 사회문화교류 사례와 남북관계 및 국제관계 관련 논의들을 참고하여 남북교류 변화 현상에 적용하여 보면, 교류는 남한 요인, 북한 요인, 남북관계 요인, 국제환경 요인에 따라 변화하였다고 할 수 있다. 그 영향의 정도는 시기별로 차이가 있다. 어느 한 가지 요인이 결정적인 영향을 미쳐 교류를 견인한 경우도 있었고, 여러 요인이 복합적으로 작용하여 교류를 진행하거나 중단시키는데 영향을 미치기도 하였다. 남북교류 변화에 영향을 미친 요인을 정리하면 〈그림 2〉와 같다.

〈그림 2〉 남북교류 변화의 요인

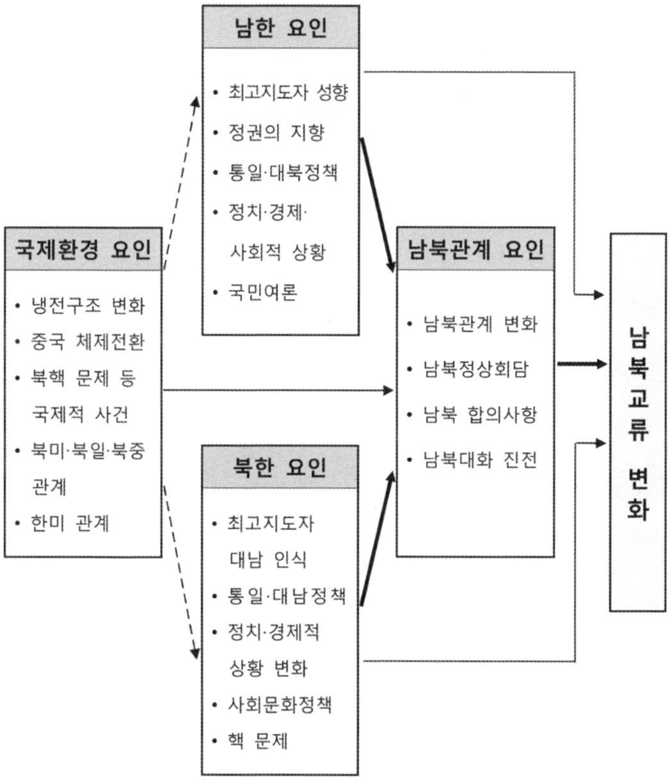

〈그림 2〉에서 보는 것처럼 남북교류의 변화 현상은 시기별로 남한 요인, 북한 요인, 남북관계 요인, 국제상황 요인 등이 영향을 미친 결과로 비롯되었다고 할 수 있다. 그 요인을 구체적으로 살펴보면 다음과 같다.

첫째, 남한 요인으로는 최고지도자의 성향 및 권한, 각 정권의 이념적 지향, 통일정책 및 대북정책의 변화, 정책결정그룹의 대북인식, 정치·경제·사회적 상황의 변화, 국민 여론, 민주화 등이 교류에 영향을 미쳤다. 남한은 1960년대 국내정치·사회적 혼란과 북한의 대남 경제우위 상황에서 남북간 교류는 생각하기 어려운 일이었다. 그러나 1980년대 민주화와 함께 북한에 대한 정치·경제우위를 바탕으로 한 노태우 정부의 「7.7선언」 등이 남북대화 및 교류를 본격적으로 시작하게 하였다. 1998년 국민의 정부의 대북 포용정책이 2000년 남북정상회담으로 이어지고 남북교류 활성화에 크게 기여하였다. 그 가운데서도 '남남갈등'이라는 여론이 교류에 브레이크를 걸기도 하였다. 2008년 이후 보수정부의 대북정책 변화는 교류의 퇴보를 가져왔다. 문재인 정부의 대북정책은 교류 재개에 긍정적인 요인으로 작용하고 있다.

둘째, 북한 요인으로는 최고지도자의 대남인식, 통일목표 및 대남정책의 변화, 1990년대 피포위의식과 우리식사회주의론, 정치·경제적 상황 변화, 사회·문화적 정책지향, 사상교양사업, 남한에 대한 도발 등이 남북교류에 영향을 미쳤다. 예컨대 최고지도자들의 남북교류에 대한 인식은 그들이 처한 국내외 정치·경제적 상황 및 남북관계 상황에 따라 달랐다. 김일성은 1980년대까지 남조선 혁명의 일환으로 '합작과 교류'를 내세웠다. 그러나 1980년대 말 동구 사회주의권 붕괴 및 동서독 통일 후에는 교류로 인해 북한이 남한으로의 흡수통일 당할 수 있다는 우려로 교류를 극도로 꺼려하였다. 2000년대 김정일은 경제난을 극복하고 체제를 유지하기 위해서는 남한과 교류가 필요하였다. 이에 따라 교류를 활발히 진행하면서도 남한으로부터 문화 유입으로 인한 주민들의 사상오염을 경계하였다. 김정은은 집권 초기 권력 안정화가 최대과제이었으므로 남북관계 개선을 서두르지 않았다. 2017년 11월 소위 핵 무력을 완성한 이후 남북관계 개선 및 남북공존을 위해서는 교류가 필요하다는 것을 강조하고 있다.

셋째, 남북관계 요인은 남북관계 변화, 남북정상회담, 남북간 합의사항, 남북대화의 진전 등이 교류에 영향을 미쳤다. 1990년 시작된 남북고위급회담에서 합의한 「남북기본합의서」가 사회문화교류협력 관련 법적 개념을 규정하였다. 이에 따라 교류가 본격화되는 듯하였으나, 남북관계는 1990년대 중반까지만 해도 서로 간에 갈등과 대립, 체제 비난과 적대성이 표출되던 시기로 교류는 제한적으로 이루어졌다. 2000년 남북정상회담과 「6.15공동선언」으로 남북간 교류는 폭발적으로 증가하였고, 2007년 2차 남북정상회담과 「10.4선언」은 교류협력을 뒷받침하였다. 2008년 이후 교류가 위축되었으나 2018년 남북정상회담과 「판문점선언」으로 남북교류의 진전을 기대할 수 있게 되었다.

넷째, 국제환경 요인은 데탕트 및 탈냉전 등 냉전 구조의 변화, 중국의 체제전환, 북핵 문제 등 국제적 사건, 북미·북중·북일 관계 및 한미관계 등이 교류에 영향을 미쳤다고 할 수 있다. 1970년대 세계적인 데탕트와 함께 냉전체제 유지라는 이중구조가 남북간에 교류를 탐색하는 계기로 작용하였다. 1980년대 말 탈냉전과 사회주의권의 몰락이 남북간 대화와 교류의 진행에 결정적인 영향을 미쳤다. 반면 북한의 핵개발이 미국 등 국제사회의 여론 악화는 물론 대북제재로 이어지면서 남북교류에 큰 지장을 초래하였을 뿐만 아니라 한반도를 둘러싼 국제관계에도 나쁜 영향을 미쳤다.

이 책은 남한·북한 및 남북관계, 국제환경이라는 4가지 요인과 그 하위 요소들이 남북교류에 어떻게 영향을 미쳐 교류를 견인하고, 진전과 후퇴를 가져왔는지 그 변화 현상을 사례분석과 문헌분석을 통해 고찰하였다.

2부

남북교류,
어떻게 진행되었나?

1

시기별 교류와 특징

가. 남북관계 변화와 교류

남북은 1953년 7월 27일 판문점에서 휴전협정이 체결된 이후 간첩이나 월남 및 월북 귀순자, 납북자들이 휴전선을 통과하는 경우 이외에는 모든 왕래와 교류가 단절되었다.[108] 북한은 1954년 4월 27일 한반도 평화체제를 논의하려고 한 제네바회담에서 처음으로 남북한 접촉이 이루어졌을 때 교류를 제의하였다.[109] 당시 남한은 제네바 회의에도 참석하지 않으려는 입장을 견지하고 있어서 북한의 교류 제의를 수용한다는 것은 있을 수 없는 일이었다.

108 강인덕·송종환, 『남북회담: 7.4에서 6.15까지』(서울: 극동문제연구소, 2004), p. 14.

109 1954년 제네바회담에서 북한대표 남일은 "조선의 민족통일을 실현하기 위해 경제 및 문화교류, 즉 통상, 재정회계, 운수, 경계선 관계, 주민의 통행 및 서신의 자유, 문화 및 과학교류 및 기타를 설정·발전시킬 대책들을 즉시 취하자"고 제안하였다. 이수석, "북한의 대남 사회문화교류 정책에 관한 연구," 『북한조사연구』, 제5권 2호 (2001), p. 90.

1960년 남한은 4.19혁명으로 이승만 정권 붕괴와 함께 북진통일론이 사라지고 민주당 정권이 출범하였다. 김일성은 8월 14일 평양에서 개최된 8.15 해방 15주년 경축대회를 통해 '과도적 연방제'를 제의하면서 "남북조선 문화 사절의 왕래와 과학·문화·예술·체육 등 모든 분야에서 문화교류를 하자."[110]고 다시 한번 제안하였다. 북한의 남북교류 제의는 한국전쟁 이후 남한에 비해 상대적으로 고속 성장해 온 경제적 우위의 확신에서 비롯된 것이었다.[111]

제2공화국 출범 이후 정당, 사회단체, 학생들 사이에 쏟아져 나온 남한의 다양한 통일논의는 정치, 사회적 불안정을 심화시켰고 통일문제가 정쟁의 수단이 되었다. 이러한 상황에서 1961년 1월 신민당(민주당 구파) 소장파 의원들까지 남북간 경제교류를 주장하고 나섰다. 5월 3일 서울대 대학생들이 "오라 남으로! 가자 북으로!"라는 구호를 외치면서 판문점에서 남북학생회담을 열 것을 제의[112]하였으

---

110 김일성, "조선 인민의 민족적 명절 8.15해방 15돐 경축대회에서 한 보고," 『김일성 저작집 14권』(평양: 조선로동당출판사, 1981), pp. 246-248.

111 김조영, "4월 민중항쟁 시기의 남북협상론," 한국역사연구회, 『4.19와 남북관계』(서울: 민연, 2000), p. 142.

112 김정일은 김일성종합대학교 학생들에게 남북학생회담에 대비하여 남한 학생들에게 사회주의제도의 사상적 우월성을 인식시키기 위해 정치사상적 수준을 높일 것을 주문하였다. "서울대학교 학생들이 남북학생회담과 남북학생들 사이에 예술, 문화교류를 실현할데 대하여 제의한 성명이 보도 되였습니다. … 우리당과 공화국정부는 오래전부터 분렬된 조국의 자주적 평화통일을 자주적으로, 평화적으로 통일하기 위한 전제를 마련하기 위하여 북남사이에 협상과 교류를 실현할 것을 주장하였으며 그를 위한 구체적인 방안들을 내놓았습니다. … 정치사상적 준비를 튼튼히 갖추는 것은 북과 남사이의 교류가 실현되는 경우 공화국 북반부를 찾아오는 남조선 대학생들에게 우리나라 사회주의제도의 우월성을 옳게 인식시키기 위해서도 필요합니다. … 북남학생회담과 교류를 위해서는 과학리론수준과 문화예술수준도 높여야 합니다. 우리는 사회주의제도에서 공부한 학생들이 정치사상적 수준에서뿐만 아니라 과학리론수준에서도 월등하게 높다는 것을 보여주어야 합니다."라고 강조하였다. 김정일, "북남학생회담준비를 잘하여야 한다: 김일성

나 정부는 불허하였다. 또한, 5월 13일 민족자주통일중앙협의회(민자통) 주도로 남북학생회담에 호응하는 군중대회가 서울에서 개최되었다. 그러나 이러한 통일논의와 움직임은 5.16군사쿠데타에 의해 일시 중단되었다.[113] 이러한 상황에서 1962년 7월 28일 북한올림픽위원회는 남한올림픽위원회에 '1964 동경올림픽' 단일팀 구성 문제를 협의하기 위한 체육회담을 가질 것을 제의하여[114] 스위스 로잔에서 남북회담이 개최되었다. 그러나 정치적 비방 등 체육 외적인 변수로 인해 실제 교류로 진전되지 못하였다.

이렇게 한국전쟁 이후 1950~1960년대 남북교류는 이념적·적대적 대립 등 냉전체제의 고착화라는 상황에서 제한된 형태의 문제 제기나 정치선전의 장(場)에 머물렀다. 따라서 남북한의 교류는 본질적인 목적보다는 체제경쟁을 위한 하위개념으로써 교류를 이용한 측면이 많았다고 할 수 있다. 이 시기에 북한은 경제우위를 바탕으로 수시로 언론, 영화, 과학 등 여러 분야의 교류를 제의하였다. 그러나 이는 통일전선전략 차원에서 제안한 선전성 교류에 불과할 뿐 실현성과는 거리가 멀었다.

1970년대에 접어들어 닉슨 독트린 발표[115]를 기본으로 한 세계적

종합대학 학생들과 한 담화(1961.5.5.)," 『김정일전집 3권』(평양: 조선로동당출판사, 2013), pp. 21-24.

113 강인덕·송종환(2004), 앞의 책, pp. 61-62.

114 『로동신문』, 1962년 7월 29일; 국토통일원, 『남북한통일제의자료총람 제1권』(서울: 국토통일원, 1985), p. 692.

115 미국의 동맹국들의 방위에 대해 자국의 책임을 강조한 닉슨 독트린 발표는 한국으로 하여금 주한미군 철수를 예견케 하였고, 실제로 주한미군 63,000명중 2만명이 1971년 3월 27일 감축되었다. 최완규·장경룡, "북한의 대남 협상전략의 역사적 고찰," 곽태환 외, 『북한의 협상전략과 남북한 관계』(서울: 경남대학교 출판부, 1997), p. 46.

인 데탕트[116] 등 국제정세가 남북한의 정세 변화에도 영향을 미쳐 남북관계는 획기적인 전환점을 맞게 되었다. 1970년 8월 15일 박정희 대통령은 광복절 경축사를 통해 남북간 선의의 체제경쟁을 촉구하는 「8.15 평화통일구상선언」을 발표하였다. 하지만 북한은 "나라의 자주적 평화통일을 가로막고 있는 매국역적들과는 통일문제를 논의할 수 없다."[117]고 하면서 남북대화 거부 의사를 분명히 하였다.

그러나 1971년 최두선 대한적십자사 총재가 남북간 '가족찾기운동'을 북한에 제의하고, 북측의 손성필 위원장이 화답함으로써 8월부터 남북한 적십자사가 이산가족문제 해결을 위하여 대화를 시작하였다. 이 과정에서 1972년 「7.4공동성명」을 통해 "쌍방은 끊어졌던 민족적 연계를 회복하며 서로 이해를 증진시키고 자주적 평화통일을 촉진시키기 위하여 다방면적인 제반 교류를 실시"하기로 합의하였다.[118] 이후 1973년 7월까지 7차례에 걸친 남북적십자 본회담과 1973년 11월부터 1974년 5월까지 7회에 걸친 남북적십자 대표회의, 1974년 7월부터 1977년 12월까지 25차례에 걸친 남북적십자 실무회의 등을 진행하였다. 그러나 북측이 1978년 3월 제8차 본

116 닉슨 독트린은 미국의 동맹국들의 방위에 대해 자국 책임과 나아가 서유럽과 일본 등 주요 선진 동맹국들이 자국의 국력에 걸맞게 제 3세계와 미국의 우방국들에 대한 안보와 경제발전 문제에 더 많이 기여하도록 촉구하는 동시에 소련, 중국 등 공산진영과의 적대관계 완화 및 협조관계 모색과 같은 데탕트 증진이라는 내용이 포함되었다. 이는 이데올로기적인 대결을 지양하고 서로의 차이를 인정하면서 긴장완화와 평화공존을 추구하여 전쟁을 회피하려는 것이었다. Ralph N. Clough, *East Asia and U.S. Security* (Washington, D.C.: The Brookings Institution, 1975), pp. 2-5.

117 김일성, "조선로동당 제5차대회에서 한 중앙위원회 사업총화보고," 『김일성저작집 25권』(평양: 조선로동당출판사, 1983), p. 314.

118 「7.4남북공동성명」 제3조 참고.

회담을 위한 제26차 실무회의를 무기한 연기한다고 통보해옴에 따라 대화는 중단되었다. 이 기간 동안 남북은 관계개선을 위한 별다른 성과도 실질적인 교류도 성사되지 못하였다.

1980년 10월 남한은 제5공화국 헌법 제정과 함께 전두환 정권이 출범하였고 북한도 제6차 당대회를 통해 본격적인 김정일 후계체제로 들어섰다. 북한은 남한과의 접촉과 대화를 통해 대외적인 이미지 제고에 나서게 되었다. 1981년 처음으로 재미교포 목사를 방북하도록 초청하면서 남북한 사이에 실제 교류가 이루어졌다. 이후 남한의 일부 종교인들이 해외에서 개최된 국제종교행사에서 북한 관계자들을 접촉하거나 평양을 방문하는 식으로 종교 교류가 진행되었다.

그러나 1980년대 북한은 경제 등 여러 면에서 남한과 격차가 심화되었다.[119] 또한 1983년 10월 버마 아웅산 테러사건 등을 일으킴으로써 국제적인 비난을 받았다.[120] 북한은 이러한 위기 상황에서 벗어나고자 1984년 3월 '1984 LA올림픽' 단일팀 구성을 위한 남북체육회담을 먼저 제의하여 대화가 재개되었으나 단일팀 구성은 성사되지 않았다. 하지만 북한이 1984년 여름 남한에 수재물자 지원을 계기로 남북대화가 시작되었다. 남북은 1985년 '남북이산가족

119 1980년대에는 남한의 1인당 GNP가 북한의 1.5배 정도를 차지하게 되었다. 그러나 1980년대 초반 이후 북한의 1인당 GNP는 거의 성장을 멈추었으며, 1990년 이후에는 오히려 마이너스 성장을 하게 되었다. 이에 비해 지속적으로 매년 10% 정도의 성장을 해 온 남한과의 격차는 더욱 빠르게 벌어져 1995년에는 10배 이상 차이를 보이게 되었다. 1995년 남한의 1인당 GNP는 10,076달러인데 반해, 북한은 957달러를 기록했다. http://www.reportshop.co.kr/docs/471659(검색일: 2018년 10월 2일)

120 1983년 10월 9일 버마 아웅산 폭탄테러, 12월 3일 다대포 해안 간첩 침투사건과 함께 9월 1일 소련전투기에 의한 KAL기 격추사건 등이 발생하였다.

고향방문 및 예술공연단' 교환방문 행사를 합의하고 9월 20일 예술공연이 개최됨으로써 처음으로 문화교류가 이루어졌다. 그러나 이 공연은 기획 단계부터 체제경쟁 양상을 띠었기 때문에 서로 이질감만 증폭시키는 결과를 초래하였다.[121] 이후 북한은 1986년 1월 20일 팀스피리트 훈련을 구실로 모든 남북대화를 일방적으로 연기함으로써 교류는 더 이상 진행되지 않았다.

1980년대 말부터 시작된 탈냉전의 분위기 속에서 1988년 출범한 제6공화국 정부가 「7.7선언」을 통해 북한을 '선의의 동반자'로 간주하고 "모든 부문에서 남북교류를 추진"하기로 함으로써 남북교류는 새로운 전기를 맞게 된다. 남한은 적극적인 교류를 위해 1989년 「남북교류협력에 관한 기본지침」 시행과 「남북교류협력추진협의회」발족, 1990년 「남북교류협력법」과 「남북협력기금법」 제정에 이어 「남북문화교류 5대 원칙」[122]을 발표하였다.

1990년 9월부터 1992년 5월까지 8차례의 남북고위급회담이 서울과 평양에서 진행되는 과정에 남북한 당국의 주도로 음악회 및 축구·탁구경기가 서울과 평양에서 번갈아 개최되었다. 남북은 회담 과정에서 1991년 12월 13일 「남북사이의 화해와 불가침 및 교류협력에 관한 기본합의서」(남북기본합의서)를 채택하고 "다각적인 교류와 협력을 실현하여 민족공동의 이익과 번영을 도모"하기로 하였다. 이어 1992년 「남북기본합의서」 발효와 함께 「부속합의서」도 채택하였

121 박영정, 『남북 문화교류협력사업 분석 및 발전방안 연구』(서울: 문화체육관광부, 2013), p. 18.

122 남북문화교류 5대원칙은 ① 문화교류는 분단 이전의 민족전통문화 우선 교류, ② 승부 또는 경쟁 분야 배제, ③ 전통문화 원형변형 또는 훼손 방식 지양, ④ 어렵지 않고 작은 일부터 시작, ⑤ 공동실행을 위한 노력 경주 등이다.

다. 남북은 「남북기본합의서」 채택 전후로 제3국에서 문화·예술, 체육, 학술, 종교 분야에서 일시적이나마 교류를 진행하였다.

그러나 북한이 1993년 핵확산금지조약(NPT) 탈퇴와 1994년 김일성 사망 및 '서울 불바다' 발언,[123] 1996년 9월 강릉 잠수함 침투사건[124] 등을 일으킴에 따라 남북관계는 다시 경색되었다. 북한당국도 식량난 등 경제난으로 인해 내치에 집중해야 할 상황이었다. 이러한 여러 가지 악재들이 겹치면서 남북간 교류는 다시 위축되었다. 그러나 1996년 12월 북한이 잠수함 침투사건에 대해 공식적으로 사과함으로써 남북관계 개선의 계기가 마련되었다. 남한은 1997년 사회문화교류를 위한 「남북사회문화협력사업처리에 관한 규정」을 제정함으로써 교류의 발판이 구축되었다.

1998년 2월 출범한 국민의 정부는 "북한을 화해와 협력의 대상으로 인정하고 함께 공존공영하는 대북 화해협력정책을 실시" 하겠다고 선언하였다.[125] 또한 「남북교류협력에 관한 법률 시행령」 개정 등 법적, 제도적 정비를 통해 남북교류에 대비하였다. 1998년 3월 새로운 대북정책에 따라 교류협력 활성화를 위한 「민간차원 대북지

---

123 북한은 1994년 3월 판문점에서 개최된 남북회담에서 북한 대표 박영수는 "서울이 그리 멀지 않다. 전쟁이 나면 불바다 된다."며 남한 대표들을 협박함으로써 회담 결렬은 물론 남북관계도 급격히 냉각되었다.

124 1996년 9월 북한 공작원 14명이 강릉 해안으로 침투되었다가 남한에 의해 공작원 전원이 사살되었다. 이 사건에 대해 남한 정부는 북한이 잠수함 사건에 대해 사과하지 않으면 모든 남북접촉을 당분간 중단하겠다는 방침을 밝혔다. 북한은 1996년 12월 외교부 대변인이 평양방송과 중앙통신을 통해 "막심한 인명피해를 초래한 1996년 9월 남조선 강릉해상에서의 잠수함 사건에 대해 깊은 유감을 표시한다. 그러한 사건이 다시 일어나지 않도록 노력할 것"이라며 재발방지 의사를 표명했다. "北, 잠수함사건 공식사과 3자 설명회 1월 개최," 『중앙일보』, 1996년 12월 30일.

125 통일부, 『1999 통일백서』(서울: 통일부, 1999), p. 35.

원 활성화 조치」[126]를 발표하였다. 남북경협 활성화를 위해 '정경분리 원칙'의 적용을 천명하고 '남북경협 활성화 조치'도 취했다. 그러나 북한은 남한정부의 대북정책에 대한 진정성을 시험이라도 하듯이 잦은 도발[127]을 하였다. 그럼에도 국민의 정부는 일관된 대북정책을 추진함으로써 남북간 교류는 과거보다 큰 폭으로 확대되었다.

이러한 남북화해 분위기와 북한의 경제난 해결을 위한 실용주의 노선의 선택에 따라 2000년 6월 남북정상회담이 개최되고 「6.15공동선언」을 통해 "제반 분야에서 교류와 협력을 활성화" 해나가기로 하였다. 이에 따라 학술·교육, 문화·예술, 방송·언론·출판, 체육, 종교 등 다양한 분야에서 교류의 폭과 양이 획기적으로 증대되었다. 또한 이전에 없었던 6.15·8.15남북공동행사도 개최되었다. 이 뿐만 아니라 1990년대 주로 제3국에서 접촉 위주로 이루어지던 교류가 평양, 서울 등 남북한을 직접왕래하면서 이루어졌다.

남북한은 2007년 10월 2차 정상회담을 개최하고 「6.15공동선언」의 내용을 구체화한 「10.4선언」을 통해 "사회문화교류를 협력사업으로 발전"시켜 나가기로 하였다. 그리고 11월 16일 그 후속조치로 남북총리회담에서 「남북사회문화협력추진위원회」 구성에 합의함으로써 정부의 공식 조직 내에서 남북간 사회문화교류를 논의하고 진

126 민간 차원 대북지원 활성화 조치 내용은 ①민간단체 대북지원 참여 확대(남북적십자간 구호물자 인도인수시 민간 참여, 대북지원 협의 및 모니터링 목적의 접촉, 방북 허용 등), ②민간단체의 대북지원 모금활동 규제 완화(바자회, 자선음악회 등 이벤트성 모금행사 허용, 기업체, 언론사의 모금행사 협찬 등), ③협력사업 방식의 시범적 대북지원 허용 등이다. http://ksm.or.kr/?charity-project=download&mod=document&uid=47(검색일: 2018년 9월 5일)

127 북한은 1998년 6월에 동해 잠수정 침투에 이어 8월에는 대포동 미사일 발사 시험 등 도발을 하였다.

행 할 수 있게 되었다. 그러나 2008년 남한이 보수정권으로 교체됨에 따라 위원회도 유명무실해졌고 교류도 진전되지 못하였다.

북한은 2008년 3월 이명박 정부의 「비핵·개방·3000구상」에 대해 "한반도 평화와 남북관계 개선에 역행하는 강경대결정책"이라며 폐기를 주장하면서 남북당국간 대화를 중단하였다. 이어 2009년 핵실험 및 미사일 발사와 2010년 천안함 폭침사건과 연평도 포격사건을 연이어 일으켰다. 이에 대해 남한정부가 '5.24조치'[128]를 취함으로써 남북교류는 단절되었다. 하지만 북한은 매년 신년사를 통해 남북교류협력사업은 지속되어야 한다고 강조하였다.

2011년 남한 정부가 8.15를 기점으로 일부 비정치적인 사회문화교류에 대해 선별적으로 허용한다는 '대북 유연화 방침'을 표명함에 따라 '5.24조치'에도 불구하고 종교, 문화·예술 분야에서 교류가 재개되었다. 그러나 12월 북한이 김정일 사망 등 내부적인 문제로 인해 교류에 소극적으로 대응하면서 교류는 다시 중단되었다.

북한은 2014년 9월 인천아시안게임에 선수단과 함께 고위당국자들을 파견하여 남북관계 개선 돌파구를 마련하려 하였다. 그러나 남한의 소극적인 자세로 별다른 진전을 보지 못하였다. 2015년 김정은은 신년사를 통해 "북남 사이 대화와 협상, 교류와 접촉을 활발히 하여 끊어진 민족적 유대와 혈맥을 잇고 북남관계에서 대전환, 대변혁을 가져와야 하며 최고위급회담도 못할 이유가 없다."[129]고 하면

128 2010년 3월 북한이 천안함 폭침사건을 일으킨 후 남한정부는 '5.24조치'를 통해 일체의 현금과 현물의 대북반출 금지와 함께 방북을 제한함으로써 사회문화교류가 불가능하게 되었다.

129 『로동신문』, 2015년 1월 1일 신년사.

서 남북대화와 교류를 통해 남북관계를 개선하기를 희망하였다. 그러나 남한정부의 소극적인 태도로 실마리를 찾지 못하였다. 2016년 북한의 핵 실험으로 남한정부가 개성공단을 폐쇄조치하는 등 남북관계는 더욱 악화되고 국제사회의 대북제재가 가해지면서 간헐적으로 진행되던 사회문화교류마저 중단되었다.

2017년 5월 남한이 진보정권으로 교체되고, 문재인 대통령이 7월 「베를린 구상」을 통해 "6.15공동선언과 10.4선언으로 돌아가야 한다."고 강조하였다. 김정은은 2018년 신년사를 통해 '평창동계올림픽'을 계기로 남북관계 개선과 함께 남북교류를 제안하였다. 이에 따라 남북은 체육경기와 예술공연 등 교류를 재개하였고, 4월 남북정상회담을 개최하고 「4.27판문점선언」에서 "다양한 분야에서 교류와 협력"을 하기로 합의하였다.

이렇게 남북교류는 남북한의 정치·경제적 상황과 남북관계 그리고 국제정세 등 환경의 변화에 따라 교류가 시작되고 진행되다가 중단되는 등 부침이 있는 가운데에서도 맥은 이어져 오고 있다.

나. 시기별 교류 현황과 특징

남북교류는 분단 이후 1970년대까지는 전혀 이루어지지 않았다. 국제정세 및 남북관계 변화에 따라 북한이 1981년 처음으로 재미한인 목사를 평양에 초청하면서 종교 분야에서 교류가 시작되었다. 이후 교류는 간헐적으로 진행되다가 중단되고 또 재개되어 활성화되었다가 중단되는 등 진행과 중단을 반복하고 있다.

이 책에서는 남북 사회문화교류가 실제로 진행된 1981년부터 2018년 8월까지 수집된 교류사례 590건을 중심으로 시기별 교류 전개과정을 전체적으로 개괄하여 설명한다. 교류 시기는 앞에서 사회문화교류 변곡점에 따라 구분한 것처럼 탐색기(1981~1989년), 시도기(1990~1997년), 활성화기(1998~2007년), 조정기(2008~2018년) 등 4개로 구분하였다. 주요 남북 사회문화교류 사례 590건의 진행 현황을 시기별로 살펴보면 〈표 4〉와 같다.

〈표 4〉 남북 사회문화교류 진행 현황(1981~2018.8)

(단위: 건, %)

분야	탐색기	시도기	활성화기	조정기	총계
	1981~1989	1990~1997	1998~2007	2008~2018.8	
학술·교육		25	38	8	71(12%)
문화·예술	2	30	117	29	178(30%)
방송·언론·출판		2	86		88(15%)
체육		4	35	23	62(11%)
종교	16	30	54	34	134(23%)
남북공동행사			35	7	42(7%)
기타			14	1	15(2%)
합계	18(3%)	91(16%)	379(64%)	102(17%)	590(100%)

〈표 4〉에서 보는 바와 같이 남북 사회문화교류는 총 590건중 교류 탐색기인 1981년부터 1989년까지 18건 3%가 진행됨으로써 극히 미미한 수준이었다. 남북간에 교류를 본격적으로 시도한 1990년에서 1997년까지는 91건 16%가 진행되었다. 교류 활성화기인

1998년에서 2007년까지는 379건 64%로 남한의 대북포용정책과 「6.15공동선언」의 영향으로 다방면에서 교류가 진행되었다. 교류가 위축되다가 중단과 재개, 또 다시 중단 그리고 재개 등 조정기간을 갖은 2008년부터 2018년 8월까지는 102건 17%가 진행되었다. 시기 변화에 따른 분야별 교류 증감현황을 보면 〈그림 3〉과 같다.

〈그림 3〉 시기별 사회문화교류 분야별 증감 현황(1981~2018.8)

(단위: 건, 총 590건)

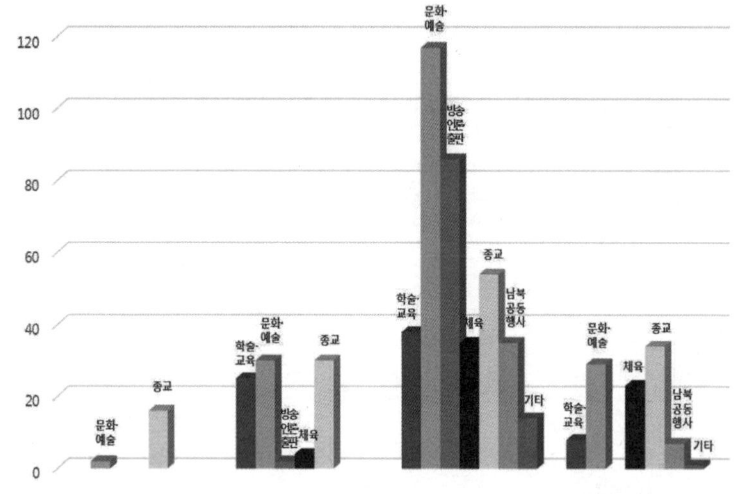

1981~1989(18건)	1990~1997(91건)	1998~2007(379건)	2008~2018(102건)
탐색기	시도기	활성화기	조정기

교류 탐색기에는 18건의 교류중 종교 분야가 16건으로 89%를 차지하였으며, 문화·예술 분야가 2건 진행되었다.

시도기에는 91건의 교류중 문화·예술 분야와 종교 분야가 각각 30건으로 33%를 차지하였다. 다음이 학술·교육 분야로 25건 28%이고, 그 다음이 체육 분야 4건 4%, 방송·언론·출판 분야가 2건 2%

진행되었다.

활성화기에는 379건의 교류중 문화·예술 분야가 117건 31%로 가장 많았다. 다음이 방송·언론·출판 분야로 86건 23%가 진행되었다. 그 다음이 종교 분야가 54건 14%, 학술·교육 분야가 38건 10%, 남북공동행사가 35건 9%, 체육 분야가 35건 9%, 기타 14건 4% 순으로 진행되었다.

조정기에는 102건의 교류중 종교 분야가 34건 33%로 가장 많았다. 다음이 문화·예술 분야로 29건 29%가 진행되었고 체육 분야로 23건 23%, 학술·교육 분야가 8건 8%, 남북공동행사가 7건 7%, 기타 1건이 진행되었다.

전체적으로는 문화·예술 분야 교류가 가장 많이 진행되었다. 다음이 종교 분야로 1980년대부터 처음 교류가 시작되어 남북관계가 경색된 상황에서도 꾸준히 진행되었다. 방송·언론·출판 분야는 여타 분야에 비해서 교류가 늦게 시작되어 2000년 전후로 활발히 진행되다가 그 이후에는 사실상 교류가 중단되었다. 남북공동행사는 2001년 처음으로 시작되어 활성화기에 아주 활발하게 진행되다가 2009년 중단되었다. 그 이후 2014년부터 간헐적으로 진행되었다. 남북 사회문화교류의 증감 추이를 살펴보면 〈그림 4〉와 같다.

〈그림 4〉 시기별 사회문화교류 증감 추이 (1981~2018.8)

(단위: 건, 총 590건)

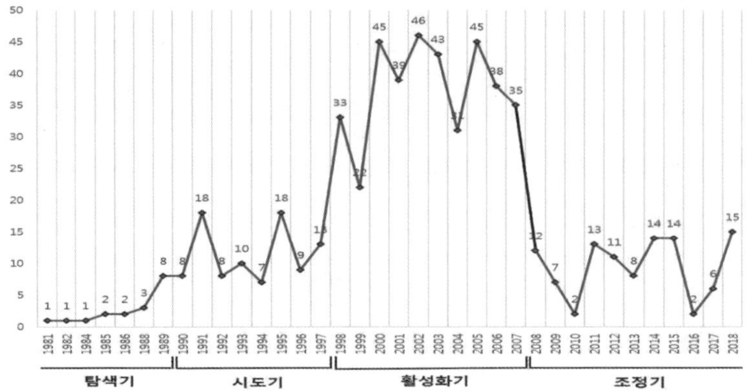

분단 이후 1980년대까지 남북관계는 군사적 긴장 속에서 체제경쟁을 가속화하는 적대적 대결관계이었기 때문에 사실상 교류는 진행되지 않았다. 〈그림 4〉에서와 같이 교류 탐색기인 1981년부터 종교분야에서 처음으로 목회자가 방북함으로써 교류가 시작되어 1989년까지 이어졌다. 그러나 의미 있는 수준으로까지 진전되지는 못하였다. 북한의 필요에 의한 초청으로 재미교포 및 남한 종교인 일부가 북한을 방문하고, 남북 종교인들이 직접교류가 어려운 상황에서 해외에서 개최된 국제종교행사에서 접촉하는 정도였다.

1985년 남북당국의 '남북 이산가족 고향방문 및 예술공연단 교환' 합의에 따라 남북예술단이 상대지역에서 처음으로 공연을 하였다.[130] 그리고 미국 콜롬비아대학 한국연구원 주최로 개최된 한국영화제에서 북한영화 '안중근 이등박문을 쏘다', '돌아오지 않는 밀사'

130 남북예술단 교환공연은 1985년 9월 21일-22일간 서울예술단의 평양대극장 공연과 평양예술단의 서울 국립중앙극장 공연이었다. 민족 전통가무를 중심으로 각각 2회 공연을 하였다. 규모는 제작진과 출연진 포함하여 50명으로 구성되었다.

등을 상영하였다. 남북이 탐색 차원에서 비교적 접근이 쉬운 종교, 문화 분야 교류를 추진하였다고 할 수 있다.

교류 시도기인 1990년에서 1997년까지는 교류가 본격적으로 시작되기는 하였으나 북한의 소극적인 태도와 남북관계 상황 및 국제정세의 변화에 따라 부침이 심하였다. 1990년 남북고위급회담 본회담 진행 과정에서 정부 당국의 주도로 예술공연과 체육경기 교환 개최가 시작되어 1991년에는 교류가 상당히 증가하였다. 1990년대 초반 문화교류 행사는 주로 미국 등 해외에서 동포사회를 중심으로 진행되었다. 그리고 남북학자가 참가한 언어, 평화와 통일, 문화유산 등과 관련한 국제학술회의가 제3국에서 개최되었다. 종교 분야 교류는 중국, 일본 등 제3국을 통해 성사되는 경우가 대부분이었으나 그나마도 제한적이었다.

그러나 북한은 1991년 12월 「남북기본합의서」 채택 이후 오히려 "교류협력을 잘못하면 미국의 '평화적 이행' 전략에 말려들 수 있다."면서 교류에 소극적인 태도를 견지[131]함에 따라 1992년부터 교류가 감소하기 시작하였다. 또한, 북한은 남북한 지역을 직접 왕래하는 교류는 기피하였다. 1995년 들어 다시 1990년대 초반에 해외에서 진행되던 학술회의와 종교계 모임이 재개되었다. 또한 인적교

131 김일성은 「남북기본합의서」 체결 직후 "북남합의서의 불가침사항이나 화해사항을 리행하는 데서는 문제될 것이 없지만 협력과 교류사항을 리행하는 데서는 잘못하면 미국의 《평화적 이행》전략에 말려들어갈 수 있습니다. … 우리는 북남사이의 협력과 교류를 실현하는데서 우리 혁명과 사회주의건설에 리로운 것만 하고 해로운 것은 하지 않는 원칙을 견지하여야 합니다."라고 하였다. "우리 당의 조국통일로선의 승리와 앞으로의 과업에 대하여: 조선로동당 중앙위원회 제6기 제19차 전원회의에서 한 결론(1991년 12월 24일)" 『김일성전집 91권』(평양: 조선로동당출판사, 2010), pp. 562-563.

류를 수반하지 않는 북한그림 전시회가 남한에서 열림으로써 교류가 다시 증가하였다. 하지만 1996년 북한이 강릉 잠수함 침투사건을 일으킴으로써 남한이 북한과 접촉을 일시 중단함에 따라 교류가 감소하였다. 그러다가 1997년 9월부터 중앙일보 통일문화연구소와 북한이 공동으로 북한지역 문화유적답사와 공동조사를 실시함으로써 교류가 재개되었다.

이와 같이 1990년대 남북은 고위급회담을 시작하면서 예술공연, 체육행사와 같은 이벤트를 통해 남북화해 분위기를 조성하고, 1991년 「남북기본합의서」를 채택함으로써 교류의 기본 골격을 마련하였다. 그러나 당시 북한은 독일통일에서 보듯이 남한에 의한 흡수통일을 두려워했기 때문에 남한과 교류를 원하지 않았다. 따라서 북한은 간간이 진행되던 교류마저도 중단시킬 명분만 있으면 중지하였다. 또한 교류를 진행한다 하더라도 북한사회에 미칠 수 있는 자본주의 유입의 부작용을 우려하여 남북 왕래교류가 아닌 제3국에서 진행과 일회성 행사 위주로 제한적인 교류를 하였다.

교류 활성화기인 1998년부터 2007년까지는 사회문화교류가 다양한 분야에서 활발하게 진행되었다.[132] 1998년 국민의 정부가 대북 화해협력정책을 추진함으로써 문화·예술, 체육 등 여러 분야에서 교류가 급속도로 증대되었다. 1999년 6월 15일 서해교전 발생으로 교류가 잠시 위축되기는 하였으나, 중단되지는 않았다.[133] 2000년

132 북한은 1998년 김정일이 유훈통치 기간을 마치고 헌법 개정 및 국방위원장 재추대와 '고난의 행군'을 종료하는 등 본격적인 김정일 시대에 접어들었다. 그리고 남한에서도 2월 새로 출범한 국민의 정부가 대북 화해협력정책을 추진하였다.

133 서해교전과 관련하여 북한의 조평통 대변인은 1999년 6월 16일 "남한 인사의 평양방문을 제한하겠다."고 발표하였다. 『로동신문』, 1999년 6월 16일.

남북정상회담을 기점으로 문화·예술, 체육, 방송, 종교 등 다양한 분야에서 교류가 큰 폭으로 확대되고 증가되었다. 북한은 개방에 따른 주민사상 오염을 염려하면서도 경제적인 실리 확보 등 필요에 따른 선별적인 교류를 하였다. 또한 남북공동행사가 개최되는 등 교류는 2002년 정점에 이르렀다. 이 과정에서 남북간에 갈등이나 남남갈등[134]으로 교류가 주춤거리기도 하였다. 대표적인 사례로 2001년 평양에서 개최된 '8.15민족공동행사' 방북단중 일부가 정부가 참석을 불허한 '조국통일3대헌장기념탑' 건립 개·폐막식에 참석하고 만경대 참관시 방명록에 서명한 문구[135]가 문제됨으로써 남남갈등이 표출되었다.

2003년 참여정부 들어 대북 평화번영정책과 함께 「6.15공동선언」이행 차원에서 남북이 적극적으로 교류협력을 실시하였다. 그러나 2004년 북핵문제 발생, 탈북민 468명이 베트남을 통해 남한으로 대거 입국, 김일성 사망 10주년 조문파동 등으로 남북관계가 교착상태에 빠졌다. 이로써 하반기에 예정된 여러 행사가 무산되는 등 남북교류가 대폭 감소되기도 하였다. 그러다가 2005년부터 다시 교류가 재개되어 2007년까지 활발히 진행되었다.

---

134 남남갈등이란 남한 내에서 이념적 갈등을 말하는 것으로 북에 대한 태도 또는 대북정책을 둘러싼 두 개의 진영 간의 대립에서 시작되었다고 볼 수 있다. 남남갈등이란 말이 일상적인 용어가 된 것은 2000년 남부정상회담 이후 2001년 8.15행사에 참가한 남측 대표단 일원이 평양에서 만경대를 방문하면서 했던 행동에 대한 논란이 촉발된 이후이다. 이우영, "북한관과 남남갈등," 『남남갈등: 진단 및 해소방안』, 2004 경남대학교 통일관 개관기념 학술회의(2004년 9월 1일).

135 2001년 8.15행사 남측 참가자 중 동국대학교 강정구 교수가 방명록에 '만경대 정신으로 통일 위업 이룩하자'는 서명을 함으로써 남한에서 좌우 격돌이 극심하게 일어났다.

교류 활성화기에 교류 진행 현황을 분야별로 개괄해보면, 1998년 5월에 순수 민간교류 차원에서 리틀엔젤스 평양공연이 개최되었다. 또한 남북합동 사진전 '백두에서 한라까지 렌즈로 본 조국'이 서울과 평양에서 동시에 개최되었다. 이어서 '통일음악회' 등 공연이 평양에서 연이어 개최되었다. 2000년 남북정상회담이 열리기 직전 회담 축하공연 성격의 '평양학생소년예술단'과 '평양교예단'의 서울공연이 개최되었다.

남북정상회담 이후인 2000년 8월 조선국립교향악단 단원이 대거 참가한 '남북 교향악단 합동연주회'와 조총련 소속 '금강산가극단' 공연이 서울에서 개최되었다. 2001년에는 북한이 '4월의 봄 친선예술축전'에 일본에서 활동중인 가수 김연자를 초청하여 공연을 하게 하고 『로동신문』 등을 통해 대대적으로 찬사를 보내는 선전을 하였다. 이후 남한 대중가수 조용필, 이선희, 최진희를 비롯하여 아이돌 가수들도 평양에서 여러 차례 공연을 갖었다.

영화 부문도 교류가 활발하여 북한영화가 남한 TV에서 방영되거나 극장에서 상영되었고, 남한에서 개최하는 영화제에서 북한영화를 상영하기도 하였다. 남북합작으로 애니메이션 등 영상물을 제작하기도 하였다. 또한, 남한 각지에서 북한의 그림·사진 전시회가 다양하게 개최되었고 남북문인들이 함께 '민족작가대회'도 개최하였다. 그리고 '개성 만월대 발굴조사' 및 『겨레말큰사전』 남북공동편찬사업 등 문화유산 관련 사업도 진행되는 등 문화·예술 분야의 교류가 활기를 띠면서 다양하게 진행되었다.

방송 분야의 교류는 그동안 북한의 기피로 이루어지지 않았으나,

1998년부터 북한지역에서 다큐멘터리 촬영 및 생방송이 진행되었다. 2000년 8월 언론사 사장단들이 북한을 방문하여 김정일을 면담하고 남북 언론교류 문제에 대해서도 협의하였다. 북한의 자연, 유적 · 유물, 요리 등 정치와는 관계없는 서적들이 남한에서 출판되고 남북저작권 문제도 협의되었다.

학술 분야는 그동안 제3국에서 진행해왔던 언어 및 컴퓨터 처리 관련 회의는 그대로 중국 등에서 진행되었으나 과학기술, 일제만행 등과 관련한 학술회의는 무대를 평양으로 옮겨 진행되었다. 동북아교육문화협력재단이 1998년 나진·선봉과학기술대학교와 2001년 평양과학기술대학교를 설립하는 등 북한의 과학기술 발전을 위한 교육지원 사업도 진행되었다.

체육 분야는 축구, 농구, 탁구경기가 평양과 서울에서 번갈아 개최되었다. 남북장관급회담 합의사항으로 태권도시범단이 평양과 서울을 오가며 공연을 펼쳤다. 2002년 '부산아시안게임'과 2003년 '대구세계유니버시아드대회'에 북한선수단과 응원단이 대규모로 참여하였다. 2003년 10월 제주도에서 개최된 '민족통일 평화체육축전'에도 남북한이 참가하여 체육 및 문화공연을 하였다. 이 외에도 KLPGA 평양 오픈대회, 마라톤대회, 복싱대회 등이 북한지역에서 개최되었고, 남북아이스하키 친선경기 및 남북유소년 친선경기 등이 남한에서 개최되었다.

종교 분야는 기독교, 불교, 천주교 등 각 종단이 평양을 직접 방문하여 종교 교류 협력방안 논의 및 북한 종교시설 등을 지원하고 남북공동 예배, 미사 및 법회를 갖기도 하였다. 한편 불교계에서는 조계종에서 금강산 신계사를 복원하고 천태종은 개성 영통사를 복원하였다. 그 과정에서 남북은 학술 토론회 및 공동법회 등을 수시로 진행하는 등 활발하게 교류를 하였다.

남북공동행사는 2000년 「6.15공동선언」이후, 2001년 6.15공동선언 1주년 기념 '민족통일대토론회'가 개최되면서 시작되었다. 8.15를 기념하여 '민족통일대축전'이 평양에서 개최되었고 거의 매년 남한과 북한에서 6.15와 8.15를 계기로 남북공동행사가 민간차원에서 개최되었다. 2005년에는 6.15와 8.15공동행사에 당국과 민간이 함께 참여하여 행사를 진행하였다. 또한 노동자, 농민, 여성, 청년학생, 교육자 및 개천절 행사도 남북공동행사로 진행되었다.

기타 남북장관급회담 합의사항인 '백두산-한라산 교차관광' 일환으로 남한의 백두산 관광단이 방북하였다. 2001년 문화관광부장관이 남북 사회문화 분야 교류 촉진을 위해 평양을 방문하여 남북문화장관회담을 개최하기도 하였다. 2002년에는 북한의 고위당국자들로 구성된 경제시찰단이 방한하여 남한의 주요 산업시설을 둘러보는 등 남북당국간 교류도 진행되었다.

교류 조정기인 2008년부터 2017년까지 사회문화교류는 진행과 중단, 간헐적 진행과 단절상태를 겪다가 2018년 재개되었다. 북한은 2008년 이명박 정부의 상호주의 원칙에 입각한 「비핵·개방·3000 구상」에 대해 강경대결정책이라고 반발하며 3월부터 당국간 대화를 중단하였다. 그러나 남북당국간 관계가 경색된 상황에서도 2008년에는 6.15남북공동행사 개최, 남북공동 문학잡지인 『통일문학』 창간호 발간, '개성 만월대' 발굴조사 및 『겨레말큰사전』 남북공동편찬사업 등 남북관계에 중요한 의미가 있는 사업은 진행되었다. 또한 제주도에서 개최된 '2008 레슬링 선수권대회'와 '2008 유도 선수권대회'에 북한이 참가하는 등 체육교류는 진행되었다. 그리고 종교 행사 목적의 대규모 방북도 이루어졌다.

그러나 북한의 핵실험과 천안함 폭침사건 등 대남도발에 대해 2010년 남한정부가 '5.24조치'를 취함에 따라 교류가 급감하는 등 교착상태에 빠졌다. 하지만 2011년 남한정부가 인도적이고 비정치적인 분야인 예술, 종교 분야 교류에 대해서는 일부 허용하였다. 이에 따라 남한의 일부 예술인들과 종교인들의 방북이 성사되었고, 제3국에서 행사나 인적교류가 수반되지 않는 북한그림 전시 및 북한영화 상영, 종교계의 합동법회 및 미사 등으로 교류의 명맥은 유지되었다. 2014년에는 북한이 남북관계 개선 의지를 표명하며 '인천아시안게임'에 참가하는 등 교류의 재개를 모색하였으나, 남한정부의 소극적인 태도로 별다른 진전이 없었다.

2016년 북한의 계속된 핵 실험 및 장거리미사일 발사와 이에 따른 남한의 '개성공단 전면중단 조치' 등으로 교류는 또 다시 단절되었다. 2018년 평창동계올림픽을 계기로 북한이 교류에 적극적인 태도를 보임에 따라 남북교류가 재개되어 예술, 체육 분야 등에서 진행되었다.

2

분야별 교류와 특징

가. 분야별 교류 현황과 특징

남북 사회문화교류는 남북관계 상황에 따라 북한의 교류 목적이 변화하면서 분야별로 교류 성사에 큰 차이를 보였다. 1998년 국민의 정부 출범 이전까지는 민간의 교류 추진에 제약이 많아 학술·교육과 종교 분야의 교류가 여타 분야에 비해 상대적으로 많았다. 그러나 국민의 정부의 대북포용정책 기조가 유지됨으로써 교류 추진이 과거에 비해 용이해짐에 따라 다양한 분야에서 남북교류 요구가 증가하였다. 북한도 실리획득 여부에 따라 교류 수용 여부가 변하면서 분야별 교류 현황도 변화되었다.

1981년부터 2018년 8월까지 진행된 남북 사회문화교류의 분야별 현황을 살펴보면 〈그림 5〉와 같다.

〈그림 5〉 분야별 사회문화교류 현황(1981~2018.8)

(단위: %, 총 590건)

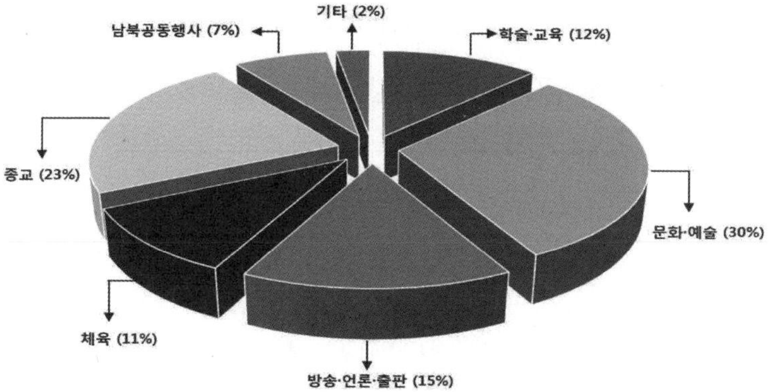

분야	학술·교육	문화·예술	방송·언론·출판	체육	종교	남북공동행사	기타
총 590 (100%)	71 (12%)	178 (30%)	88 (15%)	62 (11%)	134 (23%)	42 (7%)	15 (2%)

〈그림 5〉에서 보는 바와 같이 분야별 사회문화교류 현황은 총 590건 중 문화·예술 분야가 178건 30%로 가장 많이 진행되었다. 그 다음이 종교 분야가 134건 23%로 많았다. 다음이 방송·언론·출판 분야가 88건 15% 이었다. 학술·교육 분야가 71건 12%, 체육 분야가 62건 11%, 남북공동행사가 42건 7%, 기타 15건 2% 순으로 진행되었다.

분야별 교류 내용 및 추이 등 현황과 특징을 살펴보면 다음과 같다.

학술·교육 분야

(1) 추진 현황

1990년대 초반 해외에서 진행된 국제학술회의에 남북 관계자가 참여한 것을 계기로 학술 교류가 시작되었다. 이후 학술·교육 분야의 교류는 꾸준히 진행되다가 교류 조정기에 들어서 거의 중단되다시피 하였다. 교류 추이와 부문별 교류 내용을 보면 〈그림 6〉과 같다.

〈그림 6〉 학술·교육 분야 교류 현황

(단위: 건)

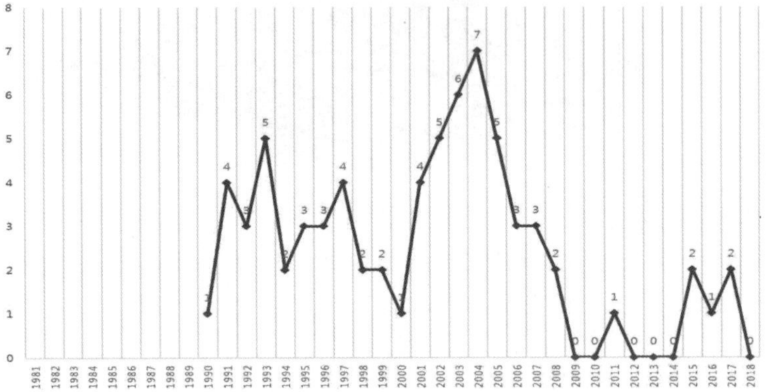

주제	평화통일	언어	IT과학	일제청산	문화	의학	교육	기타
총 71	17	13	12	7	4	2	2	14

학술·교육 분야의 교류는 71건 중 평화와 통일에 관련된 학술회의가 17건 24%로 가장 많았다. 그 다음이 남북한 언어통일과 관련된 회의 및 토론회가 13건 18%를 차지한다. 다음이 북한이 선진과학기술 도입에 관심이 높아지면서 IT 등 과학 분야 관련 학술회의가 12건 17%로 뒤를 이었다. 일제청산 문제와 관련한 학술회의가 7건 10%를 차지한다. 이 외에도 여성, 문화, 의학 등과 관련한 학술회의가 개최되었으며 북한 대학생, 연구원들을 대상으로 IT교육을 위한 교육교류도 진행되었다.

교류의 추이를 보면, 1990년대에는 주로 평화와 통일문제, 남북한 언어 비교, 통일에 있어서 여성의 역할, 컴퓨터 처리 등을 주제로 한 학술회의가 중국, 일본 등에서 개최되었다. '동북아 안보회의', '유엔 군축회의', '동아시아 차세대 정치인 회의' 등에 남북한 학자들이 참석함으로써 학술 교류가 이루어졌다. 특히 한국통일포럼과 북한의 사회정치학회는 1995년부터 '남북해외학자 통일회의'를 통해 한반도 평화 및 남북화해를 주제로 매년 정례적으로 학술회의를 개최하였다. 또한, 1997년 9월 북경에서 개최된 '제4차 세계청년학생 평화세미나'에는 남북대학생 250명이 참가하여 대학생간 교류협력의 새로운 가능성을 보여주었다.

경제, 한국학, 역사학 분야에서도 비교적 활발한 교류가 이루어졌다. '동북아 경제공동체 국제심포지엄', '환동해 경제권 국제심포지엄', '동북아 경제포럼' 등이 중국, 일본에서 개최되었고 북한은 학술회의를 외부 투자유지와 홍보에 이용하는 기회로 삼았다. 한국학 분야도 '조선학 국제학술회의' 등을 통해 남북학자간 교류는 물론 언어 · 문법 등에 관한 논문이 발표되었다. 역사학의 경우도 '고구려문화 국제 학술회의', '러시아 연해주 발해유적발굴' 등에 관한 학술회의가 이루어졌고 남북 고대사학자들의 합동심포지엄도 열렸다. 고대사 부문의 교류가 주로 이루어진 것은[136] 남북한 모두 체제 및 정치적인 문제에 별다른 영향을 받지 않았기 때문이며, 중국 등에 관련 유적이 많았던 이유도 있었다.

이와 같이 1990년대 남북간 학술 교류는 동서독의 학술 교류에

136 한창균, "북한고고학의 현황과 과제,"; 최광식, "남북한 고대사학계의 학술교류방안,"; 조광, "남북한 역사학계의 학술교류," 『국제고려학회 서울지회 제2회 전국 학술대회』2000년 7월 11일 참조.

서 서독이 학술 교류를 촉진시키기 위해 대학생과 학자들에게 재정과 행정을 적극 지원한 것처럼 남한정부도 대학생과 학자들의 교류를 지원하였다. 또한, 서독이 독문학과 역사학 등에 대한 연구 성과물에 관심이 높았던 것처럼 남북도 교류 초창기에는 역사에 대한 연구를 많이 진행하였다.

그러나 2000년 남북정상회담을 전후로 여타 분야의 교류가 활발히 진행되던 때에 오히려 학술 교류는 감소하였다. 이후 2001년부터 북한도 정보화시대에 대비하여 IT, 의학 등 과학 분야 토론회에 적극적으로 참여하였다. 또한, 남북언어 표준화 문제, 일제 과거사 청산문제, 6.15선언 이행 및 고수를 위한 남북해외학자 통일회의 등을 평양에서 개최하는 등 다시 교류가 활발하게 진행되었다. 대학차원의 교류도 정부 차원에서 관심을 갖고 2000년 9월 3차 남북 장관급회담에서 교수, 대학생 등 학술분야의 상호 인적교류에 의견접근을 보았으나, 실행되지 못하였다.

2004년에는 여타 분야의 교류가 주춤거릴 때 오히려 학술 분야 교류가 가장 활발히 진행되었다. 주로 민족어유산 관련 사업을 위한 방언연구와 조사 등 언어와 관련된 학술회의가 개최되었다. 또한, 1995년부터 제3국에서 진행되어온 '남북해외학자통일회의'가 2004년 처음으로 서울에서 개최되었다. 그러나 2005년을 기점으로 다시 학술 교류는 감소하기 시작하여 2010년부터는 거의 중단 상태에 이르렀다. 다만 1990년대부터 진행되어온 언어, 컴퓨터 관련 학술회의는 제3국에서 진행되었다.

(2) 특징

학술 분야 교류는 통일과 과학 분야 그리고 민족공통성 확보를 위한 언어 및 일제청산 문제가 주를 이루고 있다. 이것은 북한의 입장에서 현실적으로 필요성이 큰 분야와 민족의 공통성 확보라는 차원에서 이루어졌다는 특징을 보이고 있다. 즉 교류를 통한 실리확보와 김일성 교시 관철이라는 북한의 전략과 관련이 있다고 할 수 있다.

북한은 통일 분야 학술회의를 통해 통일문제와 관련한 자신들의 주장을 적극적으로 전개하는 데 활용하였다. 또한, 세계적인 정보화 추세에 맞춰 컴퓨터 사용과 IT교육 등에도 적극적인 자세를 보였다. 김일성이 1970년대부터 강조한 남북한 언어 통일[137] 문제에 대해서도 남북한 언어 비교, 방언조사까지 실시하고 그 이후 『겨레말큰사전』 편찬의 토대를 마련했다는 점은 큰 의미가 있다. 동서독도 '공동체 계획'이라는 이름 아래 통일 직전까지 계속된 교류중 대표적인 사업이 『그림 독일어사전』 편찬이었다. 특히 언어 분야에 대해서는 북한도 민족공동문화자산의 관점에서 접근하는 등 적극적이다. 그리고 일제만행 관련 위안부 문제, 전후보상 문제, 일본해 표기 부당성 등 일제잔재청산 문제에 대해서는 선제적으로 교류에 나서는 태도를 보였다.

학술 분야는 남북한 왕래교류보다는 대부분 제3국에서 접촉이 이

---

137 김일성은 "문화 분야에서 북과 남사이의 합작을 실현하여야 단일민족으로서의 조선민족의 고유한 민족적 특성을 보존할 수 있으며 우리의 민족문화를 통일적으로 발전시킬 수 있습니다. 북과 남은 언어학 분야에서 합작을 실현하여 우리의 민족어를 통일적으로 발전시켜 나가야 합니다." 라고 언급하였다. 김일성, "조국통일의 3대 원칙에 대하여: 북과 남사이의 고위급정치회담에 참가한 남조선측 대표들과 한 담화(1972년 5월 3일, 11월3일)," 『김일성전집 48권』(평양: 조선로동당출판사, 2003), pp. 406-416.

루어졌다. 1990년대 학술 교류가 중국 등 제3국에서 접촉 위주로 이루어진 것은 남북이 국제학술회의에 공동 참가 및 해당지역 제3기관의 중계에 의한 공동학술행사 형태로 개최되었기 때문이다. 이러한 이유로 남북간 신뢰체제가 구축되지 못한 상황은 중계자의 역할을 더욱 강화시킨 면이 있었다.[138]

한편 학술 교류는 여타 분야에 비해서 대북지원성 교류 소지가 적을 뿐만 아니라 시급성도 약하다는 특징이 있다. 일례로 2000년 남북정상회담을 전후로 남북관계 개선 분위기 조성 차원에서 예술, 체육 분야의 교류가 활발히 진행된데 비해 학술 분야의 교류는 상대적으로 감소하였다. 이것은 학술교류가 남북 화해무드 조성과는 거리가 있는 데다 북한의 입장에서는 시급하지 않은 분야에 여력을 쏟을 여유가 없었던 것으로 보인다. 또한 북한지역 내에서 학술교류가 많이 이루어지지 않은 것도 교류 대가나 대북지원과는 큰 연관이 없기 때문이라고 할 수 있다.

문화·예술 분야

(1) 추진 현황

1985년 처음 남북예술단 교환공연이 시작된 이래 남북교류중 문화·예술교류가 가장 많이 진행되었다. 문화·예술 분야의 교류 추이와 부문별 교류 등을 살펴보며 〈그림 7〉과 같다.

---

138 1995년부터 남한의 「한국통일포럼」과 북한의 「사회정치학회」간의 정기적인 학술교류협력이 가능했던 이유 중의 하나도 남북한 사이에서 가교역할을 해주었던 해외학자가 있었기 때문이다. 백영철, 『분단을 넘어 통일을 향해』(서울: 건국대출판부, 2000), p. 14

〈그림 7〉 문화·예술 분야 교류 현황

(단위: 건)

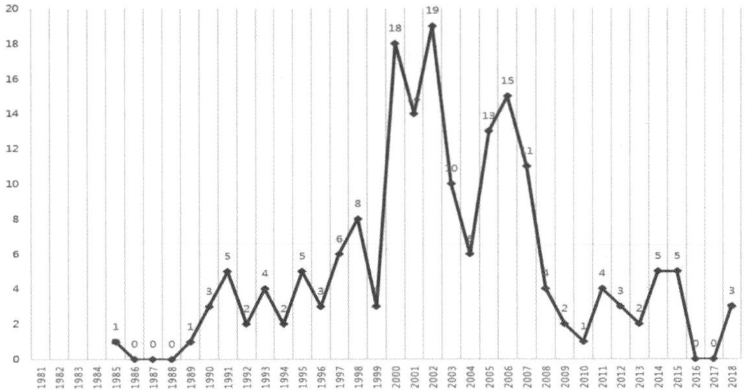

부문	전시회 (미술·사진·공예)	공연	역사 유적	영화	문화	애니 메이션	언어	문학	기타
총 178	53	47	30	19	9	5	4	5	6

문화·예술 분야 교류는 178건 중 미술·사진·공예품 등 전시회가 53건으로 30%를 차지한다. 주로 북한의 그림, 사진 등이 남한 여러 지역에서 전시되었다. 남한에 소개된 그림이나 사진은 이념성이 거의 없는 풍경화 중심이었다. 다음이 공연으로 47건 28%이다. 예술 공연은 북한이 가장 자신 있는 분야이기 때문에 타 분야에 비해서 상대적으로 교류가 많이 진행되었다고 할 수 있다. 그 다음이 역사 유적과 관련된 교류로 30건 17%이다. 역사유적 발굴 관련 사업이 꾸준히 진행됨으로써 교류의 상당한 비중을 차지하고 있다. 다음이 영화 19건 11%로 북한 영화가 남한 TV방송에서 방영되거나 영화제에 출품되었다. 이외에도 문화, 애니메이션, 언어, 문학 등 다양한 부문에서 교류가 이루어졌다.

교류의 추이를 보면 1985년 남북예술단 교환공연으로 예술 분야 교류가 처음 시작된 이후 남북교류 자체가 중단되었다. 1990년 남북고위급회담이 시작되면서 남북관계 개선 분위기 차원에서 1990년 독일 거주 음악인 윤이상의 주선으로 '범민족통일음악회', '송년전통통일음악회'가 평양과 서울에서 개최되었다. 이후 1991년 3월에 시작한 남북고위급회담이 1992년 8월 중단될 때까지 남북 합동공연인 '한겨레울림', '환동해국제예술제', '통일예술축제' 등이 개최되었다. 또한, 남북 예술인들이 서울과 평양, 일본, 러시아 등에서 다양한 공연을 펼쳤다.

1990년대 초반 남북교류가 본격화되면서 1991년 5월 북경아시안게임 국제회의센터에서 '남북코리아서화전'이 처음 개최된 이래 남한 지역과 일본, 중국 등에서 남북공동으로 북한의 미술, 사진, 공예품 전시회가 개최되었다. 영화도 1990년 미국에서 개최된 제1회 남북영화제에 남북 영화인이 초청된 가운데 북한영화 '안중근 이등박문을 쏘다', '도라지꽃' 등이 상영되었고 북한 영상물이 남한 TV를 통해 방영되었다. 또한, 1990년대에는 고구려, 발해 등 고대 문화유산 관련하여 중국, 러시아 등에서 유적답사를 진행하였다.

교류 활성화기에 공연 예술은 1998년 민간차원에서 처음으로 남한의 '리틀엔젤스 평양공연'이 이루어졌다. 이어 '제1회 윤이상 통일음악회', '2000년 평화친선음악회', '제1회 민족통일음악회' 등이 연이어 평양에서 개최되었다. 2000년 남북정상회담 분위기 조성 차원에서 북한의 '평양학생소년예술단'과 '평양교예단'이 서울을 방문하여 공연하는 등 서울과 평양에서 다양한 공연이 개최되었다.

그리고 「6.15공동선언」을 계기로 '남북교향악단 합동연주회', '금강산가극단 공연' 등 각종 공연이 개최되었다. 또한 남한 방송사를 중심으로 일제강점기 계몽가요에 이어 분단 이후 남한의 대중가요, 현대적인 K-POP까지 공연됨으로써 북한내 한류 확산 분위기가 조성되었다.

북한의 그림, 사진, 공예품 전시회는 대부분 남한단체가 북한의 물품을 반입하여 남한 지역에서 전시하는 형태가 주를 이루었다. 특히 광주비엔날레 등 대규모 미술행사에 북한작품 특별전을 개최하거나 기업체 및 개인 갤러리에서 전시회를 개최하는 경우도 많았다. 또한 미국, 일본 등 제3국에서 남북이 공동으로 전시회를 개최하는 경우도 있었다. 그러나 북한지역에서 남한 예술작품을 전시하는 행사는 개최되지 않았다.

역사유적 분야 교류는 주로 유물 전시회와 유적 관련 공동조사 및 연구, 학술행사, 유적 복원공사 등의 방식으로 추진되었다. 2000년대 들어서는 과거 학술행사 위주로 진행되던 것이 북한지역에서 실제 역사유적을 발굴조사하는 것으로 발전되어 나갔다. 안학궁(고구려 궁성) 발굴조사, 개성 만월대(고려 궁궐) 발굴조사 등이 대표적 사례이다. 유적발굴조사 사업을 토대로 학술행사와 출토된 유물을 남한으로 들여와 전시회를 개최하기도 하였다.

북한의 영화도 남한의 주요 영화제에 초청되어 상영되는 경우가 많았다. 신상옥 감독의 북한영화 '불가사리'는 2000년 남한의 극장에서 최초로 개봉되었다. 남한영화 '공동경비구역 JSA'도 북한에 전달되었다. 또한, 북한이 세계적인 경쟁력을 갖추고 있다고 자부하는 분야인 애니메이션도 남북이 합작으로 제작하여 남한에서 방영하였다. 대표적인 디지털 애니메이션은 '게으른 고양이 딩가', '뽀롱뽀롱 뽀로로'이며 '뽀롱뽀롱 뽀로로'는 남한과 해외시장에서 캐릭터로 히트되면서 교류의 상징적인 사업이 되었다.

교류 조정기라 할 수 있는 2008년 남한에 보수정권이 들어서면서 교류는 급감하기 시작하여 2010년에는 거의 중단되었다. 하지만 그 와중에도 인적교류가 수반되지 않는 북한미술의 남한 지역 전시회와 부산 · 광주 국제영화제에 북한영화가 초청되어 상영되었다. 2008년에는 남북문인들의 작품을 게재한 『통일문학』지가 북한에서 출간되어 남한에도 배포되었다. 또한 2011년부터 개성만월대 발굴 및 『겨레말큰사전』 편찬사업 관련 회의를 재개하면서 민족문화 관련 사업이 교류의 명맥을 유지하고 있다.

2018년 2월 평창동계올림픽을 계기로 북한의 삼지연관현악단이 강릉과 서울에서 공연을 하였다. 이에 대한 답례 차원에서 4월 남한의 대중가수 공연단이 평양에서 '2018 남북평화협력기원 평양공연-봄이 온다'를 주제로 공연을 함으로써 남북간 문화교류가 재개되었다.

(2) 특징

문화교류는 과거 북한이 남한 및 자본주의의 문화유입이 사회주의체제 유지에 부작용을 가져올 것을 우려하여 쉽게 이루어지지 않았다. 남한도 역시 북한의 체제선전적인 문화가 침투되는 것을 경계하였다. 과서 동독이 서독의 문화침투를 방지하기 위해 국가 차원에서 문화교류 차단정책을 실시한 것과 마찬가지이다. 서독도 국가 차원에서 동독과 문화교류 차단정책을 드러내놓고 하지는 않았지만 동독의 좋지 않은 문화 유입을 경계하였다.

남북은 1985년 예술공연 교환 개최를 시작으로 문화·예술교류가 시작되었다. 남북간 문화·예술 분야 교류는 부문별로 남북관계 상황 변화에 따라 서로 다른 특징을 나타냈다. 예술공연은 남북관계 개선을 위한 중요한 시기마다 화해 분위기를 조성하였다. 1985년 「남북 이산가족 고향방문」 행사와 1991년 「남북기본합의서」채택, 2000년 「6.15공동선언」, 2018년 「4.27판문점선언」 등을 전후하여 남북은 서울과 평양을 오가며 예술공연을 하였다. 그러나 북한은 공연이 대규모 인적교류를 수반하는데다 북한주민들과의 직접 접촉이 우려되어 지속적인 교류를 꺼려하였다. 따라서 공연은 대부분 일회성 행사로 그치는 경우가 많았다.

한편 남북은 예술 교환공연을 1980년대에는 체제선전에 활용하려는 측면이 강하였다.[139] 1990년대 이후부터는 정치색을 제거하고 공연을 하기로 하였으나, 공연 과정에서 종종 문제가 발생하기도 하였다. 2018년 들어 북한은 남한에서 공연은 스스로 정치색을 빼고 세계화를 꾀하는 등 순수공연으로 가려는 노력을 하고 있다.[140]

북한의 그림, 사진, 공예품 등 전시회는 직접 인적교류가 없는데다 교류 대가 문제도 협의가 편리하여 북한이 선호하는 분야였다.

139 1985년 남북 이산가족 고향방문 및 예술단 교환공연 행사시 예술 공연 등이 이에 해당한다고 할 수 있다.

140 2018년 2월 평창동계올림픽 때 북한예술단의 남한공연과 9월 남북정상회담 공연에서는 정치색을 배제하고, 남한 가요도 많이 추가하였다.

1990년대 이후 전시회 부문의 교류가 가장 활발히 이루어졌던 것도 이러한 이유이다. 또한, 미술품의 판매로 수익을 올릴 수 있는 장점도 있다. 이 때문에 남북관계 경색 상황에서도 북한그림, 사진 등의 남한내 전시회가 꾸준히 진행되었다.

역사유적 등 문화유산은 분단 이전에 만들어진 우리민족의 공동자산이다. 그러나 역사에 대한 해석은 남북의 이념적 차이와 대립에도 불구하고 보존과 관리에 대해서는 시각의 차이가 거의 없다. 이에 따라 문화유산과 관련된 교류는 1990년대 시작 때부터 현재까지 남북관계가 단절되지 않는 한 큰 무리 없이 진행되고 있다.

영화의 경우는 북한의 입장에서 인적교류 없이 대가를 받고 필름만 반출해도 되기 때문에 선호하는 분야이며, 여타 분야 교류가 중단되었을 때에도 교류가 지속되었다. 영화는 완성된 필름이나 테이프만 있어도 경제적 실익을 올릴 수 있는 데다 북한문화도 자연스럽게 전파할 수 있다는 점에서 교류의 선호도가 높은 분야이다. 애니메이션은 북한이 셀애니메이션 분야에서 미국 등 해외시장의 수주를 받아 제작한 경험이 풍부하다. 이 때문에 애니메이션 분야를 차세대산업으로 육성, 발전시키고자 하는 의도가 반영되어 남북합작으로 제작하는데 적극적이었다고 할 수 있다.[141]

---

141 북한 최초의 애니메이션은 1960년 제작한 '신기한 복숭아'와 '금도끼 쇠도끼'이다. 동 애니메이션은 '조선과학영화촬영소'의 아동촬영부가 분리되어 1957년 설립된 '조선 4.26 아동영화촬영소'에서 제작하였다. 이후 1985년부터 연간 20여편의 작품을 제작하고 있다. 1989년 전국공모를 통한 창작의 대중화가 정착되어 프랑스와 이탈리아 등 유럽의 여러 작품들을 수주하는 등 전성기를 맞게 되었다. 또한 1996년 말부터 컴퓨터 애니메이션이 제작되면서 2001년 남한 하나로통신과 3D 애니메이션 제작사 FACE와 공동으로 '게으른 고양이 딩가', '뽀롱뽀롱 뽀로로'를 제작하면서 남북 교류협력의 물꼬가 트였다.

방송·언론·출판 분야

(1) 추진 현황

방송·언론·출판 분야 교류는 과거 북한이 남한과 교류에서 가장 기피하였으나, 교류 활성화기인 1998년에 본격적으로 시작되어 활발하게 진행되다가 2008년에 중단되었다. 여타 분야에 비해 교류 기간이 가장 짧았다. 방송·언론·출판 분야 교류 추이와 부문별 교류 내용을 살펴보면 〈그림 8〉와 같다.

〈그림 8〉 방송·언론·출판 분야 교류 현황

(단위: 건)

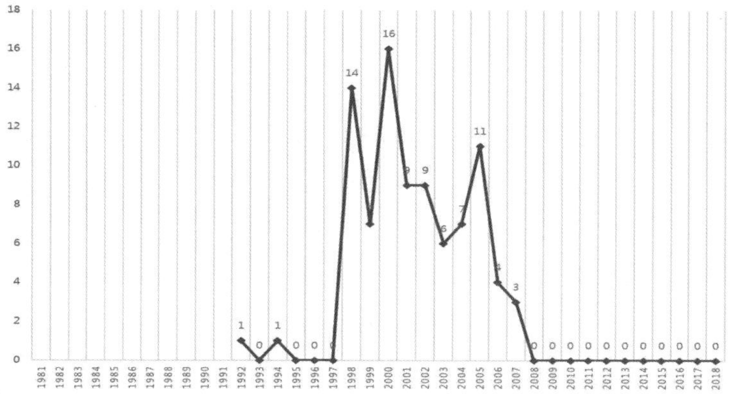

부문	다큐	영상	역사	뉴스	신문	교류	자연	저작권	지원	기타
총 88	34	11	6	5	3	3	3	3	4	16

방송·언론·출판 분야 교류는 총 88건중 남한 방송사들의 북한의 자연, 문화유산 등 다큐멘터리 제작이 34건 39%로 가장 큰 비중을 차지하였다. 다음으로 공연이나 드라마, 영화 등 영상물을 남한에서 방영하는 것이 11건 13%로 뒤를 이었으며 북한에서 생방송뉴스도

진행되었다. 언론에서는 신문교환과 남한 언론사 사장단의 방북이 있었다. 출판 분야에서는 북한서적의 남한에서 출판과 북한의 저작권 문제 관련 협의도 진행되었다. 이처럼 방송·언론·출판 분야는 교류가 뒤늦게 시작된 관계로 여러 부문에서 앞다투어 교류가 진행되었다.

교류의 추이를 보면, 1990년대 초반 여타 분야의 교류가 본격적으로 시작된 것에 비해서 방송·언론 분야는 북한이 체제유지 문제와 연계하여 개방을 꺼려한 관계로 교류가 이루어지지 않았다.[142] 1998년 남북관계 개선 분위기가 조성되면서 동아·중앙·한겨레 등 3개 언론사 사장단의 방북이 최초로 실현되고, 언론교류 협의 및 북한내 역사유적 답사와 취재목적의 방북이 성사되었다. 또한 방송 분야의 북한 진출도 2000년 전후 활발히 진행되었다. 1998년 KBS가 최초로 '북녘산하·북녘유산' 답사보고를 진행한 데 이어 SBS, MBC에서도 '평양 리포트', '금강산 가는 길' 등 북한 다큐멘터리를 제작하여 방영하였다.

남한정부가 1999년 10월 22일 북한 위성TV방송의 국내시청을 허용한다고 발표한 점도 방송 교류 활성화에 긍정적인 작용을 하였다고 할 수 있다. SBS는 1999년 12월 평양에서 개최된 '2000년 평화친선음악회' 공연 실황을 조선중앙 TV를 통해 녹화방영하였

142 1991년 12월 11일 제5차 남북고위급회담 북측 대표단장인 연형묵 총리는 기본발언에서 "우리는 모든 인민들이 서로 단합하고 동지적으로 협조하면서 건전하게 일하고 생활하고 있으며 자본주의 사회에서 흔히 볼 수 있는 이러저러한 사회적 병폐들이 없다"고 주장하였다. 특히 세계적으로 청소년문제를 북한처럼 훌륭히 해결한 데는 없을 것이라고 하면서 "우리가 신문, 라디오, 텔레비전 및 출판물의 개방을 반대하는 것은 이처럼 깨끗한 우리사회를 악취 풍기는 썩은 문화의 오염으로부터 보호하기 위한 것이다"고 강조하였다. 『평양신문』, 1991년 12월 12일.

다.[143] 이후 평양에서 열린 남한의 대중가수 공연 등 각종 행사와 개성의 남북경협 현장 등을 취재하여 방영하였다. 한편 남한의 방송사들은 북한에서 생방송을 진행하는 대가로 방송기자재를 지원하였으나 2005년을 기점으로 교류는 감소하였다.

언론 분야에서는 2000년 정상회담 이후 일시적이기는 하였으나 판문점에서 남북간 신문교환이 있었다. 또한, 언론사 대표단이 방북하여 김정일을 면담하고 남북 방송·언론교류 문제를 논의하는 등 남북교류 활성화를 위해 언론이 측면에서 지원하기도 하였다. 특히 언론 교류의 경우에는 독립적으로 이루어지기보다 동행취재 형식으로 이루어지는 경우가 많았다.

출판 분야는 1992년에 북한 서적 『리조실록』과 1994년에 『동의보감』이 남한에서 출판된 이후 교류가 중단되었다. 1998년부터 교류가 재개되어 진행되다가 2007년 다시 중단되었다. 북한의 자연, 요리, 공예, 향토, 과학기술대백과 등 다양한 백과사전이 남한에서 출판되었다. 그리고 북한 소설 『임꺽정』이 남한에서 출판되고 저작권 관련 협의도 진행되었다. 남북기사·사진 등 콘텐츠, 이메일 교환 및 홈페이지 게재 문제 등에 대해서도 논의가 있었으나 진전되지는 않았다. 남북간에 어렵게 시작된 방송·언론·출판 분야 교류는 2008년 이후 가장 먼저 중단되었다.

---

143 정부의 조치로 언론사는 북한 위성TV 방송을 독자적으로 수신, 활용할 수 있게 되었고 일반국민들도 접시안테나와 컨버터를 설치하면 북한방송을 볼 수 있게 되었다. 또한 통일부 산하 통일교육원 및 북한자료센터 등에 북한방송 수신시설을 갖추어 놓고 일반인들에게 개방하기로 하였다. 북한은 난시청 해소와 대외홍보를 위해 1999년 7월 2일부터 태국의 타이콤-3호 위성을 이용해 조선중앙TV의 위성방송을 시작하였다.

(2) 특징

방송·언론 분야 교류는 북한이 정보의 교류와 유입 및 북한실상 공개를 꺼리는 등 체제문제와 연계된 민감한 부분으로 여겨 1990년대 초반 교류를 가장 기피했던 분야였다. 동서독의 경우에도 방송·언론 교류는 합의에도 불구하고 실제 교류에는 많은 어려움이 있었다. 서독은 언론의 자유가 있었던 반면 동독은 언론이 사회주의정당의 목표에 봉사해야 한다는 인식이 강했기 때문이었다.

남북 방송 교류는 1991년 서울에서 개최된 세계청소년축구대회 남북단일팀 평가전을 남북이 직접 생중계함으로써 처음으로 이루어지기는 하였으나, 남북간 방송 교류를 위한 교류는 아니었다. 이후 남한이 여러 경로를 통해 북한에 수차례 교류를 제의하였다. 그러나 북한은 특별한 경우에는 수용이 어렵다는 입장을 통보했지만, 대부분은 답변조차 하지 않는 등 묵살하였다.

결국, 방송 교류는 국민의 정부 출범 이후 이념성, 정치성이 없는 북한자료와 영상물 방영을 허용한 이후에 이루어졌다. 북한 드라마와 영화 방영 및 북한의 산하와 유적을 취재하여 방영하는 등 짧은 교류기간에도 불구하고 많은 성과를 냈다. 북한이 2000년 남북정상회담을 전후하여 남북 방송교류사업을 부분적으로 수용한 것은 남한의 방송사는 남북정상회담을 비롯하여 남북 행사시 김정일을 가장 잘 부각시켜줄 수 있다고 판단한 것으로 보인다. 이 뿐만 아니라 북한의 소식과 영상물들을 통해 남한주민들의 대북 적대의식 해소에 도움이 된다고 판단한 것이다. 2000년 8월 남한의 언론사 사장단이 방북했을 때 김정일이 언론의 역할에 대한 중요성을 강조[144]한 점도 이를 뒷받침한다고 할 수 있다. 방송사는 가장 공신력 있는 사업 주체이기 때문에 타 분야보다는 교류 추진이 용이했다. 그러나 언론 분야는 남한 언론인 방북 외에 별다른 성과가 없었던 것은 북한이 여전히 언론개방을 꺼려한다는 점을 보여준 것이라고 할 수 있다.

출판 분야는 초창기에는 비정치적인 출판물에 대한 수요 등 남한 내 출판의 잠재성이 지대함에도 불구하고 정식계약에 의한 남북 출판 교류는 성사되지 못했다. 그러나 북한이 국민의 정부 들어 남한의 대북지원단체 등을 통해 의학·과학·기술서적을 제공해 줄 것을 요청하는 등 도서교류에 적극성을 보이기도 하였다.[145] 동서독의 경우도 서독은 동독이 요구한 자연과학 분야 교류에 대해서는 군사적 기술이전 문제와 관련되지 않는 한 적극적으로 제공하는 등 도서교류를 하였다.

출판 교류는 직접적인 인적교류를 수반하지 않으면서도 북한이 작성한 원고 등 콘텐츠만 남한에 제공하고도 대가를 받을 수 있어 상당히 선호하는 분야였다. 따라서 2000년 전후 북한서적의 남한내 출판이 비교적 활발히 진행되었다.

---

144 김정일의 초청으로 최학래 신문협회 회장 등 46개 언론사 사장단은 2000년 8월 5일에서 12일까지 방북하여 김정일을 면담하고 ① 민족의 단합을 이룩하고 통일을 실현하는 데 도움이 되는 언론 활동 전개, ② 비방중상 금지, ③접 촉 왕래 등 교류, ④ 접촉창구 마련, ⑤ 북한 언론기관 대표 서울 방문 등 5개항의 '남북 언론기관 공동합의문'을 작성하였다.

145 1998년 9월 북한의 아태위측은 우리민족서로돕기운동 측에 책자 지원을 요청하여 우리민족서로돕기운동, 한국출판협동조합, 경인여자대학 등은 '남북한 도서교류 캠페인 추진본부'를 결성하여 과학기술 분야의 서적을 수집하여 전달한 바 있다.

체육 분야

(1) 추진 현황

체육교류는 1990년대부터 남북관계가 대결적이거나 상황이 악화되었을 때 관계개선 분위기 조성에 유용하게 활용되어 왔다. 체육 분야의 교류 추이와 부문별 교류 내용 등을 살펴보면 〈그림 9〉와 같다.

〈그림 9〉 체육 분야 교류 현황

(단위: 건)

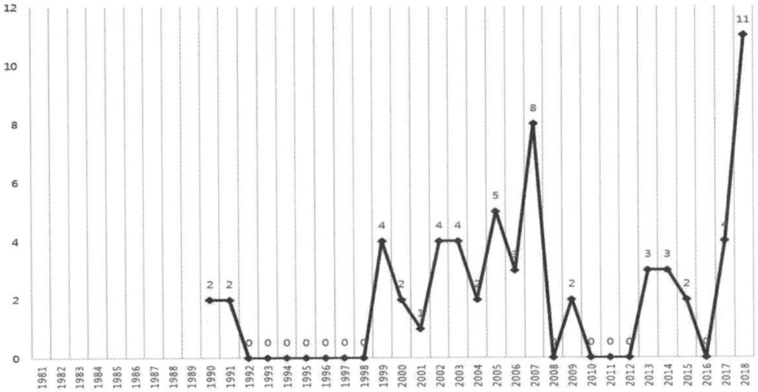

부문	축구	아시안게임	태권도	농구	올림픽	탁구	경주	아이스하키	육상대회	기타
총 62	22	7	6	4	4	4	3	3	1	8

체육 분야 교류는 총 62건 중 축구가 22건 35%로 가장 많은 비중을 차지하였다. 다음 아시안게임이 7건 11%로 남북이 공동 입장하거나 단일팀을 구성하여 게임에 참가하였다. 그 다음이 태권도가 6건 10%로 뒤를 이었다. 올림픽에 남북이 공동참여하였으며, 농구·탁구도 상대지역을 방문하여 개최하였다. 이외에도 자동차 랠리, 육

상대회, 하키 등에서도 교류가 진행되었다.

교류의 추이를 보면, 1990년대 초반 남북 고위급회담시 남북통일 축구경기가 평양과 서울에서 진행되었다. 그리고 세계탁구선수권대회[146]와 세계청소년축구 선수권대회에 남북이 단일팀으로 참가하기도 하였다. 이 같은 교류는 순수 민간교류가 아닌 남북당국의 적극적인 지원에 의해 성사되었다. 그러나 1991년 8월 북한 유도선수가 남한으로 망명함에 따라 북한이 남한과 체육교류에 대해 소극적이고 비타협적인 자세를 취하게 되었다.

2000년 남북정상회담을 전후하여 1999년 현대가 북한에 실내체육관을 건립하고 그 기념으로 현대 농구단의 방북 경기 및 북한 선수단의 서울 경기가 실현되면서 체육교류는 새로운 국면을 맞이하였다. 이러한 화해 분위기 속에서 남북한은 축구, 농구, 탁구경기를 개최하였다. 특히 1999년 8월 16일 민주노총이 평양에서 개최된 통일염원 남북노동자축구대회에 참가하여 분단 이후 남북 노동자간 첫 축구대회를 가졌다. 또한 남북한을 연계하는 국제자동차경주대회[147]가 추진되어 체육교류의 새로운 가능성을 보여주기도 하였다. 그리고 남북장관급회담 합의사항으로 2002년 9월과 10월 연이어 남북 태권도시범단의 교환경기도 개최되었다.

---

146 정부는 19991년 3월 남북탁구단일팀 구성 및 대회 참가를 협력사업으로 승인하여 경비의 일부를 남북협력기금에서 지원하였다. 이는 '남북교류에 관한 법률' 및 '남북협력기금법'에 의거한 남북 최초의 협력사업이었다.

147 (주)우인방커뮤니케이션과 한국자동차경주협회가 1999년 12월 금강산 국제랠리(서울-평창-금강산)를 실시키로 하였으나 북측의 준비기간 등의 이유로 2000년 5월로 연기되었다. 우인방측은 북한 아태위와 향후 5년간 금강산랠리를 개최키로 합의하고 대가로 100만불을 지불키로 하였다.

2002년 부산아시안게임과 2003년 대구유니버시아드대회, 2005년 인천아시아육상선수권대회에 북한 선수단과 응원단이 대거 참여하였다. 2003년 아오모리 동계아시안게임과 2004년 아테네올림픽 개·폐막식에 남북이 공동으로 입장하였다. 이외에도 골프, 마라톤, 권투 등 경기가 북한에서 개최되거나 남북선수들이 참가하는 등 2007년까지 체육교류가 활발히 진행되었다.

그러나 2008년부터 2012년까지는 북한 유소년축구단이 남한에서 전지훈련과 축구경기를 갖은 것 외에는 사실상 체육교류가 중단되었다. 그러다가 2013년 남한에서 개최된 동아시아축구선수권대회에 북한이 참가함으로써 다시 체육교류가 재개되었다. 2014년 인천아시안게임에 북한 선수단이 대거 참가하고 북한 유소년 축구, 아이스하키, 여자축구단, 태권도 대표단 등이 남한을 방문함으로써 교류가 이어지게 되었다.

남북은 2018년 평창동계올림픽에서 남북 공동입장과 아이스하키 등에서 단일팀을 구성하여 출전하고 태권도시범단 교환경기도 개최하였다. 7월에는 남북통일농구대회가 평양에서 개최되었고, 남한에서 개최된 탁구경기에 남북이 공동으로 참가하였다. 2018 아시안게임에 남북 공동입장과 함께 농구 등 여러 종목에 단일팀으로 참가함으로써 체육교류는 활기를 띠게 되었다.

(2) 특징

체육교류는 1990년대 초반 남북관계 개선 분위기 차원에서 남북당국의 적극적인 지원 아래 남북 왕래교류가 비교적 활발히 이루어졌다. 이후에도 체육은 순수 민간차원에서 교류보다는 남북당국 차원에서 화해 모멘텀 및 악화된 남북관계 돌파구 마련에 적극 활용되었다. 동서독의 경우도 체육교류가 정치적 영향으로부터 완전히 벗어난 적은 없었다. 서독정부는 체육교류를 지원하여 주민간 동질감 강화 및 단합에 기여하고자 한 반면 동독은 대외적으로 동독의 우월성을 선전하는 데 목적이 있었다.

1990년대 초반 남북 체육교류는 남북 왕래교류 뿐만 아니라 국제 체육경기에서 선수 및 임원진들의 접촉 등 비교적 활발한 교류가 이루어졌다. 그러나 1990년대 중반 북한은 경제난과 선수들의 망명 등 이탈로 인해 국제 체육행사에 불참하는 경우가 많아지면서 남북 체육교류는 다시 침체되었다.

2000년 남북정상회담을 전후로 남북 화해협력 분위기를 조성할 때도 통일농구단 교환경기 개최 등 체육교류가 중요한 역할을 하였다. 2000년대에 북한은 남한에서 개최되는 아시안게임, 유니버시아드대회 등 국제행사에 대규모의 선수단과 응원단을 파견하여 남한국민들의 대북인식을 호의적으로 전환하게 하는데 상당한 역할을 하였다. 남북은 국제경기에서 '우리는 하나다' 라는 구호를 외치고 한반도기를 흔들며 함께 응원을 하고 북한 응원단의 동작에 맞추어 남북선수들을 응원하면서 동포로서 유대감을 가졌다. 이는 동서독의 체육교류에서 동독인들이 서독과 사회주의 우방국과 경기에서 서독을 '우리팀'이라고 하면서 응원하는 등 이념과 체제를 초월하여 민족적 유대감을 보인 것과 같다고 할 수 있다.

그러나 2008년 남한에 보수정권이 들어선 이후 남북관계가 악화되고 교류도 중단 상태에 이르자 비정치적인 체육교류도 뜸하게 되었다. 이후 북한은 남북관계 개선의 전기를 마련하고자 2014년 인천아시안게임에 북한 선수단을 대거 파견하였다. 그 이후에도 남한에서 개최되는 태권도 등 크고 작은 국제행사에 선수단을 파견하여 남북화해 분위기 개선을 시도하기도 하였다. 그러나 남한정부의 소극적인 자세와 북핵 문제 등으로 관계개선 분위기는 쉽게 조성되지 않았다.[148]

2018년 북한은 남북관계 개선을 위해 2월 평창동계올림픽에 대규모 선수단과 응원단 및 예술단을 파견하였다. 남북은 공동입장은 물론 여자 아이스하키 등에서 단일팀을 구성하여 출전하는 등 체육교류를 남북화해와 협력 분위기를 조성하는 데 적극 활용하였다.[149] 또한 남북정상회담과 「4.27 판문점선언」 이후 남북은 축구, 농구, 탁구 등 체육교류를 통해 남북관계 개선 및 화해협력 분위기를 조성해 나갔다. 체육은 비정치적인 분야이지만 때로는 남북당국이 가장 정치적으로 활용하고 있는 분야라고 할 수 있다.

종교 분야

(1) 추진 현황

종교 분야 교류는 1981년부터 남북간 인적왕래가 가장 먼저 시

148 2014년 인천아시안게임에 북한은 대규모 선수단과 함께 고위당국자들을 파견하여 남북관계 개선을 시도하였으나 남한정부가 별다른 반응을 보이지 않았다. 또한 2016년 북한의 핵실험에 대해 남한정부가 '개성공단 폐쇄' 등 강경한 조치를 취함으로써 모든 교류가 중단되었다.

149 AFP통신은 2018년 12월 25일 "굳게 잠겨 있던 남북 관계가 북한의 평창 동계 올림픽 출전, 응원단과 고위급 인사 파견 등으로 인해 호전됐다"고 평가했다

작되었다. 남북관계 상황에 따라 부침은 있었으나 여타 분야에 비해 꾸준히 진행되었다. 종교 분야의 교류 추이와 부문별 교류 내용을 보면 〈그림 10〉과 같다.

〈그림 10〉 종교 분야 교류 현황

(단위: 건)

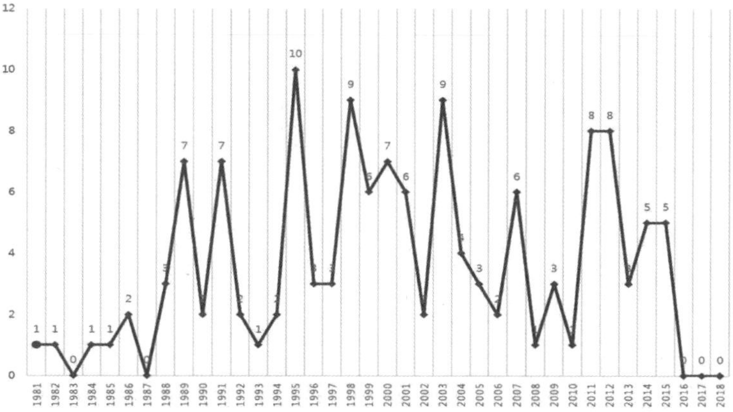

부문	기독교	불교	천주교	천도교	원불교
총 134	53	55	22	3	1

종교 분야 교류는 총 134건 중 불교가 55건 41%로 가장 많이 진행되었다. 다음이 기독교가 53건 40%, 천주교가 22건 16% 순이다. 이 외에도 천도교 교령이 방북하였으며 원불교에서도 교류를 추진하였다. 불교계의 교류가 가장 많이 진행된 이유는 2010년 남북관계 경색 상황에서도 남한이 복원한 북한사찰에서 기념 법회 및 다례제 등이 매년 개최되었기 때문이다.

교류의 추이를 보면, 개신교는 북미주기독학자회, 조국통일해외기독자회(기통회), 세계교회협의회(WCC) 등을 통해 접촉이 이루어졌다. 기통회는 1981년 6월 처음으로 재미교포 김상락 목사가 북한 초청으로 평양을 방문하여 조선그리스도연맹(조그련)과 교류를 시작하였다. 1986년 6월 스위스 글리온에서 개최된 '남북평화통일협의회'를 통해 한국기독교교회협의회와 조선기독교연맹간 접촉이 이루어졌다. 이처럼 남한의 개신교계는 남북 종교교류에 큰 역할을 하였다. 천주교도 초기에는 개신교 관계망을 활용하여 1982년 2월 박창득 신부 일행이 방북하여 교류를 시작하였다. 이를 계기로 1988년 북한에서 조선천주교인협회가 결성되었다. 이후 대북지원단체인 Caritas 등을 통해 교류가 이루어졌다. 불교도 조선불교도연맹(조불련)이 개신교 연계망을 이용하여 1986년 세계불교도우의회(WFB)에 남북공동으로 참가하면서 교류가 시작되었다. 1988년 11월 '남북불교도교류추진위원회'를 결성하고 1991년 10월 미국 LA 관음사에서 개최된 '조국통일기원불교도 합동법회'에서 최초로 남북 불교인들 사이에 접촉이 이루어졌다.

그 이후 세계기독교협의회, 세계불교도회 등에 남북이 동시에 참가함으로써 종교인 간의 접촉이 이루어졌다. 1995년에 종교 교류가 가장 많았던 것은 기독교, 불교, 천주교 등의 각종 회의가 미국, 중국, 일본 등에서 수시로 개최되었고 남북 종교인들이 참가하여 다양한 만남을 가졌기 때문이다.

1998년 국민의 정부가 출범한 이후 종교계의 교류가 활기를 띠게 되면서 순수 종교 교류 목적의 방북이 증가하였다. 개신교는 북한에 제3의 교회 및 평양신학원 건립 문제 등을 논의하였다. 천주교는 1998년 민족화해위원회 최창무 주교 등이 방북하여 평양 장충성당에서 북한신자들이 참석한 가운데 미사를 집전하였다. 천도교의 경우는 1991년 10월 네팔에서 개최된 '아시아종교인 평화회의'에서 남북 대표간 최초 접촉이 이루어졌으나, 타 종단에 비해 뚜렷한 교류 성과를 내지는 못하였다.[150] 대종교는 1994년 4월 북경에서 북한측과 접촉하여 개천절 공동행사 합의문을 채택하고 1995년 4월 안호상 총전교 등이 방북하였다.[151] 그러나 남북교류에서 별다른 성과가 없었다.

2000년 이후에는 불교계에서 금강산 신계사, 개성 영통사를 복원하고 합동법회를 개최하였다. 기독교계도 평양 신학원 건립 및 봉수교회 지원 등 종교시설 건립과 기도회가 꾸준히 개최되었다.

(2) 특징

종교 교류는 북한이 종교 자체를 부정하고 있어 종교 본연의 교류에는 근본적인 한계가 있다. 그럼에도 불구하고 1980년대 남북간 대화를 위한 만남을 시작으로 긴급구호와 인도적지원 그리고 교류협력으로 발전되어 갔다.

북한은 1980년대부터 시작된 남북 종교 교류를 통해 이전에는 없었던 조선천주교인협회 등 조직을 만들었다. 또한, 조그련이나 조불련 등 존재가 미미하던 조직들이 북한 내에서 영향력이 커지게 되었

150 1993년 10월에는 월북한 오익제 교령이 조선천도교회 중앙지도위원회 유미영 위원장과 만나 천도교 교류관련 합의문을 발표하였다.

151 안호상 총전교와 김선적 종무원장이 당국의 허가 없이 방북하여 「남북교류협력에 관한 법률」 위반으로 각각 징역1년 집행유예 2년이 선고되는 등 사법조치 되었다.

다.[152] 북한 개신교계는 1980년대 남북교류의 연계망을 활용하여 세계교회협의회(WCC)가 주관한 글리온회의에 참석하여 북한의 대외 이미지 제고에 활용하였다.

남북간 종교 교류는 다른 분야 교류보다도 오랜 경험이 있고 남북관계가 경색된 시기에도 해외 종교인들의 네트워크를 통해 지속적으로 진행되었다.[153] 이렇게 종교교류가 꾸준히 진행된 것은 북한이 남한 종교단체를 인도주의적 정신을 바탕으로 한 가장 신뢰도 높은 교류사업의 주체로 인정하기 때문이다. 또한 북한 입장에서 남한의 종교계는 조직력과 재정능력 등 실행력이 뛰어나 다른 어떤 단체보다도 민간 행위자로서 안정적으로 교류사업을 추진할 수 있는 조건을 가지고 있기 때문이다. 그리고 북한의 자연재해나 경제난에 대해 남한 종교계가 인도적 지원을 적극 추진[154]한 것도 신뢰를 받는 이유 중의 하나이다.

또한, 북한은 남한 종교계의 제반여건이 경제적 실익 확보와 함께 교류와 관련된 남북간 갈등 제거 등 완충적인 역할을 한다고 판단한 것으로 보인다. 남한에서도 종교계의 대북 인도지원사업에 대해서는 관용적이어서 2010년 '5.24조치'로 남북교류가 중단된 상황에

---

152 윤은주, "남북 종교교류 경험을 통해 본 민족화합의 가능성과 과제," 『비핵평화 프로세스와 남북협력의 방향』, 2018 북한연구학회 추계학술회의(2018년 10월 12일), p. 320.

153 이교덕 외, 『남북한사회문화협력 거버넌스 활성화 방안』(서울: 통일연구원, 2007). p. 41.

154 종교계의 대북지원은 민간단체의 대북 인도적 지원과 유사한 형태로 전개되고 있다. 대북지원 품목은 옥수수, 감자, 우유 등 구호품이 대부분이다. 이외에도 의약품, 의류, 농약, 농기구, 기계설비 등도 지원되고 있다. 북한은 구호품과 식량지원을 넘어 병원건설 지원, 식품가공공장 건설 지원, 복지관 건설 등 규모가 큰 지원을 요청하였다.

서도 종교 교류는 허용되었다. 또한 북한은 종교교류를 통해 종교의 자유가 없는 독재국가라는 이미지 개선과 함께 대외적인 홍보 효과가 크기 때문에 교류를 지속했다 할 수 있다.

한편 동서독의 경우에도 종교 분야에서 교류가 가장 활발히 진행되었다. 서독교회의 지원으로 동독의 교회와 부속병원, 양로원 등을 건립하여 주민들의 실질적인 고통을 완화하였다. 또한, 복음전파로 동독 내 체제저항세력 양성의 발판이 되었다. 남한의 개신교계도 북한에 병원건립, 평양과학기술대학교 건립, 북한농촌 시범마을 조성 등 대형 프로젝트사업에 보수교회들이 중심이 되어 참여하였다. 대북지원에 대해 보수층들이 퍼주기라고 비난하는 사회통념과는 다른 활동을 하고 있는 것이다.

천주교는 주교회의를 중심으로 교구별 조직을 유기적으로 구축하여 향후 교류가 활성화되면 북한 내 종교의 저변 확대를 준비하고 있다. 불교계는 사찰 복원 외에도 남북간 종교행사 및 학술회의를 통해 불교를 확산하고 있다. 또한 일본 야스쿠니신사에 방치되어 있던 북관대첩비 환수 및 조선왕조실록, 조선왕실의궤 환수 등 남북간 협력을 통해 문화재 복원사업에도 적극적으로 참여하고 있다. 종교계의 적극적인 대북 인도적지원과 다양한 협력사업은 북한의 변화에 상당한 영향을 미칠 것으로 보인다.

남북공동행사

(1) 추진 현황

2000년 남북정상회담 이후 가장 특징적인 교류는 남북공동행사이다. 2001년부터 6.15·8.15 남북공동행사를 비롯하여 노동자, 농민, 청년학생, 교육자, 종교인 등 부문별 공동행사가 진행되었다. 남북공동행사 추이와 부문별 행사내용을 살펴보면 〈그림 11〉과 같다.

〈그림 11〉 남북공동행사 현황

(단위: 건)

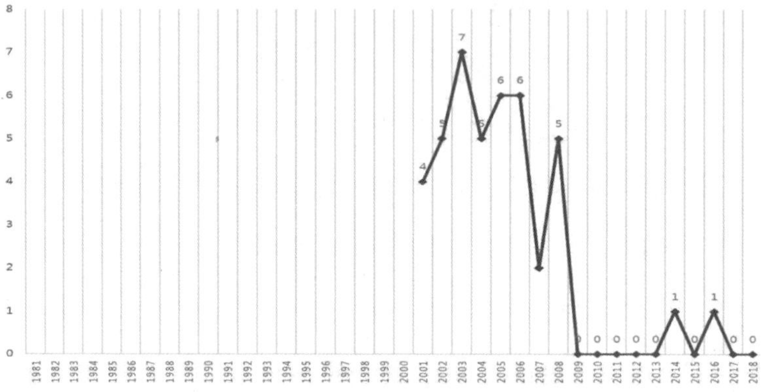

부문	민족	청년학생	노동자	농민	교육자	여성	종교인	기타
총 42	34	11	6	5	3	3	3	16

남북공동행사는 총 42건중 6.15, 8.15 등 남·북·해외동포들이 참가한 민족공동행사가 13건 31%를 차지한다. 다음이 부문별 공동행사로 청년학생이 7건 17%이며, 그 다음이 노동자로 5건 12%이다. 그리고 농민, 여성, 교육자, 종교인 행사도 골고루 개최되었다.

남북공동행사 추이를 보면, 2001년 「6.15공동선언」 발표 1주년 기념 '민족통일대토론회'를 비롯하여 8.15를 기해 '민족통일대축전' 등이 거의 매년 남한과 북한에서 번갈아 개최되었다. 2005년 6.15와 8.15 공동행사는 당국과 민간이 함께 참여하는 행사로 발전되기도 하였다. 평양에서 개최된 6.15행사에는 통일부장관이 대통령 특사 자격으로 김정일을 면담하고 북핵 문제 및 남북관계 정상화를 위한 제반사항들을 협의하였다. 서울에서 개최된 8.15행사에는 김기남 조평통 위원장 등이 분단 이후 최초로 현충원에서 참배하고, 대통령 예방을 통해 남북관계를 한 단계 발전시키는 계기를 마련하였다.

부문별 행사인 노동자, 농민, 여성, 청년학생, 교육자대회 등도 매년 개최되다가 2009년부터 중단되었다. 하지만 2014년 평양에서 개천절 행사는 개최되었다.

(2) 특징

남북교류에 있어 북한은 가능한 인적교류를 기피해 왔다. 그러나 남북공동행사는 대규모 인적교류가 이루어짐에도 북한은 공동행사에서 "우리민족끼리 힘을 합쳐 자주통일과 한반도의 항구적 평화실현 및 민족공동발전을 이룩하자."고 주장하는 등 통일전선 확대 차원에서 공동행사를 활용하고 있다. 공동행사도 평양, 금강산과 서울, 인천, 광주 등 여러 곳에서 개최하여 남한주민과 접촉면을 늘려가는 것도 통일전선 확대 차원이라고 할 수 있다.

남북공동행사는 행사의 핵심인 통일, 남북화해협력, 「6.15공동선언」·「10.4선언」 실천 등과 관련한 대토론회 외에 문화공연, 체육경기, 전시회 등 다양한 부대행사를 실시함으로써 복합적인 교류가 이루어진다는 점도 특징이다. 2005년에 개최된 6.15·8.15남북공동행사는 당국과 민간이 함께 하는 남북교류의 새로운 모델로 민간교류를 측면 지원하는 역할을 하였다.

북한이 남북공동행사를 적극적으로 추진한 것은 남한국민들의 대북인식을 긍정적으로 전환시키고, 우리민족끼리·민족공조의 이념을 각인시켜 북미문제 등에서 동조를 이끌어내려는 의도도 반영되었다고 할 수 있다.

기타

기타 정치인 방북 및 정부당국간 교류 현황은 〈그림 12〉와 같다.

〈그림 12〉 기타 교류 현황

(단위: 건)

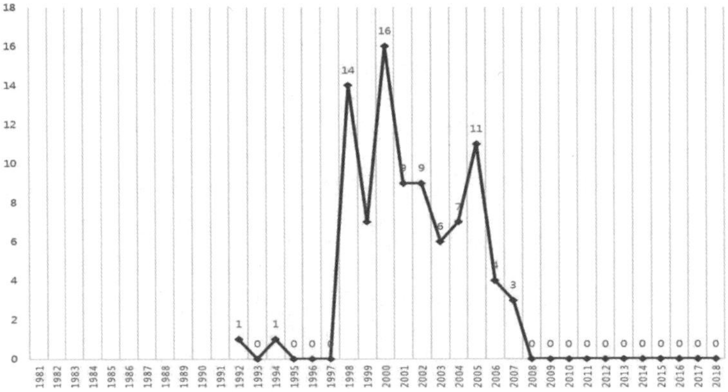

부문	정치	경제	역사	지원	사회문화	관광	공연	기타
총 15	4	2	2	2	1	1	1	2

기타 사회문화교류는 총 15건 중 정치인 방북이 4건 27%로 가장 많았다. 2002년 박근혜 한국미래연합 위원장이 방북하여 김정일을 면담하고 2002년 서울에서 개최된 남북축구경기를 합의하였다. 2000년 정상회담 이후 장관급회담에서 '백두산-한라산 교차관광'

합의에 따라 9월 남한의 백두산 관광단이 평양, 백두산, 묘향산 등을 둘러보았다. 그리고 북한 장성택 노동당 제1부부장을 단장으로 한 경제시찰단이 방남하여 주요 산업시설을 둘러보았다.

남북 사회문화 분야 교류 촉진을 위해 문화부장관이 방북하여 북한 문화상과 「남북사회문화교류협력분과위」 구성에 대한 논의도 진행하였다. 또한 2005년 9월부터 10월까지 평양에서 개최된 '아리랑 공연' 참관을 위해 남한국민 7,300여명이 북한을 방문하기도 하였다.

나. 북한의 교류 행태 변화

남북 사회문화교류는 전개과정에서 교류의 목적에 따라 분야별로 교류가 지속되거나 중단되는 등 변화가 있었다. 특히 북한은 시기에 따라 자신들의 교류 의지와 목적에 의해 교류 행태와 분야를 달리하였다.

1980년대 북한은 남한 종교인들과 접촉을 통해 남한과 교류 가능성 및 교류 방향 등을 타진하고 그들의 연계망을 통해 국제사회에 진출하려고 하였다. 또한, 남한에서 예술공연을 함으로써 그들의 문화예술 수준을 과시하고 정치적으로도 이용하려는 의도에서 예술단 교환공연을 적극 추진하였다.

1990년대 초반 세계적인 냉전체제 와해 등 대내외적인 상황 변화로 북한은 어쩔수 없이 「남북기본합의서」를 채택하고 교류를 하기로 하였다. 그러나 당시 서독에 의한 동독의 흡수통일이 교류협력의 결과에서 비롯된 것이라는 판단 때문에 자본주의 문화 유입이 우려되는 방송 등의 분야는 제외하고 극히 제한적인 범위 내에서 교류를 진행하였다. 특히 남북 왕래를 통한 인적교류는 기피하고 소수의 인원이 제3국에서 접촉형태로 이루어지는 학술교류나 남한에서 진행하는 북한 그림 전시회 등을 선호하였다.

북한은 2000년 전후로는 경제적 실익을 확보할 수 있는 분야 위주로 선별적인 교류를 하였다. 또한, 우리민족끼리·민족공조를 내세워 통일전선 확대에 유리한 남북공동행사를 진행하였다. 학술 교류는 핵문제, 일제청산 및 배상 등 자신들의 당면 현안에 대한 주장과 입장을 밝히는 자리로 활용하기도 하였다. 민족문화유산 보호와 관련된 사업은 적극적으로 진행하였다.

2008년 이후에는 남한정부를 대상으로 「6.15공동선언」·「10.4선언」 이행을 주장하며 교류협력사업을 적극적으로 실시하려는 의지를 보였다. 그러나 남한정부의 소극적인 자세로 사회문화교류는 위축되었다. 특히 북한의 경제실익 확보에 큰 도움이 되었던 방송 분야의 교류가 단절되었다. 그러나 2018년 들어 교류가 재개되면서 체육, 예술공연 등을 중심으로 실질적인 교류가 재개되었다가 북핵문제 등으로 다시 중단되었다. 그동안 북한의 남북교류 행태와 목적에 따라 실시된 교류 분야 변화를 정리하면 〈표 5〉와 같다.

〈표 5〉 북한의 교류 행태·목적에 따른 교류 분야 변화

시기	교류 행태	교류 목적 및 분야			
		남북관계 개선 *민족적유대	경제실익 확보 *민족공동이익	통일전선 형성 *민족대단결	민족문화 보존 *민족공통성
탐색기 (1981 ~1989)	교류 모색 (1981 ~1989)	예술공연		종교	
시도기 (1990 ~1997)	제한 교류 (1990 ~1992)	예술공연, 체육	종교, 출판, 미술·사진	학술	문화유산, 언어
	왕래교류기피 (1993 ~1997)		미술·사진	학술, 종교	
활성화기 (1998 ~2007)	선별 교류 (1998 ~2002)	예술공연, 체육	종교, 영화, 예술공연, 미술·사진, 방송·출판	학술, 남북공동행사	역사유적, 언어, 학술,
	실리 교류 (2003 ~2007)	예술공연, 체육	종교, 영화, 예술공연, 미술·사진, 방송·출판,	학술, 남북공동행사	역사유적, 언어, 문학
조정기 (2008 ~2018)	교류 후퇴 (2008 ~2017)	예술공연, 체육	학술, 종교, 미술·사진, 영화	남북공동행사	역사유적, 언어, 학술
	교류 진전 (2018.1~.8)	예술공연, 체육			역사유적, 언어

〈표 5〉에서 처럼 종교 교류는 처음으로 교류가 시작되어 꾸준히 진행되었다. 예술공연과 체육교류는 남북관계의 변곡점이 있을 때마다 시작되었다. 미술·사진 등 전시회와 민족문화유산 분야 및 학술 분야는 교류가 본격화되는 1990년대 초반에 시작되어 진행되고 있다. 방송 교류는 2000년 전후 시작되어 활발히 진행되다가 2008년 이후 중단되었다. 남북공동행사는 2001년부터 시작되어 활발히 진

행되다가 2008년 이후 진행과 중단, 재개와 중단을 거듭하면서 끈은 이어가고 있다.

분야별로 살펴보면 학술교류의 경우, 남북은 1990년대 제3국을 통한 간접 학술교류 이후 2000년 전후로는 활발하게 직접교류를 하고 있다. 이러한 배경에는 1989년 6월 '남북교류협력에 관한 지침'이 제정됨으로써 남한학자들이 공식적으로 북한학자들과 만날 수 있게 되었기 때문이다.

문화·예술교류의 경우는 1980년대부터 남북화해 도모와 민족동질성을 확인하는 상징적 차원에서 활용되었다. 1985년 '남북예술단 교환공연'이 대표적이다. 1990년에 평양과 서울에서 개최된 '통일음악회'는 남북교류협력법이 적용된 첫 공연이었다. 이후 1998년부터 활발한 왕래교류가 진행되고 있다. 공연은 방송사의 중계방송과 연계되어 있어 대중매체를 통한 파급효과가 매우 크다고 할 수 있다.

언론·방송 교류는 1960년대 북한이 먼저 제의하고 1970년대에는 남한이 제안하였으나 전혀 이루어지지 않았다. 1992년 「남북기본합의서」 발효 이후 남한이 다시 제안하였으나 진전되지 못하였다. 결국 2000년대 들어 교류가 시작되어 활발히 진행되다가 2008년 이후 사실상 중단되었다.

체육교류는 1990년대 초부터 시작되어 남북화해 분위기 조성에 크게 기여한 대표적인 분야였다. 1990년대 중반 북한의 경제적인 사정 등으로 인해 교류가 중단되기도 하였으나, 이후 남북간 왕래는 물론 국제경기 등을 통해 꾸준히 교류가 진행되면서 남북관계 개선을 위한 동력으로 활용되고 있다.

종교 교류는 1981년 가장 먼저 시작되어 제3국에서 회의 중심으로 진행되다가 북한 내에서 남북연합 종교행사 등 순수 종교 목적의 교류로 전환되고 있다. 남한 종교계는 인도적 지원사업이 대북 활동 중 대부분을 차지하고 있지만, 교류의 경험이 북한체제의 특수성과 종교에 대한 태도 등 북한에 대한 이해도를 높일 수 있게 되었다.

3

주체별 교류와 특징

가. 정부·민간 주도 교류 현황과 특징

남북교류는 누가 주도를 하느냐에 따라 교류의 성격이 결정된다. 북한은 남북교류를 거의 당국이 관장한다. 다만 교류가 활성화된 1998년부터는 소위 민간기구라고 하는 조선아시아태평양평화위원회(아태평화위)[155]와 민족화해협의회(민화협)[156] 등 관변단체를 내세

155 조선아시아태평양평화위원회(아태평화위)는 아·태지역 미수교 국가들과 정치· 경제·문화교류를 확대, 강화하기 위해 1994년 5월 통일전선부 산하에 설립된 노동당의 외곽단체이다. 조직체계는 위원장, 부위원장, 서기장이 있으며 그 밑에 정치, 경제, 문화, 관광, 종교 등 부문별 부서들과 연구소들로 구성되어 있다. 설립당시 위원장은 김용순 통일전선사업 담당 비서가 맡은 것으로 알려져 있다. 이 기구는 미국·일본 등과의 관계개선을 위한 창구역할과 함께 유력 외국인사 방북 초청과 대외 학술회의 참가 등을 통해 북한의 폐쇄적이고 호전적 이미지를 불식시키는 활동을 전개하고 있다. 특히 최근에 와서는 남북간의 각종 민간교류와 경제협력 업무의 집행기관으로서의 역할을 수행하고 있다. 통일부, 『북한개요』(서울: 통일부, 2009), pp. 463-464.

156 민족화해협의회(민화협)는 북한이 1998년 6월 8일 '8.15대축전' 제의를 하기 전에 북한의 정치·사회·문화·종교계 등 각계 단체와 인사로 구성된 대남단체의 하나이다. 직제는 회장, 부회장, 상무위원, 중앙위원, 실장, 부장, 부부장, 과장, 책임부원, 부원

워 대부분의 교류를 진행하고 있다. 북한의 민화협 등은 남한 민간 단체와 교류를 기획하거나 합의를 할 때 그 내용에 따라 전문성이 요구되는 분야는 해당기관의 관계자들도 참여시킨다.

따라서 이 책에서 정부와 민간의 교류 주도 여부는 남한을 중심으로 구분한 것이다. 1981년부터 2018년 8월까지 진행된 남북 사회문화교류를 정부와 민간단체의 주도 여부에 따라 정부, 민간, 정부·민간 공동 등 3개로 구분하여 살펴보면 〈그림 13〉과 같다.

〈그림 13〉 정부·민간 주도 교류 현황

(총 590건, 100%)

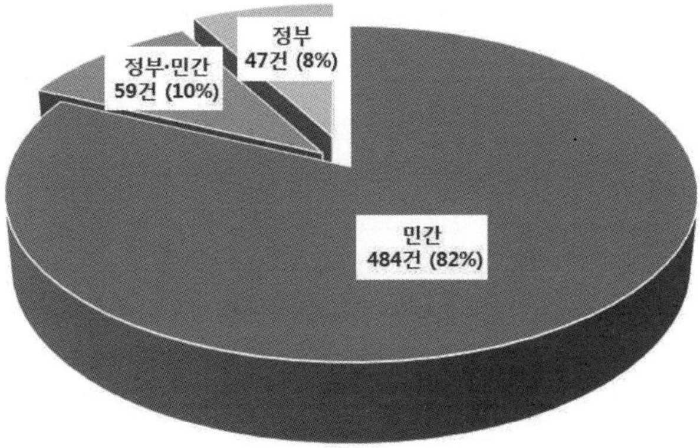

남북 사회문화교류 590건 중 민간 주도로 진행된 교류가 484건으로 82%를 차지한다. 다음이 정부와 민간 공동으로 추진한 사업이 59건으로 10%, 그 다음이 정부 주도로 이루어진 사업이 47건 8%

등이 있으며, 이 외에도 사무소장, 부소장, 사무소 부원 직제가 있다. 회장은 설립 때 김영대 사회민주당 위원장이 맡았다. 부회장은 5-7명으로 대부분 조국평화통일위원회 서기국 부국장을 겸직하고 있다. 민화협에서 활동하는 간부들은 대부분 통일전선부 교류과 소속으로 전해지고 있다. 최대석·정영철·장인숙, 「북한의 대남 협상전술과 주요 협상가」, 『통일문제연구』, 통권 48호 하반기(2007), pp. 145-146.

이다.

시기별로 정부와 민간 주도의 교류에 있어 차이는 있으나 남한에서 사회문화교류는 거의 민간단체가 주도하였다고 할 수 있다. 물론 교류 초창기에는 정부가 직접 나서 남북화해 분위기 조성 차원에서 예술공연이나 체육교류를 진행하기도 하였다. 그러나 대부분 분야는 정부의 지원 아래 민간단체가 주도하였다. 2000년대를 전후로 남북교류 체계가 어느 정도 확립된 이후에는 민간단체 스스로 교류를 추진해 나갔다. 그러나 2008년 이후 남북관계 경색과 함께 교류가 중단된 이후 2018년 재개될 때는 정부가 나서서 교류를 추진하였다. 이렇게 교류의 주도가 정부와 민간을 오가는 것은 남북관계 상황과 밀접한 관련이 있다고 할 수 있다.

시기별 교류 주도 현황

정부와 민간 주도 교류 현황을 시기별로 살펴보면 〈표 6〉과 같다.

〈표 6〉 정부·민간 주도 교류 상세 현황

(단위: 건)

시기	분야	정부	민간	정부+민간	총계
탐색기 (1981~1989)	학술·교육				
	문화·예술	1	1		2
	방송·언론·출판				
	체육				
	종교	1	13	2	16
	남북공동행사				
	기타				
	소계	2 (11%)	14 (78%)	2 (11%)	18 (100%)

시도기 (1990~1997)	학술·교육	3	8	14	25
	문화·예술	2	27	1	30
	방송·언론·출판		2		2
	체육	4			4
	종교		28	2	30
	남북공동행사				
	기타				
	소계	9 (10%)	65 (71%)	17 (19%)	91 (100%)
활성화기 (1998~2007)	학술·교육	1	26	11	38
	문화·예술	2	105	10	117
	방송·언론·출판	2	83	1	86
	체육	9	25	1	35
	종교		54		54
	남북공동행사		32	3	35
	기타	5	7	2	14
	소계	19 (5%)	332 (88%)	28 (7%)	379 (100%)
조정기 (2008~2018)	학술·교육		8		8
	문화·예술	6	15	8	29
	방송·언론·출판				
	체육	11	8	4	23
	종교		34		34
	남북공동행사		7		7
	기타		1		1
	소계	17 (17%)	73 (71%)	12 (12%)	102 (100%)
총계		47 (8%)	484 (82%)	59 (10%)	590 (100%)

교류 탐색기인 1981년에서 1989년까지 이루어진 사회문화교류 총 18건 중 민간단체가 추진한 교류는 14건으로 78%를 차지하였다. 정부 또는 정부와 민간이 공동으로 추진한 교류가 각각 2건 11%였다. 이 시기는 남북이 대결하던때로 정부가 교류의 전면에 나

서기보다는 민간 차원에서 간헐적으로 이루어진 것이다.

교류 시도기인 1990년부터 1997년까지 진행된 91건의 교류중 민간단체가 추진한 교류는 65건으로 71%를 차지한다. 다음이 정부와 민간이 공동으로 추진한 교류가 17건 19%이며, 그 다음이 정부가 추진한 교류로 9건 10%이다. 1990년대 초반에는 남북관계 개선 분위기 차원에서 정부가 나서서 예술공연, 체육경기 등 일부 교류를 주도하였다. 그러나 종교 분야는 종교계 자체적으로 제3국에서 개최된 종교회의 등에서 북한과 접촉을 이어나가는 경우가 많았다.

교류 활성화기인 1998년에서 2007년까지 교류 379건 중 민간단체가 추진한 교류는 332건 88%로 많은 비중을 차지한다. 다음이 정부와 민간이 공동으로 추진한 교류가 28건 7%이고, 나머지 정부가 19건 5%를 추진하였다. 이때는 남북 사회문화교류의 틀이 정립되어 가던 시기로써 민간 주도의 교류가 정착되어 갔다. 정부가 추진한 교류는 교류의 제도화나 민간교류를 측면지원하기 위한 교류가 대부분이다.

교류 조정기인 2011년에서 2018년까지 교류 102건 중 민간단체가 추진한 교류는 73건 71%이다. 다음이 정부가 주도한 교류가 17건 17%이고, 그 다음이 정부와 민간이 공동으로 추진한 교류가 12건으로 12%이다. 2018년 들어 남북당국이 남북화해 분위기 조성 및 관계개선을 위해 교류에 적극적인 태도를 보임에 따라 그동안 중단되었던 교류 재개 과정에서 정부 주도의 예술공연, 체육행사가 많아졌다.

정부와 민간단체의 교류 주도 추이를 살펴보면 〈그림 14〉와 같다.

〈그림 14〉 정부·민간 주도 교류 추이

(단위: 건)

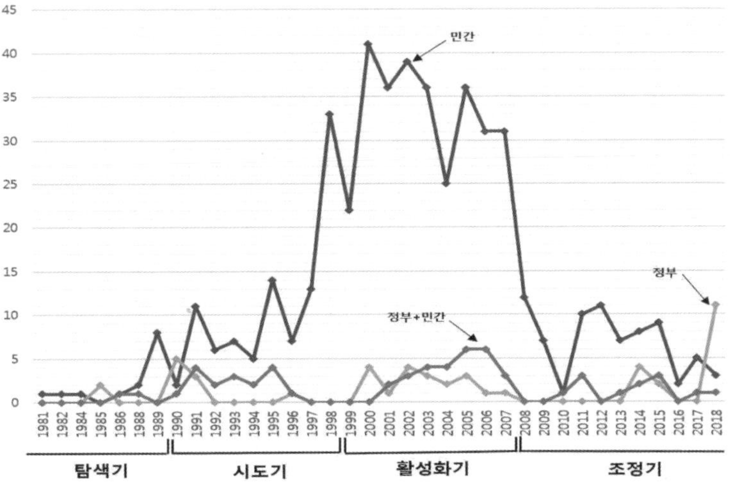

교류 탐색기인 1981년에서 1989년까지는 민간 주도로 해외에 체류하는 목회자들이 중계인을 통해 방북하는 정도의 교류가 있었다. 정부가 주도한 교류는 1985년 '남북 이산가족 고향방문 및 예술공연단' 교환공연과 당시 고향방문단 일원으로 참여한 지학순 주교가 평양 고려호텔에서 미사를 봉헌한 경우이다. 정부와 민간이 공동으로 주최한 행사는 1989년 미국 콜롬비아대 한국연구원에서 개최된 한국영화제에 북한영화 상영과 1986년 세계기독교협의회에 남북 동시참가를 위해 정부와 관련단체가 협의하여 진행한 경우이다.

교류 시도기인 1990년에서 1997년까지는 1990년 남북고위급회담이 시작되면서 정부 주도로 남북예술단 상호 교환방문 공연과 축구·탁구 등 체육행사가 개최되면서 교류의 물꼬가 트였다. 이어서 정부와 민간단체가 공동으로 남북한 언어, 평화, 통일, 여성 등과 관련한 학술회의가 개최되었다. 민간단체는 종교인 방북과 남한에서 북한의 그림 전시회 등을 진행하였다.

교류 활성화기인 1998년에서 2007년까지는 남한의 민간단체가 주도적으로 북한과 협의하여 교류를 진행하였다. 북한은 아태평화위와 민화협 등을 내세워 교류를 적극적으로 진행하였다. 정부가 주도한 사업은 주로 체육 분야로써 아시안게임이나 올림픽 등 국제행사에 남북 공동입장과 단일팀을 구성하여 참여하는 경우였다. 2000년 정상회담 이후 활성화된 남북장관급회담에서 합의한 남한 대표단의 백두산 관광, 북관대첩비 반환사업, 안중근의사 유해 발굴, 북한산업시찰단 방한 등은 정부 주도로 진행되었다. 정부 지원 아래 민간이 추진한 사업은 2005년 평양에서 개최된 '아리랑공연'을 남한국민 7,300여명이 관람한 것이 대표적이다. 이 외에도 2005년 민족작가대회, 『통일문학』지 발간사업 등이 있다.

교류 조정기인 2008년에서 2018년까지 민간단체 주도로 이루어진 사업이 많은 것은 남북관계 중단 상황에서도 종교 분야의 교류가 지속되었기 때문이다. 2018년 정부 주도의 행사가 급격히 증가한 것은 북한당국이 평창동계올림픽에 선수단과 예술단 및 태권도시범단을 파견하였고 남한정부도 답방 차원에서 예술단 및 태권도시범단을 북한에 파견하였으며 '2018 아시안게임'에 남북단일팀이 참가하였기 때문이다.

분야별 교류 주도 현황

정부 또는 민간 주도로 진행된 교류를 보면, 분야별 교류 주도에 따라 교류의 시기와 성격에 차이가 있음을 알 수 있다. 분야별로 교류 주도 현황을 살펴보면 다음과 같다.

〈그림 15〉 학술·교육 분야 교류 주도 현황

(단위: %)

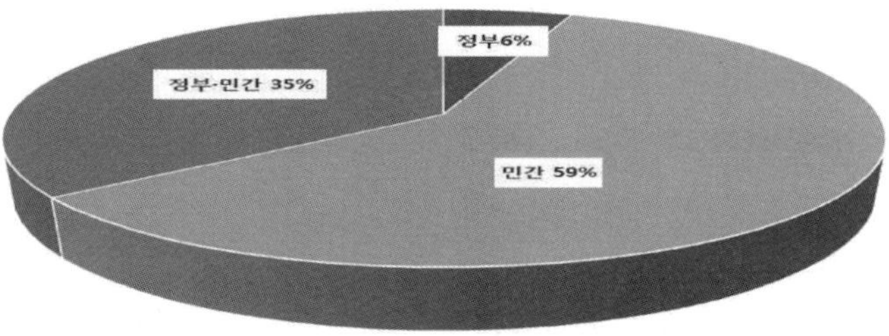

학술·교육 분야는 민간단체 주도로 이루어진 교류가 59%로 가장 많았다. 다음이 정부와 민간이 공동으로 추진한 교류가 35%이고, 그 다음이 정부 주도로 이루어진 교류가 6%이다.

민간 주도로 이루어진 교류는 주로 2000년 전후 학술교류가 대부분이다. 정부 또는 정부와 민간이 공동으로 교류를 추진한 것은 1990년대 초반 교류 시작기에 민간단체가 독자적으로 교류를 추진할 수 있는 기반이 제대로 갖추어지지 않았기 때문이다. 1990년대 초반은 남북이 대결과 경쟁의 관계를 지속하던 시기로 남한의 학계가 자칫 북한의 통일전선전술에 이용당할 우려가 있다는 판단 아래 정부가 나서서 민간단체의 교류를 적극적으로 관리하고 지원한 결과라고도 할 수 있다.

〈그림 16〉 문화·예술 분야 교류 주도 현황

(단위: %)

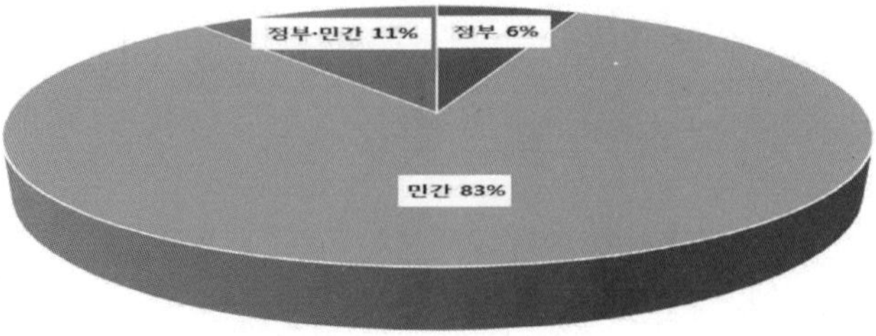

문화·예술 분야는 민간단체 주도로 이루어진 교류가 83%로 가장 많다. 다음이 정부와 민간 공동 주도가 11%이고, 그 다음이 정부 주도가 6%이다.

문화·예술 분야에서 민간 주도의 교류가 많은 이유는 교류 활성화기인 2000년대 전후 북한 그림, 사진, 공예품 등 전시회를 남한의 여러 지역에서 다양하게 개최한 결과이다. 전시회는 북한과 작품 반입을 위한 교류 대가만 적정하고 작품에 이념성이 없으면 특별히 정부가 개입할 필요가 없었기 때문이다. 또한, 남한의 예술단체나 방송사의 북한 공연도 교류 대가 문제만 적절히 합의되면 민간 자율적으로 추진되었다.

정부 또는 정부와 민간이 공동으로 추진한 교류는 주로 예술공연으로 1985년 남북예술단 교환공연이 대표적이라 할 수 있다. 이후 1991년「남북기본합의서」 채택 전후, 2000년「6.15공동선언」 전후, 2018년「판문점선언」 전후로 주로 남북간에 관계개선을 위한 화해 분위기를 조성할 필요가 있을 때 예술공연과 체육교류가 진행되었다.

〈그림 17〉 방송·언론·출판 분야 교류 주도 현황

(단위: %)

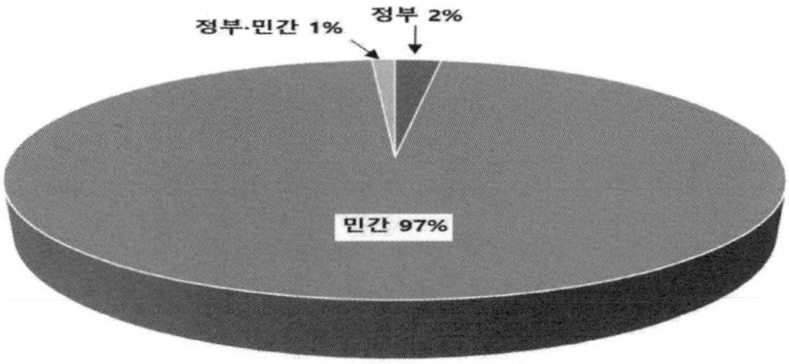

방송·언론·출판 분야는 민간단체 주도로 이루어진 교류가 97%로 대부분을 차지한다. 다음이 정부 주도가 2%이고, 정부와 민간 공동추진이 1%다. 1998년 이전에는 몇 건의 교류 이외에는 거의 진행되지 않다가 2000년 전후로 교류가 활성화되면서 대부분의 교류가 방송사 등 민간단체 주도로 진행되었다. 특히 북한은 남한의 방송사는 재정능력과 공신력 면에서 교류에 유리한 조건을 갖추고 있다고 여기고 있다. 또한, 방송을 통해 남한의 실상을 북한에 전파하는 것이 아니라 북한의 자연이나 역사유적 등을 소개하는 것이 다수로 북한의 입장에서는 교류사업의 좋은 파트너라고 할 수 있다.

〈그림 18〉 체육 분야 교류 주도 현황

(단위: %)

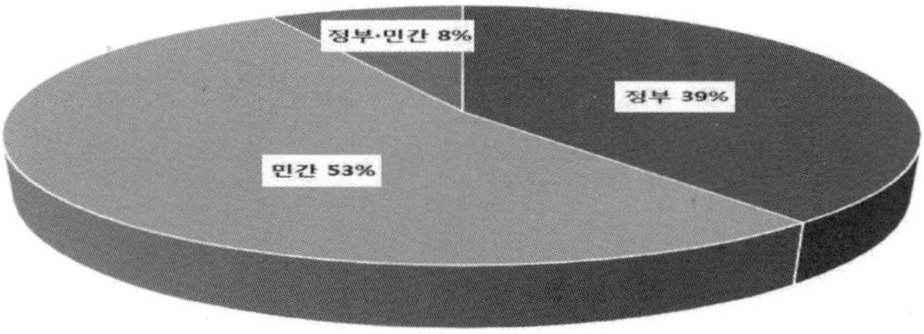

체육 분야는 민간단체 주도로 이루어진 교류가 53%이다. 다음이 정부 주도로 이루어진 교류가 39%이고, 정부와 민간이 공동으로 추진한 교류가 8%이다.

체육 분야도 1990년대 남북관계 개선 분위기 조성 차원에서 정부 주도로 이루어진 교류가 많았다. 올림픽, 아시안게임 등 각종 국제 행사에 남북이 공동으로 참여하는 경우가 증가함에 따라 정부 또는 정부·민간이 공동으로 진행한 교류가 절반 정도를 차지한다. 특히 남북은 남북관계가 악화되거나 단절되어 개선이 필요하거나 국제적으로도 남북간에 화해 협력 분위기가 조성되고 있음을 과시할 필요가 있을 때는 정부가 나서서 체육 교류를 추진하였다.

민간 중심으로 이루어진 교류는 농구, 권투, 골프, 마라톤 등 주로 교류 활성화기에 체육교류 차원에서 남한단체들이 방북하여 진행한 경기이다.

〈그림 19〉 종교 분야 교류 주도 현황

(단위: %)

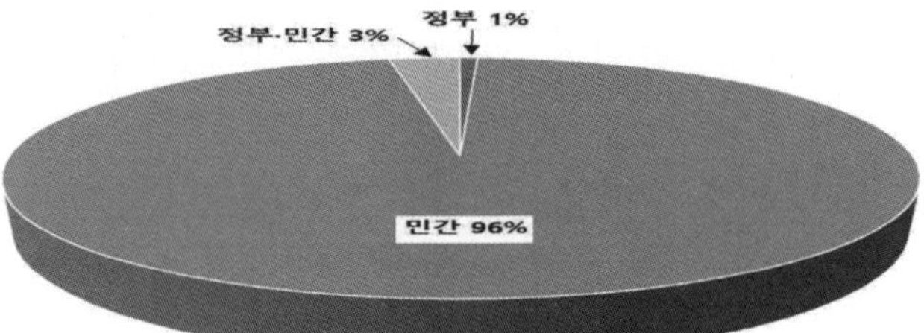

종교 분야는 민간단체 주도로 이루어진 교류가 96%로 대부분을 차지한다. 다음이 정부와 민간이 공동으로 추진한 교류가 3%이고, 그 다음이 정부 주도로 이루어진 교류가 1%이다.

종교 분야는 1980년대부터 민간 중심으로 교류를 시작하였고 교류 내용도 대부분 대북지원 등 인도적 사업이나 북한 내 종교시설 건립 등과 같은 사업으로 북한이 교류에 매우 적극적이었다. 또한, 남한의 종교계가 아직은 북한에 선교나 포교 등의 목적으로 접근하지 않는 것도 북한으로서는 종교계와 교류가 상당한 이점으로 작용한다고 할 수 있다.

또한 종교계는 개신교, 천주교, 불교 등 종단별로 재정능력이 충분하기 때문에 정부의 지원 없이도 교류를 진행할 수 있는데다 사업 내용도 정치성이 배제되었기 때문에 정부가 관여할 부분이 거의 없는 분야이었다.

〈그림 20〉 남북공동행사 주도 현황

(단위: %)

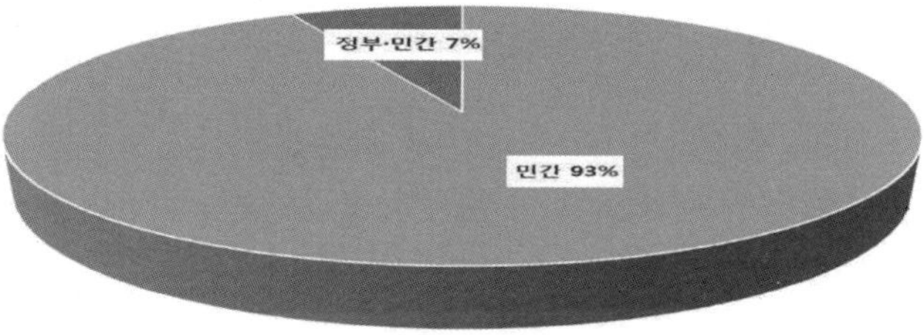

남북공동행사는 민간단체 주도로 이루어진 교류가 93%로 대부분을 차지한다. 정부와 민간이 공동으로 추진한 교류는 7%이다.

남북공동행사는 교류가 활성화된 2001년부터 민간단체 중심으로 대규모의 6.15 · 8.15 남북공동행사가 시작되어 노동, 농민, 여성, 청년학생 등 부문별 공동행사로 확대되어 진행되었다. 특히 북한은 여타 분야에서는 남북간 인적교류를 꺼려하면서도 남북공동행사는 통일전선 확대 차원에서 활용하고 있다. 또한 북핵문제 등에 대한 미국의 압박 등 주요 현안이 있을 때마다 우리민족끼리 · 민족공조를 내세우며 남북공동행사를 적극적으로 활용하였다.

2005년에는 남북관계 경색국면 해결 차원에서 6.15, 8.15 공동행사를 정부와 민간이 공동으로 진행하자는 남북 합의에 따라 당국과 민간 공동행사로 격상하여 진행함으로써 새로운 민관교류협력의 틀을 마련하기도 하였다.

정부·민간 주도 교류의 특징

정부와 민간단체의 남북 사회문화교류 주도 현황을 살펴보면 매 시기마다 거의 민간단체가 추진한 교류가 많았다. 특히 교류가 활성화된 2000년 전후로는 그 비율이 압도적으로 많다. 그러나 교류 초창기라 할 수 있는 1990년대 초반에는 아직 남북간에 교류의 틀이 구축되지 않은 관계로 정부가 주도하거나, 정부의 지원 아래 민간단체를 내세워 교류를 추진하는 경우가 많았다. 2000년대 들어 교류가 활성화된 시기에도 남북 정부당국이 민간교류를 뒷받침하는 차원에서 교류를 진행하는 경우도 상당하였다.

분야별로 살펴보면, 남북은 대립상태에 있거나 남북관계가 악화되어 개선이 필요한 중요한 시점마다 예술공연과 체육경기를 정부 주도로 개최하였다. 이러한 교류를 통해 먼저 남북간 화해 분위기를 조성한 후 여타 분야 교류가 자연스럽게 진행되도록 하였다. 2018년 들어서도 남북당국은 지난 10여 년간 악화되어 온 남북관계를 개선하기 위해 평창동계올림픽에서 남북공동입장과 단일팀을 구성하여 참가함으로써 화해협력 분위기를 조성하였다. 그리고 남북은 예술공연과 농구, 축구, 탁구 등 체육경기는 물론 올림픽, 아시안게임에 남북공동 참가를 적극적으로 추진하였다.

남북은 언어통일 문제, 문화유산 보존과 같은 민족의 공통성을 유지하는 사업이나 일제잔재 청산 등 남북이 공동보조를 취해야 할 사업은 정부의 지원 아래 민간단체가 나서서 추진하는 경우가 대부분이었다. 대표적인 사업으로는 『겨레말큰사전』 편찬이나 개성 역사유적 발굴, 북관대첩비 반환사업 등이 있다.

그러나 북한에 경제적 실익을 가져다주는 방송, 출판 등의 교류사업이나 북한의 그림·사진 전시회 및 영화 상영, 종교단체의 대북지원사업 및 종교시설 증·개축과 관련된 사업은 민간 주도로 진행하는 등 교류의 자율성이 확보되었다. 한편 북한이 통일전선 확대에 활용하는 남북공동행사 등 대규모 인적교류가 중심이 되는 행사는 대부분 민간단체가 주도하였다.

나. 남·북·해외단체 주최 교류 현황과 특징

남북 사회문화교류를 주최한 단체는 남한, 북한, 남북공동, 해외, 남북한 및 해외 그리고 2000년대 이후 민족공동위원회(남·북·해외동포) 등 6개로 구분하였다. 사회문화교류는 어떤 단체가 주최하느냐에 따라 교류의 특징이 다르게 나타난다. 남한의 민간단체는 2000년 이전에는 개별 단체들이 각기 추진하던 교류를 2000년 이후에는 6.15남측위원회[157]나 민족화해협력범국민협의회(민화협)에 소속되어 활동하는 경우가 상당하다. 그중 학술단체들은 6.15남측위원회내 학술위원회로 흡수되어 동 위원회의 인적 네트워크를 활용하여 남북 학술교류를 진행하였다. 남북 사회문화교류를 주최한 남·북·해외 단체의 현황을 살펴보면 〈그림 21〉과 같다.

〈그림 21〉 남·북·해외단체 주최 교류 현황

(단위: 건)

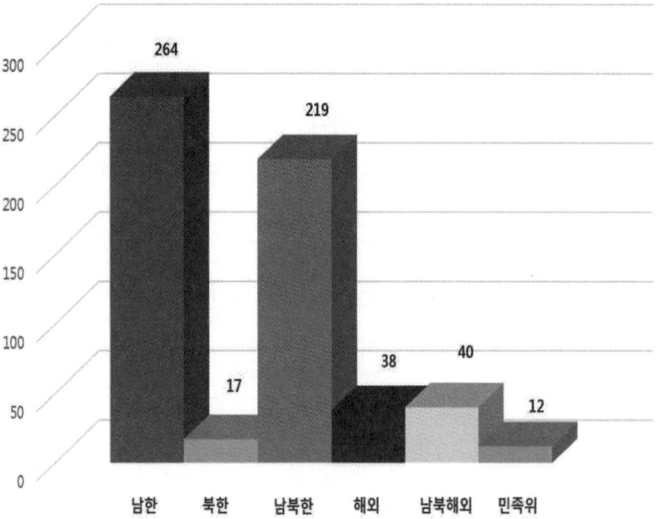

157 '6.15남측위원회'는 북한의 6.15공동선언실천북측위원회와 쌍을 이루는 남북교류의 상징적인 축이다. 6.15남측위원회는 '6.15남북공동선언 실천을 위한 민족공동행사 추진본부(2001년 5월 설립)를 계승하여 2005년 1월 31일에 확대·발전된 기구로 2000년 남북 정상회담 이후 남북간 사회문화교류를 주도적으로 이끌고 있다. 6.15남측위원회는 7대종단(7대종단온겨레손잡기운동본부), 민화협(민족화해협력범국민협의회), 통일연대(한반도 평화와 6.15공동선언 실현을 위한 통일연대), 시민사회연대회의 등 남한 사회의 4대 세력과 노동, 농민, 여성, 청년, 교육, 문예, 언론, 학술 등 부문, 광역시·도 단위로 구분된 지방의 사회단체로 구성되어 있다. 이교덕 외, 『남북한 사회문화협력 거버넌스 활성화 방안』(서울: 통일연구원, 2007), p. 11.

남북 사회문화교류 총 590건 중 남한단체가 주최한 교류가 264건 45%로 가장 많다. 다음이 남북한 단체가 공동주최한 교류가 219건 37%이고, 그 다음이 남북한 및 해외단체가 공동주최한 교류가 40건 7%이며, 해외단체가 주최한 교류는 38건 6%이다. 북한단체는 17건 3%를 주최하였고, 2000년 이후 민족공동위원회가 주최한 행사가 12건으로 2%이다. 특히 북한이 단독으로 주최한 교류는 3%로 매우 미미하였다.

남북 사회문화교류를 주최한 것은 시기별로 차이는 있으나, 주로 남한단체가 중심이 되어 추진하였다. 북한은 민족화해협의회(민화협)[158] 명의로 간혹 자신들이 필요한 경우에 한하여 교류를 제안하였고, 대부분은 남한이 주최하는 교류에 참여하는 형태로 진행하였다.

시기별 교류 주최 현황

남북 사회문화교류를 시기별로 남한단체, 북한단체, 남북공동, 해

158 민족화해협의회(민화협)는 북한의 정당, 사회문화계, 종교계 등 각계 단체와 인사들로 구성하여 조직한 대남 통일전선 단체로서, 경제를 제외한 분야의 남북교류협력에서 북측 창구역할을 담당한다. 북한은 1998년 6월 10일 평양에서 '정당·단체 대표자 회의'를 열고 이 해 8월 15일 판문점에서 '통일대축전'을 개최할 것을 제의하였다. 당시 김용순 조선노동당 비서 겸 최고인민회의 통일정책위원회 위원장은 이 회의에서 "조국광복 53돌에 즈음하여 판문점에서 북과 남, 해외가 참가하는 '민족의 화해와 단합을 위한 대축전'을 성대하게 개최할 것"을 제의하였다. 북한은 이 회의가 개최된 날 남북 교류와 대화, 협력을 추진하기 위해 북한의 정계, 사회문화계, 종교계 등 각계 단체와 인사들로 구성된 '민족화해협의회'라는 이름의 단체를 결성했다고 밝혔다. 북한은 이 단체에 대해 "통일을 바라는 남조선과 해외 여러 단체 및 인사들과의 내왕과 접촉, 대화와 협력을 적극 추진해 나갈 것"을 주요 목적으로 하고 있으며 대남 접촉 대화를 추진하기 위한 실무기구로서의 역할을 수행할 것이라고 밝혔다. 민화협은 이후 실제로 민간급 남북교류에서 창구역할을 해왔으나 남북관계가 경색된 상황에서 대남비난에도 앞장서고 있다. https://www.uniedu.go.kr/uniedu/home/brd/bbsatcl/nknow/view.do?id=31807&mid=SM00000536&limit=10&eqViewYn=true&page=10&odr=news&eqDiv=(검색일:2020년10월10일).

외단체, 남북한 및 해외단체, 민족공동위원회가 주최한 현황을 상세히 살펴보면 〈표 7〉과 같다.

〈표 7〉 남·북·해외단체 주최 교류 상세 현황

(단위: 건)

시기	분야	남	북	남북	해외	남북 해외	민족위	총계
탐색기 (1981~1989)	학술·교육							
	문화·예술			1	1			2
	방송·언론·출판							
	체육							
	종교	9		2	5			16
	남북공동행사							
	기타							
	소계	9 (50%)		3 (17%)	6 (33%)			18 (100%)
시도기 (1990~1997)	학술·교육		2	4	8	11		25
	문화·예술	14		4	9	3		30
	방송·언론·출판			2				2
	체육			4				4
	종교	14		4	12			30
	남북공동행사							
	기타							
	소계	28 (31%)	2 (2%)	18 (20%)	29 (32%)	14 (15%)		91 (100%)
활성화기 (1998~2007)	학술·교육	5		22		11		38
	문화·예술	72	4	37		4		117
	방송·언론·출판	56	1	28		1		86
	체육	8		24		3		35
	종교	45		6	3			54
	남북공동행사			25			10	35
	기타	2	3	9				14
	소계	188 (50%)	8 (2%)	151 (40%)	3 (1%)	19 (5%)	10 (2%)	379 (100%)

조정기 (2008~2018)	학술·교육		1	3		4		8
	문화·예술	11	2	15		1		29
	방송·언론·출판							
	체육	2	4	15		2		23
	종교	26		8				34
	남북공동행사			5			2	7
	기타			1				1
	소계	39 (38%)	7 (7%)	47 (46%)		7 (7%)	2 (2%)	102 (100%)
총계		264 (45%)	17 (3%)	219 (37%)	38 (6%)	40 (7%)	12 (2%)	590 (100%)

교류 탐색기인 1981년에서 1989년까지 사회문화교류 18건중 남한단체가 9건 50%를 추진하였다. 다음으로 해외단체가 6건 33%, 남북공동이 3건 17%이며, 북한은 전혀 추진하지 않았다. 북한은 한국전쟁 이후부터 평화공세적 차원에서 줄기차게 남북간 다방면적인 교류를 하자고 주장은 하였으나 실제 교류에는 적극적이지 않았다. 다만 1985년 남북예술단 교환공연은 정치적인 차원에서 먼저 제의하여 성사시킨 바 있다.

교류 시도기인 1990년부터 1997년까지 진행된 91건의 교류중 해외단체가 주최한 교류가 29건 32%로 가장 많았다. 다음으로 남한단체가 28건 31%, 그 다음이 남북공동으로 19건 20%, 남북한 및 해외단체가 14건 15%, 북한이 2건을 추진하였다. 이 시기 해외단체가 교류를 주최한 경우가 많은 것은 아직 남북간 직접적인 교류 분위기가 성숙되지 않았다는 것을 의미한다.

교류 활성화기인 1998년에서 2007년까지 진행된 교류 379건중 남한단체가 추진한 교류가 188건 50%로 절반 정도를 차지한다. 다음이 남북공동으로 151건 40%를 추진하였다. 나머지는 남북한 및 해외단체가 공동으로 19건 5%, 민족공동위원회가 10건 약 2%, 북한단체가 8건 약 2%, 해외단체가 3건 1%를 추진하였다. 이 시기는 남한단체가 교류를 주도하면서 북한과 공동으로 교류를 정착시켜 나갔다. 이 때문에 해외단체는 단독으로 남북한 교류에서 거의 역할을 하지 못했다. 또한 남북공동행사가 새롭게 진행되면서 민족공동위원회가 추진하는 교류도 상당히 많아졌다.

교류 조정기인 2008년에서 2018년 8월까지 진행된 102건의 교류중 남북한 공동으로 주최한 교류가 47건으로 46%를 차지한다. 다음이 남한단체가 39건 38%이다. 나머지는 해외단체가 7건 7%, 북한단체가 7건 7%, 민족공동위원회가 2건 2%를 추진하였고, 해외단체는 전혀 주최하지 않았다. 이 시기는 남북관계가 경색되면서 남한단체가 교류를 주도할 동력을 잃게 됨으로써 과거에 진행되어 오던 사업을 남북공동으로 추진하는 경우가 많았다. 2018년 평창동계올림픽을 계기로 북한이 교류에 적극적인 태도를 보이면서 북한 주최로 이루어지는 교류가 상당히 증가하였다. 해외단체는 남북교류에 전혀 참여하지 않고 있다.

분야별 교류 주최 현황

남북 사회문화교류를 분야별로 남한단체, 북한단체, 해외단체 등이 주최한 현황을 살펴보면 다음과 같은 차이가 있다.

〈그림 22〉 학술·교육 분야 교류 주최 현황

(단위: %)

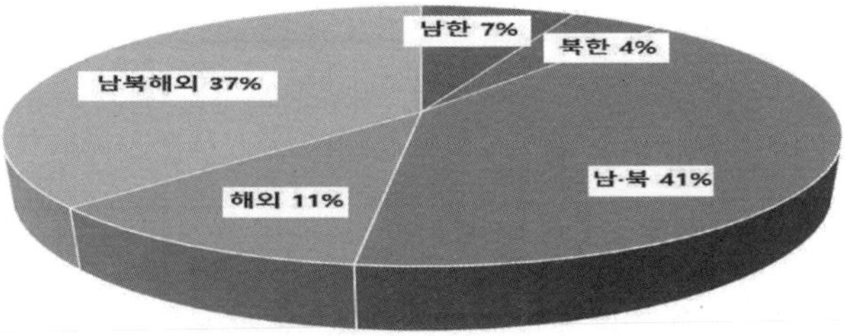

학술·교육 분야 교류는 남북한 공동 주최가 41%로 가장 많았다. 다음이 남·북·해외단체가 37%이고, 해외단체가 11%, 남한단체가 7%이다. 북한단체도 4%를 주최하였다.

남북 학술회의는 분야 특성상 남북공동으로 주최하는 경우가 대부분이다. 해외에서 개최하는 학술회의는 남북공동 또는 남북한 및 해외단체가 공동으로 주최하는 경우가 많았다. 북한은 해외단체가 주최한 평화와 통일에 관한 학술회의 등에 참여하여 북한당국의 통일문제 등에 관한 입장을 피력하거나, 선진기술 관련 외부정보를 수집하는 회의에 주로 참석하였다. 북한이 주최한 학술회의는 1992년 4월 대외경제협력추진위원회가 미국, 일본 등과 함께 추진한 「평양 동북아경제포럼」으로 나진·선봉 자유무역지대 구상안에 대한 토론 및 현지시찰에 관한 것 등이었다. 그리고 1993년 11월 일본의 전후처리 문제에 관한 국제토론회 및 평화문제 등에 대한 회의에서 일제 만행 규탄 및 배상문제 논의에 매우 적극적인 자세를 보였다.

〈그림 23〉 문화·예술 분야 교류 주최 현황

(단위: %)

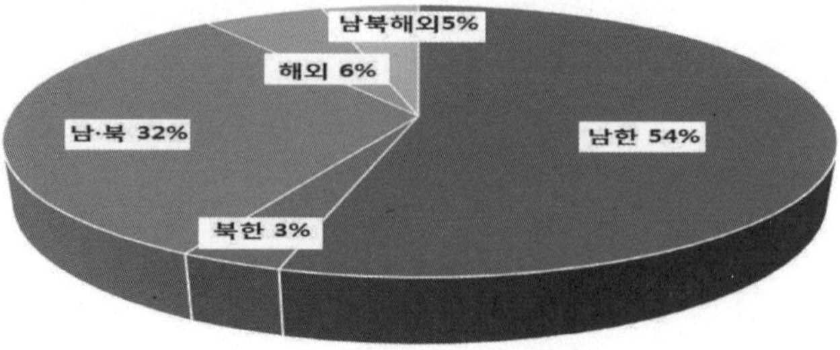

문화·예술 분야 교류는 남한단체가 54%로 절반 이상을 주최하였다. 다음은 남북이 공동으로 32%를 주최하였다. 나머지는 해외단체가 6%, 남북한 및 해외단체가 5%, 북한단체가 3%를 주최하였다.

문화·예술 교류는 남한단체 주최로 주로 북한의 그림, 사진 등 전시회와 북한영화의 남한지역에서 상영 등이 많았다. 남북이 공동으로 주최한 교류는 남북 상호 방문공연이나 남북합작 애니메이션 제작, 문화유산 공동발굴·복원 등이다. 해외단체가 주최한 교류는 통일음악회, 코리아서화전 등이다.

북한이 주최한 사업은 2001년에 이어 2002년 '4월의 봄 친선예술 축전'[159]에 일본에서 활동하고 있던 가수 김연자를 초청하여 공연하게 한 것 등이 있다. 김연자의 방북 공연에 대해서는 김정일의

159 김일성의 생일인 4월 15일 기념하는 북한의 최대 명절 행사의 하나로 개최되는 '4월의 봄 친선예술축전'은 1982년부터 해마다 열려온 축전으로 북한배우들은 물론 외국의 예술단체 및 연예인들이 초청된다. 북한당국은 4월의 봄 친선예술축전 참가를 독려하기 위해 외국인들에게 축전기간 희망에 따라 북한의 명승지들과 역사유적에 대한 무료관광을 제공하고 있다.

관람은 물론 로동신문에 대서특필[160]하고 『조선예술』[161] 등 잡지에서 "민족의 자랑, 명성 높은 가수"라고 평가하였다. 이와 함께 노래 기법, 무대 매너, 의상 등에 대해 자세히 다룸으로써 북한이 예술공연에 관심이 높다는 것을 보여주었다.

〈그림 24〉 방송·언론·출판 분야 교류 주최 현황

(단위: %)

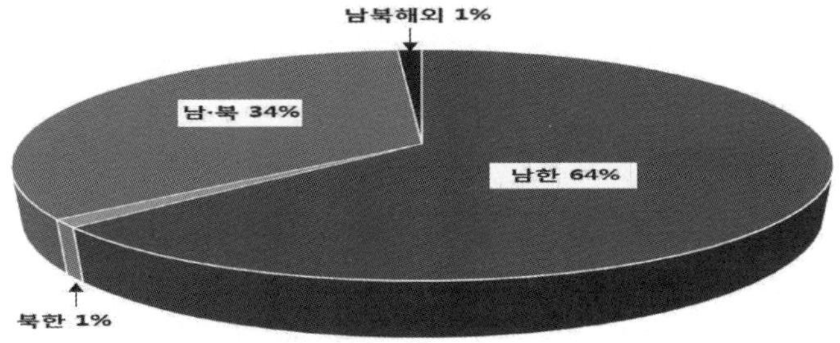

방송·언론·출판 분야 교류는 남한단체가 64%로 가장 많았다. 다음이 남북 공동으로 34%, 북한단체가 1%, 남북한 및 해외단체가 1% 주최하였다.

남한단체가 주로 추진한 교류는 북한의 다큐멘터리 제작 및 생방송 등이다. 남북이 공동으로 주최한 교류는 북한 서적의 남한내 출판이 많다. 북한이 주최한 교류는 북한영화나 드라마를 제작하여 필름이나 비디오테이프를 남한에 제공하여 방영하게 한 경우가 대부분이라고 할 수 있다.

160 『로동신문』, 2001년 4월 8일, 4월 12일, 4월 13일 김연자 방북공연 관련 기사 참고.
161 『조선예술』, 6호(2001).

〈그림 25〉 체육 분야 교류 주최 현황

(단위: %)

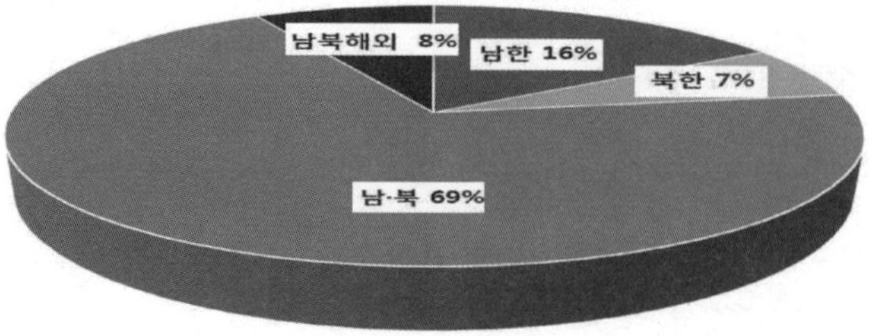

체육 분야 교류는 남북공동 주최가 69%로 많다. 남한단체 주최가 16%, 남북한 및 해외단체가 8%, 북한단체가 7%를 주최하였다.

체육교류는 남북이 공동으로 축구, 농구, 탁구 등의 경기를 교환 개최하거나 올림픽, 아시안게임 등 국제체육행사에 공동참가하는 경우가 많았다. 남한단체가 주최한 교류는 북한지역에서 골프, 권투, 마라톤, 자동차 경주대회를 개최한 경우가 대부분이다. 남북한 및 해외단체가 공동주최하는 교류는 주로 국제대회에 남북한이 참여하는 행사 등이다. 북한이 주최한 교류는 남한에서 개최되는 각종 선수권대회에 북한이 참가한 경우이다.

〈그림 26〉 종교 분야 교류 주최 현황

(단위: %)

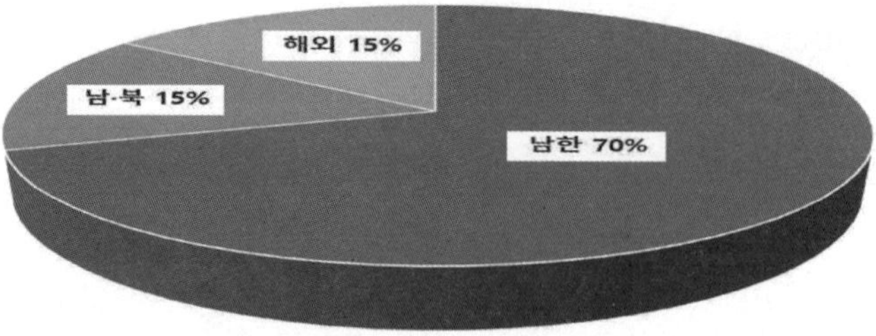

종교 분야 교류는 남한단체가 70%를 주최하였다. 남북공동이 15%, 해외단체가 15%를 추진하였다.

남한이 주최한 교류는 인도적 대북지원사업이나 교회 증·개축 및 사찰 복원 등 주로 북한 종교시설을 지원하는 형태가 많았다. 남북공동 주최는 북한지역에서 남북공동 미사나 법회 등을 개최하는 경우가 많았다. 해외단체가 주최한 교류는 해외에서 개최된 국제종교회의 등에 남북 종교인들이 참석하는 경우가 대부분이었다. 북한이 주최한 종교교류는 없었다.

〈그림 27〉 남북공동행사 주최 현황

(단위: %)

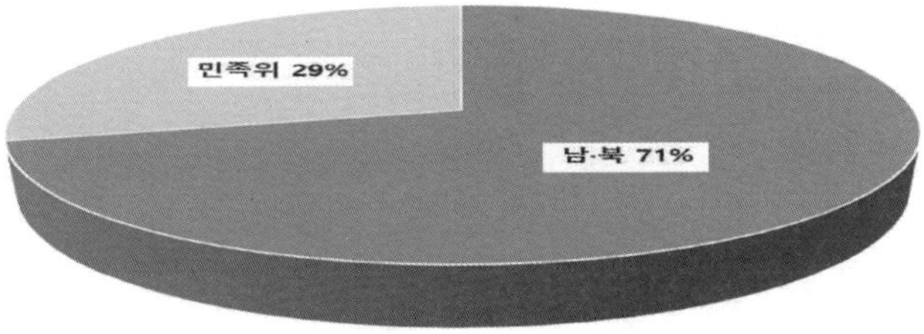

남북공동행사는 남북공동이 71%이고, 민족공동위원회가 29% 주최하였다. 남북공동으로 주최한 행사는 노동자, 농민, 청년학생, 여성, 교육자대회 등 부문별 교류가 대부분을 차지한다. 부문별 교류 행사는 2001년 행사가 시작된 이래 평양에서는 상징적 차원에서 1~2번 개최하고 나머지는 금강산 등에서 개최하였다. 각 행사는 부문별로 남북이 참가하여 화해와 단합의 시간을 갖고 「6.15공동선언」이행을 위한 결의를 다졌다. 민족공동위원회가 주최한 행사는 6.15, 8.15 등 대형 공동행사로 남북 및 해외동포들이 참가하여 기념행사와 부문별 상봉모임을 갖고 민간교류 발전방안 등을 논의하였다.

남·북·해외단체 주최 교류의 특징

남·북·해외단체가 주최한 남북 사회문화교류의 특징을 보면, 교류 탐색기에는 주로 해외단체가 중심이 되어 국제종교행사에 남북 관계자를 초청하여 접촉하는 형태로 이루어졌다. 교류 시도기에도 해외단체가 주최한 교류가 남한이나 북한에서 주최한 교류보다 많았다. 활성화기에는 남한단체 주최 사업이 압도적으로 많았으며, 북한은 참여하는 형식을 띠었다. 조정기에는 남북한 단체의 공동 주최가 다수를 차지하고 있다.

이렇게 교류의 주최자가 바뀌게 된 것은 1990년대 초반까지는 남북간 대결과 경쟁이 지속되면서 남북이 직접 나서 교류를 한다기보다는 제3자에 의존하는 경우가 많았기 때문이다. 특히 학술 분야의 경우, 대표적인 남북교류 중계단체는 '국제고려학회'로 국제적인 네트워크 속에서 남북은 교류를 진행하였다. 그러나 2000년대 들어서 남북이 상호간 교류의 필요성을 인식하고 직접 교류의 분위기가 형성됨에 따라 남북은 서로 교류를 위해 접근하였다. 따라서 교류의 주최가 자연스럽게 남한으로 옮겨졌다고 할 수 있다.

북한은 2000년대 들어 남북간 사회문화교류가 활성화된 시기에도 교류에 직접 나서지 않았다. 이것은 남한단체가 서로 앞다투어 북한과 교류를 추진하고자 했기 때문에 북한은 자신들의 목적에 맞는 교류 부문을 선택하기만 하면 되었다. 따라서 북한단체가 주최한 사업은 전체의 3%에 불과하였다. 이 시기에는 남북간 직접 교류가 추진되면서 1990년대 초반 교류의 중계자 역할을 해오던 해외단체의 역할이 극히 미미해졌다. 한편 2018년 평창동계올림픽을 계기로 북한이 적극적으로 남북교류를 추진함으로써 역대 어느 시기보다도 북한이 주최하는 사업이 많아졌다는 것도 특이할만 하다.

분야별 교류 주최 현황은 문화·예술 및 방송·언론·출판, 종교교류는 남한단체가 주최하는 경우가 많았다. 왜냐하면 북한은 남한문화를 비롯하여 자본주의 문화 유입을 극도로 꺼렸기 때문에 이 분야의 교류에 대해 상대적으로 소극적일 수밖에 없었다. 방송이나 언론 분야도 개방을 기피한 관계로 교류는 극히 제한적으로 이루어졌다. 또한, 종교교류 역시 북한이 주최한 경우는 없었다. 남북공동행사는 교류의 성격상 남북이 공동으로 개최한 경우가 대부분이었다. 학술교류는 남북공동 또는 남북한 및 해외단체가 공동으로 주최한 경우가 많았다. 이것은 1990년대 초반 주로 해외에서 개최된 국제학술회의에 남북이 참여하는 경우가 많았기 때문이다. 북한은 학술회의를 통해 현안문제에 대한 자신들의 입장을 설파하는 기회로 활용하려 했기 때문에 상대적으로 교류에 적극적이었다고 할 수 있다.

4

장소별 교류와 특징

남북 사회문화교류에 있어서 장소는 북한의 개방 및 자본주의 문화 유입 등과 관련성이 크다고 할 수 있다. 교류 장소를 남한, 북한, 경계지역(금강산, 개성), 남북공동, 해외, 남한·해외 및 북한·해외 등 6개로 구분하여 그 현황을 살펴보면 〈그림 28〉과 같다.

〈그림 28〉 장소별 남북 사회문화교류 현황(1981~2018.8)

(단위: 건, 총 590건)

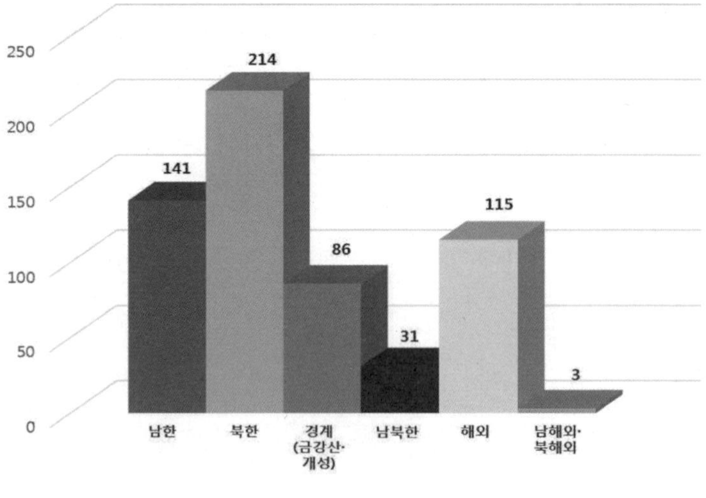

남북 사회문화교류 장소는 총 590건 교류중 평양 등에서 214건 36%와 금강산, 개성 등 경계지역에서 86건 15%를 포함하여 북한에서 300건 51%가 진행되었다. 이는 남한국민들의 방북교류가 주를 이루었다고 할 수 있다. 다음이 남한지역에서 141건 24%가 진행되었다. 해외에서도 115건 19%가 진행되었다. 또한 남북한 지역에서 동시에 진행된 교류도 31건 5%이었으며, 남한과 해외 및 북한과 해외에서 동시에 진행된 교류도 3건이 있었다.

가. 시기별 교류 장소 변화와 특징

남북 사회문화교류 사례 590건의 시기별 장소를 살펴보면 〈표 8〉과 같다.

〈표 8〉 장소별 남북 사회문화교류 상세 현황

(단위: 건)

시기	분야	남	북	경계	남북	해외	남해외· 북해외	총계
탐색기 (1981~1989)	학술·교육							
	문화·예술				1	1		2
	방송·언론·출판							
	체육							
	종교		10		1	5		16
	남북공동행사							
	기타							
	소계		10 (56%)		2 (11%)	6 (33%)		18 (100%)

시도기 (1990~1997)	학술·교육	1	2			22		25
	문화·예술	13	2			15		30
	방송·언론·출판	2						2
	체육	1	1			2		4
	종교		6		3	21		30
	남북공동행사							
	기타							
	소계	17 (19%)	11 (12%)		3 (3%)	60 (66%)		91 (100%)
활성화기 (1998~2007)	학술·교육	2	18	2		15	1	38
	문화·예술	59	32	10	10	5	1	117
	방송·언론·출판	15	56	6	7	2		86
	체육	13	9	4	2	7		35
	종교	1	30	16	2	5		54
	남북공동행사	7	12	16				35
	기타	2	9	2			1	14
	소계	99 (26%)	166 (44%)	56 (15%)	21 (5%)	34 (9%)	3 (1%)	379 (100%)
조정기 (2008~2018)	학술·교육		3		1	4		8
	문화·예술	11	5	7	3	3		29
	방송·언론·출판							
	체육	14	6			3		20
	종교		12	17	1	4		34
	남북공동행사			6		1		7
	기타		1					1
	소계	25 (25%)	27 (26%)	30 (29%)	5 (5%)	15 (15%)		102 (100%)
총계		141 (24%)	214 (36%)	86 (15%)	31 (5%)	115 (19%)	3 (1%)	590 (100%)

교류 탐색기인 1981년에서 1989년 사이 진행된 18건의 교류중 10건 56%가 북한에서 진행되었다. 다음으로 해외에서 6건 33%가 진행되었고, 남북지역에서 동시에 2건 11%가 진행되었다. 북한에서 진행된 교류는 종교인 방북이 주를 이루었고, 해외에서 진행된

교류도 남북종교인들이 회의에서 접촉한 경우이다. 남북 동시 개최는 1985년 남북예술단교환공연이 처음이다.

교류 시도기인 1990년부터 1997년까지 진행된 91건의 교류중 중국[162] 등 해외에서 진행된 행사는 60건 66%이다. 다음이 남한에서 진행된 교류가 17건 19%이고, 북한에서 진행된 교류가 11건 12%이다. 남북 동시에 진행된 교류가 3건이다. 남한이나 북한에서 개최된 행사는 1990년대 초반 예술공연과 축구, 탁구 등 체육경기를 서울과 평양에서 번갈아 개최했기 때문이다.

교류 활성화기인 1998년에서 2007년까지 진행된 교류 379건중 166건 44%가 평양 등에서, 56건 15%가 금강산 및 개성에서 진행됨으로써 전체 교류의 59%가 북한지역에서 진행되었다. 다음이 남한지역에서 99건 26%가 진행되었다. 해외에서는 34건 9%가 진행되었다. 남북 동시에 진행된 교류는 21건 5%이다. 남한과 해외 및 북한과 해외에서 동시에 진행된 교류도 3건이다. 이 시기는 주로 교류를 위해 남한국민이 북한을 방문하는 경우가 대부분이었다. 특히 금강산이나 개성 등 경계지역에서 남북공동행사와 종교행사가 많이 개최되었다. 경계지역은 시간, 비용 등 여러 면에서 큰 부담없이 접촉할 수 있는 장소라는 장점이 있다. 북한주민들도 서울, 인천, 광주, 제주도 등에서 개최된 남북공동행사에 참여하기 위해 남한을 방문하였다. 북한주민들이 사실상 남한을 방문한 것은 이 시기라고 할 수 있다.

162 중국에서 교류가 많이 이루어진 것은 연변지역 교포들이 과거 북한과 관계 등으로 인적인 연계가 많고, 지리적으로도 북한과 가까운 점 등이 작용하여 북한 측의 참가가 다른 지역보다 용이하기 때문이다.

교류 조정기인 2008년에서 2018년 8월까지 교류 102건중 30건 29%가 경계지역에서, 27건 26%가 평양 등에서 진행되는 등 북한지역에서 57건 57%가 진행되었다. 남한에서는 25건 25%가 진행되었다. 해외에서 15건 15%, 남북지역에서 동시에 5건 5%가 진행되었다. 이 시기에도 교류는 방북사업이 주를 이루고 있다. 2008년 남한에 보수정부가 들어서고 2010년 북한의 도발에 대한 남한의 '5.24 조치'와 2016년 북한의 핵실험으로 인한 '개성공단 폐쇄' 등의 여파로 교류는 중단되었다. 그러나 금강산과 개성에서 종교행사 및 역사유적 발굴 등이 지속됨으로써 교류의 끈은 이어나갔다. 2018년 들어 남북이 서울, 평양 등 상대지역을 오가며 예술공연과 체육경기를 개최하였다.

나. 분야별 교류 장소 변화와 특징

분야별 교류 장소 현황

학술·교육, 문화·예술, 방송·언론·출판, 체육, 종교, 남북공동행사 등 분야별로 교류가 진행된 장소를 살펴보면 다음과 같다.

〈그림 29〉 학술·교육 분야 교류 장소 현황

(단위: %)

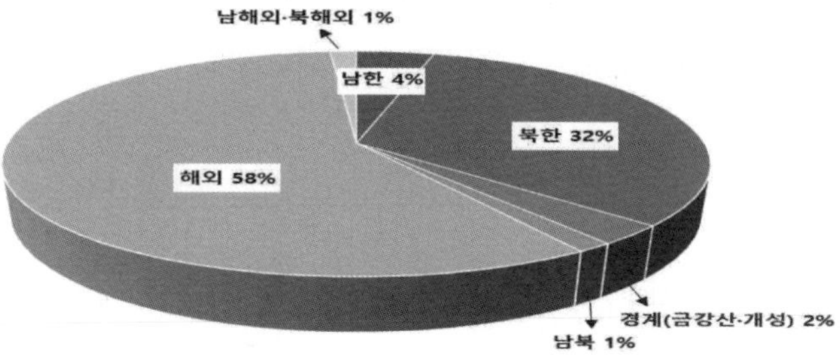

학술·교육 분야 교류는 총 71건중 해외에서 41건 58%가 진행되었다. 다음이 평양 등에서 23건 32%와 경계지역에서 2건 3%를 포함하여 북한지역에서 25건 35%가 진행되었다. 남한에서 3건 4%, 남북지역에서 동시 개최가 1건, 북한과 해외에서 동시에 진행된 교류도 1건 있었다.

학술·교육 교류가 해외에서 절반 이상 진행된 것은 1990년대 북한이 남북 왕래교류보다는 제3국에서 접촉을 선호했기 때문이다. 2000년 정상회담 전후로는 북한이 남한학자들을 북한으로 초청하여 학술회의를 개최한 경우도 상당히 있었다.

〈그림 30〉 문화·예술 분야 교류 장소 현황

(단위: %)

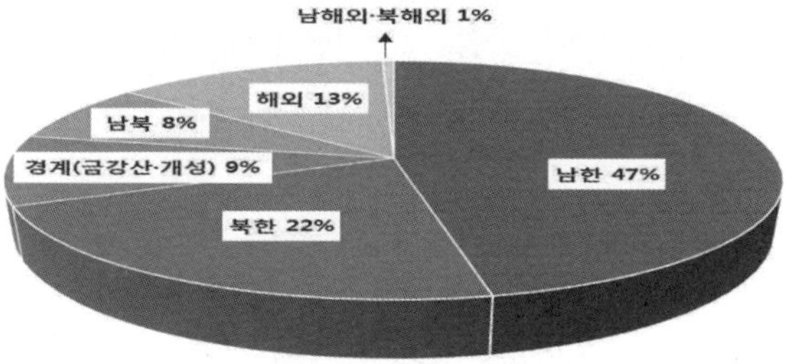

문화·예술 분야 교류는 총 178건 중 남한에서 83건 47%가 진행되었다. 다음이 평양 등에서 39건 22%와 경계지역에서 17건 9%를 포함하여 북한지역에서 56건 32%가 진행되었다. 해외에서는 24건 13%, 남북지역 동시 진행이 14건 8%, 남한과 해외에서 동시에 1건의 교류가 진행되었다.

문화·예술 분야의 교류가 남한에서 많이 진행된 것은 북한의 미술, 사진 등 전시회가 전국에서 개최되었으며 북한영화도 남한에서 개최된 국제영화제에 출품되거나 여러 지역에서 상영되었기 때문이다. 평양에서는 주로 남한의 대중가수 등 예술인들의 공연이 많이 개최되었다. 개성에서는 주로 역사유적 발굴과 이와 관련한 학술회의 및 유물 전시회 등 문화유산 관련 교류가 진행되었다. 해외에서는 국제영화제에 남북이 동시 참가하거나 남북관계가 경색되었을 때 남북언어 및 문화유산 관련 회의가 진행되었다. 또한 애니메이션 합작사업 등이 남북지역에서 동시에 진행되었다.

〈그림 31〉 방송·언론·출판 분야 교류장소 현황

(단위: %)

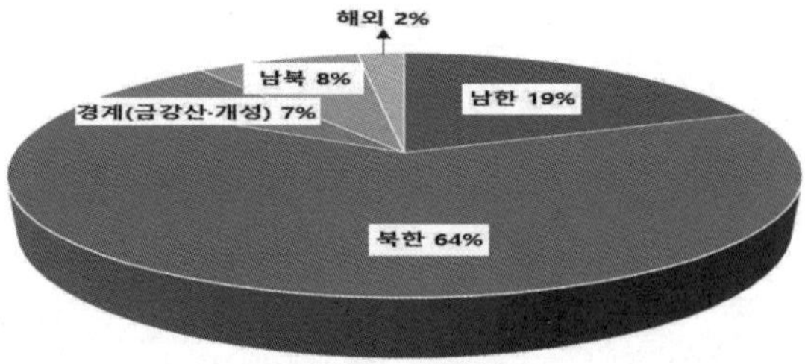

방송·언론·출판 분야 교류는 총 88건 중 평양 등에서 56건 64%, 경계지역에서 6건 7%를 포함하여 북한지역에서 62건 73%가 진행

되었다. 남한에서는 17건 19%가 진행되었다. 남북지역에서 동시 진행이 7건 8%, 해외에서 2건이 진행되었다.

방송·언론 교류가 북한지역에서 많이 진행된 것은 그동안 북한이 방송·언론 개방을 제한하다가 1998년부터 일부 개방하기 시작함으로써 2007년까지 교류가 집중적으로 이루어진 데 기인한다. 남한의 방송사들은 북한지역에서 자연 및 역사 등과 관련한 다큐멘터리 촬영, 생방송 진행, 우리 대중가수들의 공연 등 남한국민들의 관심을 유발할 만한 교류를 중점적으로 진행하였다. 북한서적은 자연 및 향토 관련 책자나 소설 등을 남한에서 출판하는 경우가 대부분이었고, 남한서적은 의학 및 과학기술 등 북한이 필요로 하는 책자를 제공하는 경우가 많았다. 남북 동시에 교류가 진행된 것은 생방송이나 이원방송 등이 주를 이루었다.

〈그림 32〉 체육 분야 장소 현황

(단위: %)

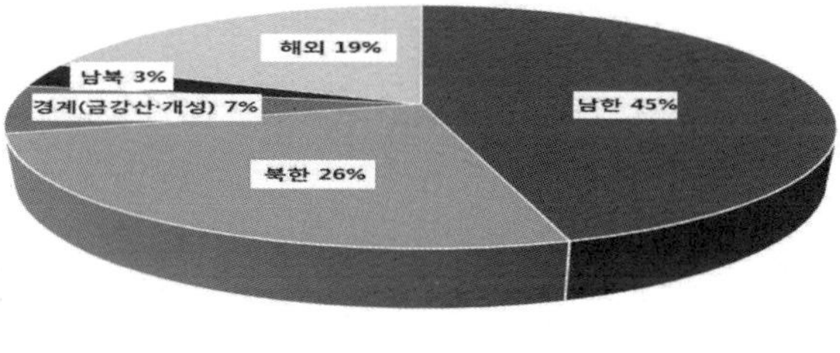

체육 분야 교류는 총 62건중 남한에서 27건 45%가 진행되었다. 다음이 평양 등에서 16건 26%와 경계지역에서 4건 7%를 포함하여 북한에서 20건 36% 진행되었다. 그 다음이 해외에서 12건 19%, 남북지역에서 동시 진행이 2건 3%이었다.

체육교류가 남한에서 많이 이루어진 것은 북한이 남한에서 개최되는 아시안게임 및 각종 선수권대회 등 국제행사에 참가하거나, 유소년축구단 전지훈련 등을 실시했기 때문이다. 평양에서는 축구, 농구, 탁구경기 등을 남북이 교환 개최하거나 남한이 권투, 골프, 마라톤 등을 북한지역에서 진행하였다. 해외에서 진행된 교류는 올림픽에 남북 동시입장과 단일팀 참가 등이 있었다.

〈그림 33〉 종교 분야 장소 현황

(단위: %)

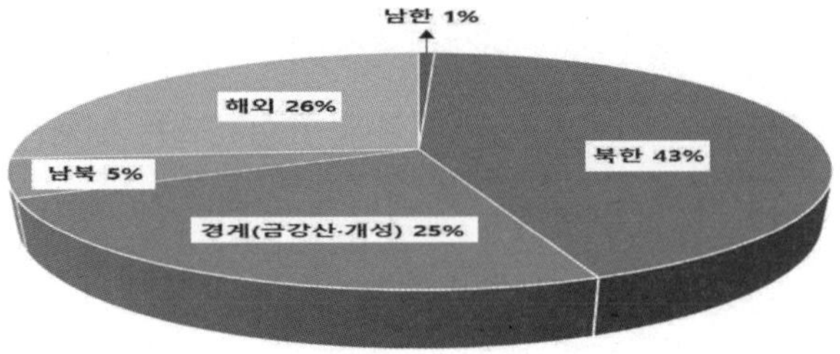

종교 분야 교류는 총 134건중 평양 등에서 58건 43%와 경계지역에서 33건 25%를 포함하여 북한지역에서 91건 68%가 진행되었다. 다음이 해외에서 35건 26%, 남북지역 동시진행이 7건 5%, 남한에서 1건 진행되었다.

종교교류가 북한지역에서 많이 이루어진 것은 남북간 교류가 활성화되면서 남한의 종교인들이 방북하여 각종 회의 및 북한의 종교시설을 둘러보거나 남북 합동기도회 또는 합동법회 등을 가졌기 때문이다. 또한, 북한의 종교시설 증·개축사업도 많이 진행하였다. 해외에서 교류는 1980년대 기독교의 글리온회의, 불교의 세계불교도우회 대회 등 국제종교행사에 남북이 참여하면서 접촉이 이루어졌기 때문이다. 남한지역에서 순수 종교교류가 이루어지지 않은 것은 아직은 북한에 진정한 종교가 존재하지 않기 때문이라고 할 수 있다.

〈그림 34〉 남북공동행사 장소 현황

(단위: %)

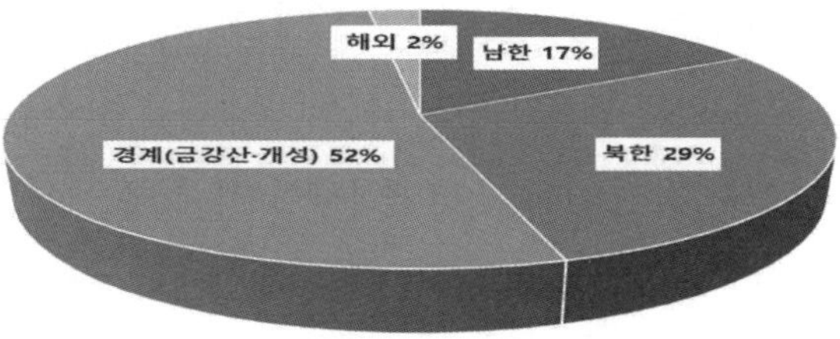

남북공동행사는 총 42건중 평양 등에서 12건 29%와 경계지역에서 22건 52%를 포함하여 북한지역에서 34건 79%가 진행되었다. 다음이 남한에서 7건 17%, 해외에서 1건 진행되었다.

남북공동행사가 금강산, 개성 등 경계지역에서 많이 이루어진 것은 노동자, 농민, 청년·학생, 여성, 교육자 등 부문별로 통일대회가 많이 개최되었기 때문이다. 또한 남북공동행사가 금강산, 개성 등에서 다수 진행된 것은 남북의 대규모 인원이 행사 참가를 위한 이동이 편리하다는 점이다. 북한의 입장에서 공동행사는 교류 대가가 배제되기 때문에 굳이 평양에서 행사를 진행할 필요성이 없기 때문이기도 하다. 그러나 6.15, 8.15 민족통일대축전과 같은 대형 공동행사를 평양에서 개최하는 것은 각계각층이 참여하는 상징적인 의미가 크기 때문이다. 남한에서도 6.15, 8.15 등 남북공동행사가 서울, 인천, 광주 등 여러 곳에서 개최됨으로써 각 지역의 국민들이 남북공동행사에 참여하여 북한주민들과 접촉하는 기회를 갖었다.

교류 장소의 특징

1990년대 초·중반에는 북한이 개방으로 인한 자유화 바람 유입을 우려하여 남북한 직접 왕래교류를 꺼렸기 때문에 중국, 일본, 미국, 러시아 등 제3국에서 진행된 교류가 많았다. 북한주민들이 순수 교류 차원에서 남한을 방문한 사례는 없었다. 이처럼 해외에서 진행된 교류가 많은 것은 남북한이 1991년 「남북기본합의서」의 합의에 따라 교류를 시작하기는 하였으나, 북한이 사실상 남한국민들의 북한 방문을 꺼린 관계로 대부분의 교류가 해외에서 진행되었기 때문이다.

2000년 전후로는 북한지역에서 진행된 교류가 많아 남한국민의 방북이 증가하였다. 북한주민들도 서울, 부산, 인천, 광주, 제주도 등 남한의 여러 지역에서 개최되는 남북공동행사에 참여함으로써 남한의 실상을 간접 체험하게 되었다. 이때부터는 금강산관광과 개성공단의 활성화로 금강산이나 개성 지역에서 진행되는 교류가 증가하였다는 것도 하나의 특징이다. 금강산이나 개성은 거리와 비용적인 측면에서 장점과 편리성이 있을 뿐만 아니라 남북관계가 경색되었을 때 경계지역이라는 점에서 비교적 부담 없이 접촉할 수가 있어 교류 장소로 많이 활용되었다.

교류 분야별 사업장소로는 학술회의 경우 제3국에서 진행된 경우가 많았다. 1990년대 북한당국이 학자들의 사상오염이나 일탈을 우려하여 남한방문을 제한했던 것도 제3국에서 교류를 진행한 이유 중 하나이다. 문화·예술 분야는 북한의 그림·사진 전시회 등이 남한의 각 지역에서 많이 진행됨으로써 장소 측면에서 볼 때 어느 정도 균형 잡힌 교류가 진행되었다고 할 수 있다. 체육 분야는 남북관계 경색 등 정치적인 변수와 큰 상관없이 진행되었다. 남한에서 북한 선수들의 체류비 등을 부담했을 뿐만 아니라 축구 연습장 등 체육시설의 이용이 편리했기 때문에 남한지역에서 체육교류가 진행되는 경우가 상당히 많았다.

그러나 북한지역에서 주로 교류가 진행된 방송·언론·출판 분야는 북한이 방송·언론 개방을 기피한 관계로 북한 관계자들이 남한을 방문하여 교류를 진행한다는 것은 사실상 어려운 부분이었다. 종교 분야도 북한의 정책상 남한에서 교류를 진행한다는 것은 기대하기 어려운 일이다. 남북공동행사는 북한이 통일전선 확대 차원에서 남북지역과 관계없이 적극적으로 참여함으로써 활발히 진행되었다.

3부

남북교류, 왜 부침을 거듭했나?

1

교류 탐색기(1981~1989년) : 냉전구조 변화와 남북화해 모색

가. 냉전구조 변화와 교류 탐색

1970년대 들어 세계적인 데탕트는 미·소 양극 구도에서 미국과 중국, 중국과 일본 관계 정상화로 국제질서를 양극체제에서 다극체제로 변화시켰다. 월남전의 종전과 주한미군의 철수문제 등이 복합적으로 작용하여 국제정세도 불안정하였다. 또한, 데탕트 분위기 속에서 남북은 자신들의 우방인 미국과 중국으로부터 남북대화의 압력을 받고 있었다.

이러한 국제정세 변화로 인해 남한과 북한은 미·중 화해무드로 유사시 미국과 중국 등 우방으로부터 지원을 기대하기 어려운 안보위기를 느끼고 있었다. 따라서 급격한 정세 변화에 대응하여 각기 체제를 정비할 수 있는 시간을 벌기 위하여 대화를 통해 군사적 긴장을 완화하고 공존을 모색할 필요가 있었다.[163] 남북은 형식적으로라도 대화를 하고 나아가 서로 간의 이해증진과 통일을 촉진시키기 위해 교류를 하기로 한 것이다.

1970년 박정희 대통령은 8.15 경축사를 통해 북한에 "무모한 대남 적화노선을 버리고 개발과 건설과 창조를 위한 선의의 경쟁"에 나설 것을 촉구하는 「평화통일구상」을 발표하였다. 이에 대해 김일성은 남한의 평화통일구상은 정치적 모략선전이며 허황한 망상이라고 비난하였다.[164]

그러나 남한정부는 1971년 이산가족 재회를 위한 남북적십자회담을 제의하였고 북한이 수락함에 따라 분단 26년 만에 남북대화가 시작되었다. 하지만 북한은 내부적으로 이산가족을 '월남자 가족'으로 칭하고 계급투쟁의 대상으로 삼았다. 따라서 남북적십자회담을 통일문제 논의를 위한 회의라는 입장을 견지[165]했을 뿐만 아니라 통일전선전술 수행을 위한 방편으로 이용[166] 하려 하였다.

---

163 신종대, "한국정치의 북한요인 연구: 1961-1972년을 중심으로," 서강대학교 대학원 박사학위논문(2002), p. 328.

164 김일성은 "남조선 괴뢰들이 떠들어 대고 있는 이른바 평화통일구상은 조국통일문제를 실현할 아무런 방도도 없는 철두철미 허위와 기만에 찬 정치적 모략선전 … 그들이 평화통일 구상이요 뭐요 하고 떠벌이는 목적은 남조선에서 날로 높아가고 있는 자주적 평화통일 기운을 무마하고 저들의 매국배족 행위를 가리우며 우리의 조국통일방안을 지지하는 세계의 이목을 딴 데로 돌리려는데 있다."고 비난하였다. 김일성, "남조선혁명과 조국통일을 위하여: 조선로동당 제 5차대회에서 한 중앙위원회 사업총화보고(1970년 11월 2일)," 『김일성전집 45권』(평양: 조선로동당출판사, 2002), p. 213.

165 1972년 8월 29일에서 9월 2일까지 평양에서 개최된 제1차 본회담에서 북한측 단장 김태희는 "쌍방 대표 앞에는 민족의 고통을 덜어주는 일뿐만 아니라 오해와 불신을 해소하고 통일을 앞당겨야 할 임무가 부과되어 있다."고 말하였다. 송종환, 『남북회담 종합평가: 정책조사연구계획 76-12-117』(서울: 국토통일원, 1976), p. 89.

166 북한 적십자사는 남한에 대해 반공법 철폐, 반공조직 해체, 주한미군 철수, 적십자 요해해설인원 파견을 주장하였다. 요해해설인원은 리(동) 단위에 1명씩 파견하

당시 동서독은 1961년 8월 베를린장벽 설치 이후 교류가 거의 단절상태에 있었다. 그러나 1970년 양독간 우편 교류에 합의하고 1972년 교류와 협력을 위한 「기본조약」과 통행에 합의하는 등 본격적인 교류가 시작되었다. 남북도 1972년 「7.4공동성명」을 통해 자주, 평화, 민족대단결의 통일원칙에 합의하고 "쌍방은 끊어졌던 민족적 연계를 회복하며 서로 이해를 증진시키고 자주적 평화통일을 촉진시키기 위하여 남북 사이에 다방면적인 제반 교류를 실시"하기로 하였다.

그러나 인도적 차원의 남북적십자회담은 1977년 12월 북한이 제25차 실무회담 이후 일방적으로 중단하였다. 마찬가지로 남북조절위원회 회담도 북한이 남한에 대해 군비축소, 주한미군 문제, 평화협정 등을 주장하는 등 교류·협력보다는 정치·군사적 분야에 치중함으로써 1978년 3월 중단되었다. 북한은 남한의 경제발전으로 당초 계획했던 대화 목적인 통일전선 구축이 쉽지 않은 것을 알고 취한 조치였다. 이 기간 동안 남북교류를 하기로 합의는 하였으나 단 한건도 성사되지 않았다.

1980년대에도 북한은 여전히 남북 체육회담 등 여러 회담을 제의하였다. 그러나 교류 자체보다는 정치적인 목적이 더 강하여 결국 성사되지 못하였다. 1984년 북한이 남한의 수해 지원을 계기로 남북대화가 시작되어 1985년 남북이산가족 상봉 및 예술단 교환공연이 이루어졌다. 그러나 북한은 1986년 1월 한미군사훈련을 구실로

는 것으로 북한은 남한에 3만 6천명을 파견하고 남한은 북한에 4,300명을 파견하여 이산가족 사업을 돕자는 주장이다. 대한적십자사 『이산가족백서』(서울: 대한적십자사, 1976), p. 299.

남북대화를 일방적으로 중단하였다. 이와 같이 북한은 남북대화와 제한적이나마 인적교류를 시도한 결과, 교류가 가져올 주민사상 오염 등 현실적인 위험부담을 느끼고 더 이상 교류를 진전시키지 않았던 것으로 보인다.

북한은 '88 서울올림픽' 참가 문제를 두고도 올림픽 경기 종목을 남한과 북한에 공정하게 배당하고, 대회 명칭도 '평양'을 넣어 불러야 한다고 주장하는 등 정치적인 제안을 하다가 여의치 않자 올림픽 불참을 선언하였다. 실제로 북한은 서울올림픽에 참가할 의사가 전혀 없었음에도 남한과 소모적인 기싸움을 벌인 것이다. 이렇게 남북은 세계적인 데탕트와 냉전체제의 유지라는 이중구조 속에서 남북대화를 시작하였다. 그러나 여전히 냉전적이고 체제대결적인 경쟁을 했던 관계로 대화에서도 합의된 결과를 얻지 못했고 교류도 더 이상 진전시키지 못했던 것이다.

나. 북한의 통일전선 형성과 교류

북한의 대남전략 목표는 분단 이후 현재까지 혁명을 통하여 남한에 공산정권을 수립하는 것이다.[167] 김일성은 한국전쟁 직후 "남조선과 북조선이 분리되어 공존할 수 있다는 사상은 대단히 위험한 것

167 2016년 5월 개최된 제7차 당 대회 후 노동당 규약에 "조선로동당의 당면 목적은 공화국 북반부에서 사회주의 강성국가를 건설하여 전국적 범위에서 민족해방민주주의혁명의 과업을 수행하는데 있으며, 최종목적은 온 사회를 김일성-김정일주의화하여 인민대중의 자주성을 완전히 실현하는데 있다."고 명시되어 있다.

이며 우리의 통일사업을 방해하는 해로운 견해로써 남북공존론은 조국통일에 위배된다."[168]고 하였다. 그러나 분단 상황 지속과 함께 정치·군사적 대결이 남북간 적대관계를 더욱 고착시키면서 북한은 평화공세 차원에서 남북교류를 언급하게 된다.

김일성은 평화통일은 구호로써 되는 것이 아니라 북한의 힘이 강화되어야 한다고[169] 하면서 "통일을 위해서는 온갖 방법으로 남반부와 접근하되, 인민과 접근하고 서로 만나 선전하고 그들에게 영향을 주도록 해야한다."[170]고 하였다. 즉 남한 국민들과 접촉을 투쟁의 한 형태로 간주하면서 선전선동에 적극 이용하도록 하였던 것이다.

1950~1960년대 북한의 남북교류 제의는 북한이 남한보다 전반적인 국력우위에서 평화통일과 '남조선 혁명'이라는 이중적인 대남전략에서 나온 것이다. 북한은 한국전쟁 직후인 1954년 4월 27일 한반도 평화체제를 논의하려고 한 제네바회담에서 처음으로 남북간 교류를 제의하였다. 김일성은 1955년 최고인민회의 8차 회의에서 남북한의 통일문제를 토의할 것을 제의하고, 실천방안으로 각 기관

168 김일성, "농촌경리의 금후발전을 위한 우리 당의 정책에 관하여 조선로동당 중앙위원회 전원회의에서 한 결론(1954년 11월 3일)," 『김일성저작집 9권』(평양: 조선로동당출판사, 1980), p. 136.

169 김일성은 "평화통일은 어려운 과업이기 때문에 장기적 투쟁으로만 쟁취할 수 있으며, 이를 위해 남조선 인민들이 미국과 남한 정부에 반대하도록 궐기하는 것을 대남전략의 목표로 삼아야한다."고 주장하였다. 김일성, "농촌경리의 금후발전을 위한 우리 당의 정책에 관하여 조선로동당 중앙위원회 전원회의에서 한 결론(1954년 11월 3일)," 『김일성저작집 9권』(평양: 조선로동당출판사, 1980), p. 140.

170 김일성 "인민군대의 간부화와 군종, 병종의 발전전망에 대하여 조선인민군정 간부회의에서 한 연설(1954년 12월 23일)," 『김일성저작집 9권』(평양: 조선로동당출판사, 1980), p. 183.

과 단체들은 "남조선의 해당기관과 단체들에게 남북간 경제·문화교류에 관한 구체적인 조치들을 취할 것"[171]을 여러 차례 제의하였다. 그러면서 남북간에 자유로운 왕래와 교류를 실현함으로써 남북주민간 연계를 강화하고 상호 이해의 분위기를 조성할 것을 주장하였다. 이처럼 북한은 남한에 교류를 제의하는 것을 통일공세와 연계하였던 것이다.

북한의 교류 제의는 " … 통일전선을 결성하기 위하여 투쟁할 것 … 남북조선간 정치, 경제, 문화적 연계와 남북간의 왕래 실현을 위하여 투쟁할 것"[172] 등 항상 정치적인 투쟁과 연계되어 있었다. 북한은 남한의 청년학생들과 교류에 대해서도 지대한 관심을 가졌다. 1961년 5월 서울대학교 학생들이 "남북학생회담과 남북학생들 사이에 예술, 문화교류를 실현하자."는 성명을 발표하였다. 이에 김정일은 김일성대학교 학생들에게 "남북교류가 사회주의 제도의 우월성을 인식시키는 계기로 삼아야 한다."[173]고 하면서 남북교류의 목적을 체제선전 등 정치적인 것과 연계시켰다.

북한은 남북 언론인·기자 교류, 공동 영화제작, 연극 경연대회, 남북 과학자 교류 등도 제안하였다.[174] 당시 북한의 교류 제의는 군사력과 경제력에서 남한에 대해 우위를 자신한 것에서 비롯된 것으로

171 김일성, "8.15해방 10돐 경축대회에서 한 보고(1955년 8월 15일)," 『김일성저작집 9권』(평양: 조선로동당출판사, 1980), p. 405.

172 조선로동당 중앙위원회 사업총결 보고에 대한 조선로동당 제3차대회의 결정서(1956년 4월 28일), 『북한연구 자료집 2 아세아문제연구소 공산권자료 총서』(서울: 고려대학교 출판부, 1974), p. 792.

173 김정일, "북남학생회담준비를 잘하여야 한다: 김일성종합대학 학생들과 한 담화(1961.5.5.)," 『김정일전집 3권』(평양: 조선로동당출판사, 2003), p. 24.

174 『로동신문』 1957-1966년 '남북교류' 관련 기사 참고.

구체적인 실천방안이 없는 대남호소문이나 담화문 형식을 빌린 선전 차원에서 한 것이었다.

북한은 1979년 10.26사태 이후 남한의 정치적 혼란을 이용하려는 전술적 의도를 가지고 있었다. 또한, 남한과 경제적인 격차와 미·중국교 정상화 등 여러 가지 불리한 상황에서 김정일 후계체제 출범을 통한 '3대혁명역량 강화'[175]를 위해 남북대화를 중단하였다. 그 이후 1983년 버마 아웅산 폭발사건을 일으킴으로써 국제적인 비난이 일자, 대외 이미지 쇄신 차원에서 1984년 1월 미국에 3자회담을 제의하였다. 한편으로는 1984년 9월 남한에 수재구호물자 지원 명분으로 남북대화를 제안하였다.

다. 북한의 '합작과 교류'의 실체

김일성은 1972년 11월 남북 고위급정치회담에 참가한 남한 대표들에게 "남조선 언론계에서는 남북공동성명이 발표된 다음에도 '대화 있는 대결'[176], '대화 있는 경쟁' 하는 말들이 나오고 있는데 북과

---

175 '3대혁명력량' 강화는 1964년 김일성이 남조선 혁명론을 구체화한 적화 전략으로 ① 혁명기지의 강화 : 북한 지역을 혁명 기지화하여 정치·경제·군사적으로 튼튼히 준비시켜 전쟁 준비에 만전을 기한다는 것이다. ② 남조선 혁명역량 강화 : 한국 내에 북한을 지지하는 지하당을 만들어 대중을 포섭, 남한 혁명 여건을 조성하여 폭력적 방법으로 정부 타도의 '결정적 시기'에 동원한다는 것이다. ③ 국제혁명역량 강화 : 외교를 강화하여 북한 정권의 지지세력을 확보하는 한편, 한국의 국제적 고립을 촉진시킨다는 것이다. https://terms.naver.com/entry.nhn?docId=924811&cid=47323&categoryId=47323(검색일: 2018년 10월 5일)

176 '7.4공동성명' 발표 이후 박정희 대통령은 전 군 지휘관에게 대통령 '친서'를 보내 밝힌바와 같이 남북한관계는 바야흐로 '대화 없는 대결'로부터 '대화 있는 대결'로 전환

남은 대결하고 경쟁할 것이 아니라 합작해야 한다. 북과 남이 합작하면 그 과정에 민족의 힘이 더욱 커지고 조국통일의 기초가 튼튼히 닦아질 것이다."[177]라고 하였다.

그러나 북한이 말하는 '합작과 교류'[178]는 "남조선 인민들로 하여금 경애하는 수령님의 위대한 주체사상의 정당성을 깨닫게 하고 그이께서 마련하여 주신 공화국 북반부 사회주의 제도의 참다운 우월성을 인식하게 하는 것"이 목적으로 되어 있다. 여기서 북한이 주장하는 '다방면적인 합작과 교류'는 민족적 단결을 내세워 남북한의 광범위한 각계각층 인사와 통일전선을 형성하려는 정치적인 의미를 담고 있었다.

북한은 「7.4공동성명」 발표 이후 「남북조절위원회 구성 및 운영에 관한 합의서」 최종문안 조정 과정에서도 남북조절위원회가 추구하는 목적의 하나로 "북과 남 사이에 정치·경제·문화·군사 등 각 분야에 걸친 다방면적 합작을 실현"하는 것을 동 합의서에 표기하자는

되었다. 정홍진, "7.4공동성명의 성립과정과 역사적 의의," 『남북한 관계의 회고와 전망』, 한국정치학회 하계 학술대회(2002년 7월), p. 16; 이동복, "1970년대 남북조절위원회에서 한국측 협상목표 : 전략·전술 및 교훈과 향후 대책," 극동문제연구소 전문가 워크숍, 『냉전기 한국의 대북협상전략: 실제와 교훈』(서울: 경남대 극동문제연구소, 2003), p. 15.

177 김일성, "북과 남 사이의 합작을 실현할 데 대하여: 북과 남사이의 고위급정치회담에 참가한 남조선측 대표들과 한 담화(1972년 11월 3일)," 『김일성전집 48권』(평양: 조선로동당출판사, 2003.2), p. 406.

178 북한은 '합작과 교류'에 대해 "남조선 사회제도의 부패상과 반동 통치배들의 매국배족적 죄악을 깨닫게 하고 수령님께서 제시하신 조국통일 방침의 정당성을 확신하게 하는 주요 계기가 될 것이며 광범한 군중을 민족적·계급적으로 각성시키고 그들로 하여금 위대한 주체사상을 유일한 지도사상으로 하고 수령님 두리에 굳게 뭉치게 하며 수령님께서 가리키시는 길을 따라 조국통일을 위한 투쟁에 힘차게 떨쳐나서게 하는 중요한 조건"이라고 정의하고 있다. 허종호, 『주체사상에 기초한 남조선혁명과 조국통일 리론』(평양: 조선로동당출판사, 1975), p. 230.

의견을 제시하였다. 남한은 북한이 남북 '합작과 교류'에 대해 부여하고 있는 정치적 의미가 공산화 통일을 촉진하기 위한 과정임을 알고 이 용어의 채택을 거부하였다.[179]

그러나 김일성은 남북 고위급정치회담에 참가한 남한 대표들에게 경제, 문화, 언어, 과학, 체육 등 분야별 합작과 교류의 필요성에 대해 다시 강조하였다. 그리고 "남북이 실제로 함께 일을 해야 오해도 풀리고 이해를 하게 되어 민족적 단합이 이루어 질것"이라며 다음과 같이 주장하였다.

> 북과 남이 경제적 합작으로부터 시작하여 일을 하나씩 같이 해나가야 서로 오해를 풀고 리해를 깊이 할 수 있습니다. 말로만 신임한다고 하여서는 누가 무슨 속심을 가지고 있는지 알 수 없습니다. … 문화분야에서 합작을 실현하여야 단일민족으로서의 조선민족의 고유한 민족적 특성을 보존할 수 있으며 **우리의 민족문화를 통일적으로 발전**시킬 수 있습니다. … 언어학 분야에서 합작을 실현하여 **우리의 민족어를 통일적으로 발전**시켜 나가야 합니다. … 과학분야에서도 교류와 합작을 실현하여야 … 빨리 발전시킬 수 있습니다. … 체육분야에서도 합작을 실현하면 국제경기들에 참가하여 좋은 결과를 가져 올 수 있습니다. … **올림픽 경기대회를 비롯한 국제적인 체육경기들에 단일팀을 구성**해 가지고 나가도록 하여야 합니다.[180](강조 부분은 필자)

179 합작문제에 대한 남북한 쌍방 간의 이견은 결국 '합작'이란 용어를 대체하기 위하여 남한측 대표단이 제시한 "힘을 합쳐 같이 사업하는"이라는 표현으로 타결을 보았다. 이동복, 『통일의 숲길을 열어가며 2』(서울: 도서출판 삶과꿈, 1999), pp. 27-28.

180 김일성, "북과 남 사이의 합작을 실현할 데 대하여: 북과 남사이의 고위급정치회담에 참가한 남조선측 대표들과 한 담화(1972년 11월 3일)," 『김일성전집 48권』(평양: 조

김일성은 합작을 해야 민족문화를 통일적으로 발전시킬 수 있으며, 남북이 언어를 통일해야 민족의 분열을 막을 수 있다고 강조하였다. 과학 분야에서도 합작해야 현대 공업국가를 이루고, 체육 분야도 국제경기에 단일팀으로 출전하여 좋은 성적을 거두자고 제안하였다. 그러나 이러한 말은 이후 남북협상에서 북한의 주장과 태도를 보면 공허한 메아리에 지나지 않았다. 김일성은 모든 분야의 합작과 교류는 정치 분야의 합작이 선행되어야 한다는 것을 전제함으로써 결국 남북연방제와 직결되는 것임을 드러내었다.

> 북과 남은 경제와 문화분야에서 합작 뿐 아니라 정치분야에서도 합작하여야 합니다. 경제적합작과 문화적합작은 마땅히 정치적 합작으로 발전되여야 합니다. 또 정치적으로 합작하여야 경제분야에서의 합작도 잘 할 수 있고 문화분야에서의 합작도 잘할 수 있습니다. … **북과 남이 정치적으로 합작하지 않으면 경제, 문화분야에서 합작**하려고 하여도 그것이 **효과적으로 실현될 수 없습니다**. 북과 남 사이의 **정치적 합작을 실현**하는데서 **남북련방제를 실시**하는 것이 합리적이라고 생각합니다. 남북련방제가 실시되면 북과 남사이의 련계와 합작이 모든 분야에 걸쳐 전면적으로 실현될 것입니다.[181] (강조 부분은 필자)

한편 김일성은 1973년 6월 25일 조선로동당 중앙위원회 정치위

선로동당출판사, 2003), pp. 406-410.

181 김일성, "북과 남 사이의 합작을 실현할데 대하여: 북과 남사이의 고위급정치회담에 참가한 남조선측 대표들과 한 담화(1972년 11월 3일)," 『김일성전집 48권』(평양: 조선로동당출판사, 2003), pp. 410-414.

원회 확대회의에서 "조국통일을 위한 대화는 당국자들에 그쳐서는 안되며 노동자, 농민, 근로인테리, 청년학생, 병사, 지식인, 민족자본가, 소자산계급과 같은 각계각층과 각 정당 및 사회단체 대표들로 구성되는 대민족회의를 소집하여 협의할 것"을 주장하였다.[182] 이에 따라 북한은 1974년 1월 30일 제3차 남북조절위원회 부위원장 회의에서 남북 쌍방의 제 정당·사회단체 대표와 각계각층의 인사 700명 내지 3,000명이 참석하는 남북정치협상회의로 바꾸려고 하였다. 이를 보더라도 북한의 다방면적인 합작과 교류가 의도하는 바는 한반도 공산화 통일에 있다고 할 수 있다. 또한 김일성은 1970~1980년대 미국, 일본 등을 대상으로 조국통일을 실현하기 위해서는 〈표 9〉에서 처럼 남북간 '합작과 교류'가 필요하다고 적극적으로 선전하였다.

〈표 9〉 김일성의 '합작과 교류' 관련 주요 담화

주요 담화	'합작과 교류' 관련 내용
미국 뉴욕타임스지 기자와 담화 (1972.5.26.)[166]	- 남북 긴장상태 완화, 접촉과 교류 실현 - 남북왕래로 인한 자본주의 영향의 유입을 겁내지 않음
미국 워싱턴포스트지 기자와 담화 (1972.6.25.)[167]	- 남북경제교류 실현은 남북인민들의 생활에 유익 - 남북경제교류와 합작이 실현되면 부강국으로 발전

182 김일성, "조국통일 5대 방침에 대하여," 『김일성전집 52권』(평양: 조선로동당출판사, 2003), p. 101.

183 김일성, "미국 〈뉴욕타임즈〉지 기자들과 한 담화(1972년 05월 26일)," 『김일성전집 48권』(평양: 조선로동당 출판사, 2003), pp. 453-454.

184 김일성, "미국 〈워싱톤포스트〉지 기자와 한 담화(1972년 6월 21일)," 『김일성전집 49권』(평양: 조선로동당 출판사, 2003), p. 177.

조국통일의 3대원칙에 대하여(남한고위급회담대표들과 한 담화) (1972.5.3./11.3)[168]	- 합작은 경제부터 시작 - 문화분야 합작 실현해야 고유한 민족적 특성 보존과 민족문화 통일적 발전(언어학) - 과학(현대적공업국가 발전), 체육(올림픽 등 단일팀) 분야 합작 실현 - 정치적 합작으로 남북연방제 실시
조국통일5대방침에 대하여 (1973.6.25.)[169]	- 남북간 정치, 군사, 외교, 경제, 문화 등 다방면적인 합작과 교류 실현 - 남북관계 개선, 통일 촉진 - 민족적 유대는 통일 전제조건 * '남조선은 교류와 합작을 극렬 반대'한다고 주장
일본 이와나미서점 상무 취체역 총편집장과 담화 (1973.9.19.)[170]	- 정치, 경제, 문화 등 여러 분야 전면적 합작과 교류 - 쌍방 이해 조건 조성, 제도에 대한 인식 - 민족적 대단결 강조
노동당 제6차 대회 (1980.10.10.)[171]	- 과학, 문화, 교육 분야 교류와 협조 실현 - 과학기술, 민족문화예술, 민족교육의 통일적 발전 - 예술인, 체육인 교류와 합작 - 민족문화유산 발굴·보호관리, 우리말·글 연구 - 교통, 체신 연결 주장

이처럼 김일성은 남북간에 '합작과 교류'가 이루어지면 남북주민들의 생활에 매우 유익할 뿐만 아니라 나라가 부강해질 수 있으며 통일을 실현할 수 있다고 강조하였다. 또한, 문화 등 다방면에서 합작과 교류를 실현하자고 지속적으로 주장한 것은 남한의 자본주의 문화의 침습을 경계하면서도 남한의 공산화 통일을 염두에 둔 포석이라고 할 수 있다.

그러나 김일성이 문화 분야의 합작을 통해 우리 고유의 민족적 특성과 민족문화의 통일적 발전을 이룰 것을 주장한 것은 정치적인 의

185 김일성, "조국통일의 3대원칙에 대하여(남한고위급회담대표들과 한 담화(1972년 5월 3일, 11월 3일)," 『김일성전집 48권』(평양: 조선로동당 출판사, 2003), pp. 406-416.

186 김일성, "조국통일 5대 방침에 대하여(1973년 6월 25일)," 『김일성전집 52권』(평양: 조선로동당 출판사, 2003), pp. 97-101.

도 외에 교류 본래의 목적도 내포되어 있었다. 이는 김일성이 1972년 '조국통일 3대원칙'에서 이질화된 언어 분야의 통일을 강조함으로써 실제 남북교류가 시작된 1980년대 이후 가장 먼저 언어학 분야에서 학술회의가 진행되었다. 이후에도 언어학 분야 교류는 남북관계가 악화되어 대부분의 교류가 중단된 상황에서도 꾸준히 명맥을 이어가고 있다.

1980년 제6차 당 대회에서도 김일성은 여전히 여러 분야에서 남북간 합작과 교류를 하자고 주장은 하였으나, 실현성이 없다는 것을 잘 알고 있었을 것이다. 하지만 민족문화유산 발굴 및 관리와 우리말과 글에 대한 연구가 필요함을 지속적으로 강조한 것은 통일시대에 대비하고자 하는 의지가 반영된 것이라고 할 수 있다.

---

187 김일성, "일본 이와나미서점 상무취체역 총편집장과 담화(1973년 9월 19일)," 『김일성전집 52권』(평양: 조선로동당 출판사, 2003), pp. 518-520.

188 김일성, "노동당 제6차 대회(1980년 10월 10일)," 『김일성전집 72권』(평양: 조선로동당 출판사, 2007), pp. 316-317.

2

교류 시도기(1990~1997년) : 사회주의체제 전환과 북한의 체제고수

가. 냉전체제 와해와 교류 시작

남한의 「7.7선언」과 북한의 '피포위 의식'

북한은 1980년대 말부터 시작된 냉전체제 와해와 동구 사회주의권 국가들의 붕괴[189]로 사회주의 국제시장을 잃게 됨으로써 경제난에 직면하였다. 또한, 남한의 소련 및 동구권과의 수교 등으로 인한 외교적 고립 등 '피포위 의식'(Siege Mentality)[190]이 심각하였다. 국제

189 김일성은 1992년 신년사에서 "일부 나라들에서 사회주의가 좌절된 사실을 놓고 그것이 마치도 사회주의에 대한 자본주의의 승리이고 사회주의의 종말을 의미하는 것처럼 떠들어대는 것은 력사발전의 합법칙성에 대한 무지를 드러내 보이는 것이며 낡은 질서를 비호하는 립장으로부터 나온 궤변에 지나지 않는다."고 주장하였다. 『로동신문』, 1992년 1월 1일 신년사.

190 '피포위 의식'이란 북한 지도부의 주관적 정세인식에 자리 잡고 있는 것으로 자신들을 둘러싼 주변국들이 모두 적대국 또는 잠재적 적대국이라고 생각하는 심각한 안보 불안감을 말한다. 백학순, "북미관계," 세종연구소 북한연구센터 엮음, 『북한의 대외관계』(서울: 한울아카데미, 2007), p.137. 북한의 이러한 '피포위 의식'은 1990년대 독일의 흡수통일과 소련의 붕괴이후 한중·한러 수교와 미국의 걸프전 압승

환경도 정치·군사적 대립과 이데올로기적 대립이 약화되고 경제적 측면에서 경쟁과 협력의 중요성이 더욱 증대되었다. 이러한 환경 변화가 남북관계에 있어서도 커다란 변화의 동기가 되었으며 남북화해와 공존을 위한 교류협력에도 중요한 요인으로 작용하였다.

새로 출범한 노태우 정부는 동구 사회주의권 및 소련 등의 체제전환이 진행되는 국제환경의 변화와 국내외의 민주화 요구에 능동적으로 대처했다. 이러한 변화는 대북정책 추진 환경에도 영향을 미쳤다. 1988년 노태우 대통령은 「7.7선언」을 통해 남북간 대결관계를 종식하고 "남과 북이 함께 번영을 이룩하는 민족공동체로서 관계를 발전시켜 나갈 것"을 천명하였다. 「7.7선언」에서는 ①남북간 상호교류, ②이산가족 접촉, ③남북간 교역의 문호개방, ④우방국들의 비군사적 물자의 대북교역 허용, ⑤국제무대에서 남북한 협력, ⑥미·일과 북한의 관계개선 협조 및 남한과 사회주의권과의 관계개선 의지 표명 등 6개항의 원칙을 밝힘으로써 개방과 화해정책에 의한 남북교류협력시대의 개막을 천명하였다. 특히 북한이 적대의 대상이 아니라 "상호 신뢰·화해·협력을 바탕으로 공동번영을 추구하는 민족공동체 일원"이라는 북한에 대한 인식의 변화를 보여주었다.[191]

노태우 정부는 1989년 9월 새로운 통일방안인 「한민족공동체통일방안」을 통해 통일정책의 기본 방향을 제시하였다. 이 통일방안은

그리고 내부적인 경제난 등으로 더욱 심화된 것으로 보인다. 북한 지도부는 '적대국인 미국과 한국, 일본, 러시아뿐만 아니라 심지어 중국도 변해가는 고립무원 지경에서 사회주의를 홀로 지킨다'는 피포위 전위(vangard) 의식이 있다고 한다. 이정철, "북핵의 진실게임과 사즉생의 선군정치," 『현대북한연구』, 제7권 1호(2004), pp. 175-183 참조.

191 통일원, 『1990 통일백서』(서울: 통일원, 1990), pp. 49-50.

남북이 서로의 존재를 인정하고 민족공동체를 형성하는 '선(先)민족사회통합, 후(後)국가통일'을 주요 내용으로 하고 있다. 그리고 통일로 가는 과도적 중간단계에 협력기구인 '남북연합'(confederation)을 형성해 통일지향적 협력관계를 발전시켜 나가는 것이다. 이 통일방안으로 민족문제에 대한 새로운 인식과 발상의 대전환을 추구하게 되었다. 또한 「7.7선언」과 「한민족공동체 통일방안」은 북한으로 하여금 남북대화에 나오게 하는 주요 요인으로 작용하였다.[192] 남한은 이를 통해 북한과 전면적인 교류를 추진하려고 하였다.

남한은 「7.7선언」의 후속 조치로 전향적인 외교시책 선언과 함께 해외동포들의 남북한 자유왕래 조치, 대북 비난방송 중지, 납·월북 작가의 해방 전 문학작품 출판 허용 및 음악·미술작품 규제 해제, 남북이산가족 찾기 신청 접수, 각급 학교 교과서의 북한관련 내용 개편 등을 강구하였다.[193] 또한 노태우 정부는 1990년 8월 1일 「남북교류협력에 관한 법률」을 마련함으로써 남북교류협력이 법의 테두리 내에서 추진될 수 있는 기반을 마련하였다.[194]

북한도 이러한 국제정세 변화를 계기로 남한 내에서 고조되는 민족적 통일 열기를 이용하여 1980년 '완성된 통일국가 형태'로서 연방제를 주장한 「고려민주연방공화국 창립방안」을 실현하고자 하였다. 이 방안은 '선(先)2체제 연방국가로의 통일, 후(後)민족사회통합'

192 임동원, "남북기본합의서와 6.15남북공동선언," 『역사비평』, 통권 97호 겨울(2011), p. 113.

193 박영호, "남북관계 환경변화와 남북교류협력 발전전략," 민족화해범국민협의회 엮음, 『남북교류협력의 재조명』(서울: 늘품플러스, 2015), p. 21.

194 통일부, 『1998 통일백서』(서울: 통일부 통일정책실, 1999), p. 53.

으로 연방정부는 정치·군사·외교권을 행사하고 지역정부를 통해 남북교류협력을 추진해 나간다는 것이다. 이어 김일성은 1990년 5월 '조국통일 5개 과제'를 통해 긴장완화와 통일을 위한 평화적인 환경 마련을 주장하였다.[195]

남한은 1988년 10월 서울올림픽 성공 개최를 계기로 사회주의권과 관계개선을 추진하였다. 1989년 2월 1일 최초로 헝가리와 수교에 이어 폴란드, 유고슬라비아, 체코, 불가리아, 루마니아와 1990년 9월 30일 소련에 이어 1992년 8월 24일 중국과 국교를 수립하고 북한과 경제력의 격차도 크게 벌렸다.[196] 이러한 상황에서 북한은 남한과 체제경쟁에서 자신감을 상실하고 오히려 소외감을 넘어 체제안보에 대한 위기의식을 갖게 되었다.

북한은 1988년 신년사에서 남과 북이 상대방의 존재를 인정하는 기초 위에서 통일할 것을 강조[197]함으로써 그동안 반대해왔던 남북공존의 필요성을 표명하였다. 김일성은 1991년 신년사에도 "남조선 당국자들이 연방제 방식의 통일을 한사코 반대하는 속심은 다른데 있지 않으며 외세의 힘을 빌어 남이 하는 방식대로 먹거나 먹히는 방법으로 해결해 보려고 어리석게 기도하는 것이다."[198]라고 하였

---

195 통일원, 『1990통일백서』(서울: 통일원, 1990), p. 71.

196 1997년 5월 북한 대표부가 UN총회 분담금위원회에 제출한 자료에 의하면, 북한의 1인당 국민소득이 1988년 868달러, 1989년 911달러, 1990년 835달러인데 비하여 남한의 국민소득은 1990년 5,886달러였다. 통일부, 『2000 북한개요』(서울: 통일부, 1999), p. 314; 통계청, 『남북한 경제·사회상 비교』(대전: 통계청, 2000), p. 20.

197 김일성은 신년사에서 "원래 조국통일문제는 누가 누구를 먹거나 누구에게 먹히우는 문제가 아니고 일방이 타방을 압도하고 우세를 차지하는 문제도 아니다."라고 하였다. 『로동신문』, 1988년 1월 1일 신년사.

198 『로동신문』, 1991년 1월 1일 신년사.

다. 그리고 "자유민주주의체제에 의한 북의 제도의 흡수라는 독일식 흡수통일 방도를 조선반도에서 실현하여 제도통일, 승공통일을 이루어보려는 것으로써 그것은 반공대결, 민족대결의 가장 위험한 악랄한 표현"[199]이라고 비난하였다. 이처럼 북한은 남한으로 흡수통일에 대한 우려를 드러냈다.

남북고위급회담과 교류에 대한 남북한 이견

북한은 1988년 11월 16일 남한에 포괄적 평화방안 토의를 위한 '남북고위급 정치·군사회담'을 제안하였다. 이에 대해 남한은 같은 해 12월 28일 상호비방·중상 중지문제, 상호 존중 및 불간섭 문제, 다각적인 교류·협력 문제, 군사적 신뢰구축 문제, 남북정상회담 개최 문제 등과 북한이 제기한 신뢰구축과 긴장완화 방안을 동시에 협의하기 위한 '남북 고위당국자회담'을 북한에 다시 제의하였다.

북한은 다시 1989년 1월 16일 정무원 연형묵 총리 명의 서한을 통해 쌍방 총리를 단장으로 하고 군 실권자를 포함한 대표로 구성되는 '북남 고위급정치군사회담'을 개최하자고 제의하였다. 북한은 예비회담 과정에서 남한의 팀스피리트 훈련을 이유로 예비회담을 중단시키기도 하였고 고위급회담 의제에 교류·협력을 포함하는 것을 반대하다가 이를 수용하였다. 북한의 이러한 결정의 배경에는 1989년 베를린장벽 붕괴와 미·소 정상의 몰타회담에서 냉전종식선언 등 국제적 사건[200]이 미친 영향이 크다고 할 수 있다. 결국 북한은 체제

---

199 사회과학출판사, 『전민족대단결 10대강령은 주체의 민족관을 구현한 조국통일위업의 대강』(평양: 사회과학출판사, 1994), p. 146.

200 1989년 8월부터 1990년 6월 중 폴란드의 비공산당 연정의 수립과 헝가리의 민주

보존을 위한 '시간벌기' 차원에서 남북고위급회담을 비롯한 남북대화에 적극 호응하였던 것이다.[201]

이러한 우여곡절 끝에 남북한 총리를 수석대표로 하는 당국간 고위급회담이 1990년 9월 4일에서 7일까지 서울에서 개최되었다. 남북은 정치·군사 및 교류·협력 문제를 비롯한 남북관계 전반에 대해 양측 입장을 처음으로 공식 교환하였다. 남한이 먼저 교류를 하자고 주장[202]한데 대해 북한은 동서독은 휴전상태가 없었기 때문에 교류협력이 가능했지만, 남북은 지금 정전상태라는 점을 강조하였다. 그러면서 "서독에 너무 흥미를 가지지 말라."는 등 남측을 반박하였다.[203]

북한은 회담 과정에서 정치·군사문제를 강조하면서 특히 체제인정 문제에서 근본적인 차이점을 드러냈다. 1990년 10월 16일에서 19일까지 평양에서 개최된 2차 고위급회담에서도 예상대로 여러 쟁점들에 대해 이견을 드러냈다. 북한은 토의 방안을 ①정치적 대결

화 혁명 확산, 1989년 11월 9일 베를린장벽 붕괴, 1989년 12월 2일 부시 대통령과 고르바초프 대통령 간의 미·소간 몰타 정상회담에서 냉전종식 선언, 1989년 12월 22일 루마니아 유혈혁명으로 차우체스크의 처형, 1990년 2월 소련에서 공산당 1당 독재 폐기 및 복수정당제 채택 등이다. 한국사회연구소, 『1989 한국사회연감』(서울: 백산서당, 1990), pp. 404-420과 『1991 한국사회연감』(서울: 백산서당, 1992), pp. 30-40 참조.

201 양무진, "북한의 대남협상전략 유형," 경남대학교 대학원 박사학위논문(2001), p. 158.

202 남측은 군사적 대결의 원인은 불신이며 이러한 불신을 제거하기 위해서는 교류협력을 통한 신뢰구축이 중요하다고 주장하면서, 소위 동서독에서도 인적교류, 물적교류와 협력 이후에 정치군사문제로 접근한 선례가 있으므로 민감한 군사문제는 초보적인 신뢰가 없으면 접근하기 어렵다는 점을 역설하였다. 양무진(2001), 위의 글, p. 117 재인용.

203 양무진(2001), 위의 글, p. 117.

상태를 해소하기 위한 방안, ②군사적 대결상태를 해소하기 위한 방안, ③다방면적인 협력과 교류를 실현하기 위한 방안 등 3가지로 확정하여 토의하자고 제안하였다. 제1·2차 남북고위급회담에서 주요 제안 내용에 대한 쌍방의 이견 차이는 〈표 10〉과 같다.

〈표 10〉 1·2차 남북고위급회담시 양측 주요 제안 내용

제안 내용	남측		북측	
	1차	2차	1차	2차
기본합의서	남북관계개선 위한 8개항의 기본합의서	북측의 3개원칙 전문에 수용한 수정안	구체적 명칭 없음	기본합의서 대신 7개항의 불가침선언채택
체제인정 문제	상호 정부 실체인정	남조선혁명노선 포기 촉구	'두개의 조선' 절대 불가	남북한 체제 인정 확인 필요
의제 토의 우선 순위	정치군사교류 협력 병행 토의	정치군사교류 협력 병행 토의	先 정치군사 대결 해소, 後 다각적 교류	언급 없음
논의 우선 순위	체제인정 우선 논의	체제인정 우선 논의	3대 선결과제 우선 논의	불가침선언 채택 우선 논의
교류협력 방안	다각적 교류협력 방안 10개항	남북통행10개항, 통신10개항, 경제교류협력 13개항 제안	경제적 합작과 교류, 대외경협 도모, 교통체신망 연결	1차와 동일
의제합의와 실천방법	언급 없음	협의 진전을 위한 교류협력 협의회 구성	언급 없음	포괄합의서 채택 일괄합의 및 동시집행
UN 가입	남북한 동시 가입	1차와 동일	통일 후 가입원칙, 통일 전 단일의석 가입	고위급회담과 대표접촉에서 통일에 이로운 방향 토의 계속

북한은 남북고위급회담 본회담 중에도 1991년 1월 걸프전과 3월 예정인 팀스피리트 훈련을 이유로 일방적으로 회담을 중단하였다가 같은 해 10월 4차 본회담 재개에 응해왔다. 이것은 독일 통일, 소련

해체 등 국제적 사건들이 북한의 회담 복귀에 영향을 미쳤다고 할 수 있다.

첫째, 1990년 10월 3일 동독이 서독에 흡수통일 되는 것을 보고 북한은 1991년 6월 25일 조국평화통일위원회(조평통)와 6월 27일 남북고위급회담 북측 대표단 대변인은 남한당국의 흡수통합 발언을 규탄하는 담화를 발표하였다.[204] 또한, 김일성은 사망하기 며칠 전인 1994년 6월 30일 "우리는 서부독일이 동부독일을 흡수통합한 것과 같은 식의 통합은 하지 않을 것입니다."[205]라고 언급할 정도로 흡수통일에 대한 위기의식을 드러냈다.

둘째, 북한은 그동안 남북한의 UN 동시가입을 반대해 왔으나, 남한과 소련의 수교 및 중국이 남북한 UN 동시가입을 반대하지 않을 것이라는 입장을 표명함에 따라 어쩔 수 없이 UN 동시가입을 신청하였다. 이에 따라 1991년 9월 17일 남북한은 UN에 동시가입되었다.

셋째, 1991년 12월 8일 소비에트사회주의공화국연방(소련)이 해체되고 12월 25일 고르바초프가 대통령직을 사임하였다.

넷째, 동구 사회주의권 붕괴로 미국이 한국에 배치된 핵무기를 철수하기로 하였다.

다섯째, 1991년 10월 김일성은 중국을 방문하여 경제특구 시찰 시 중국 지도부로부터 경제개방·개혁정책을 권고받고 남북협상의 타결과 나진·선봉 자유무역지대 설치 등에 대한 결단을 내린 것으

204 『로동신문』, 1991년 6월 25일.

205 김일성, "벨지끄로동당 중앙위원회 위원장과 한 담화(1994년 6월 30일)," 『김일성전집 94권』(평양: 조선로동당출판사, 2011), p. 414.

로 알려졌다.[206]

이렇게 사회주의권의 대변화는 남북한의 대북·대남정책 추진에 크게 영향을 미쳤다. 남한 정부는 이 변화를 능동적으로 수용하면서 사회주의권과 관계를 개선하는 북방정책과 함께 적극적인 대북정책을 추진하였다. 반면 북한은 체제방어적 차원에서 남북관계에 수동적으로 반응하면서 체제안보 위기를 벗어나려고 노력하였다.

한편 1993년 2월 첫 문민정권이라는 자신감에서 출발한 김영삼 대통령은 취임사에서 "어느 동맹국도 민족보다 더 나을수 없다."고 하면서 북한에 대해 서로 협력할 자세를 갖추자고 제안하였다.[207] 그리고 실천적 조치로써 3월 비전향 장기수인 이인모를 북한으로 돌려보냈다. 이어서 8월 15일 광복절 경축사를 통해 「한민족공동체통일방안」을 보완·발전시킨 「민족공동체통일방안」을 천명하고 통일과정을 화해·협력단계 ⇒ 남북연합 단계 ⇒ 통일국가 완성단계의 3단계로 설정하였다. 남북관계의 개선을 통한 점진적이고 평화적이며 단계적인 통일을 지향하자는 것이다. 이러한 배경 아래 김영삼 정부는 '접촉을 통한 변화'를 대북정책의 기조로 삼았다.[208] 그러나 김영삼 정부의 대북정책은 북한 핵 문제의 등장[209]으로 강경기조로

---

206 임동원, "남북고위급회담과 북한의 협상전략," 곽태환 외, 『북한의 협상전략과 남북한 관계』(서울: 경남대학교 출판부, 1997), p. 90.

207 김영삼 대통령 취임사, "우리 다함께 신한국으로(1993년 2월 25일)"; 통일원 『1993 통일백서』(서울: 통일원, 1993), p. 239.

208 박영호(2015), 앞의 책, pp. 24-25.

209 북한은 1992년 5월부터 진행된 북한 영변 핵시설 등에 대한 IAEA와 미국 등 국제사회의 특별사찰 요구에 대해 1993년 2월 21일자 로동신문에서 "특별사찰을 강요하면 전쟁을 초래" 할 것이라고 위협하고, 2월 25일 IAEA 정기이사회가 대북 특별사찰 결의안을 채택하자 3월 8일 준전시상태를 선포하고 3월 12일 NPT 탈퇴를 선언했다.

바뀌었다.[210]

남한은 북한에 핵문제 해결을 위한 남북고위급회담 대표 접촉을 제의하였다. 이에 대해 북한은 현안 논의를 위한 특사교환을 다시 제의하여 실무대표 접촉이 시작되었다. 1994년 3월 19일 8차 접촉에서 북측 대표 박영수가 "전쟁이 일어나면 서울은 불바다가 될 것"이라는 위협발언을 하면서 남북대화는 중단되었다. 그리고 7월 8일 김일성 사망과 북한의 경제사정 악화로 '북한 붕괴론'이 등장하기도 하였으나 남북간 교류는 중국 등 제3국에서 간헐적으로 진행되었다.

나. 「남북기본합의서」와 교류의 틀 마련

북한은 1991년 신년사에서 "남북 자유 왕래 및 전면개방을 실현하자."[211]고 하였다. 그러나 남북고위급회담 과정에서 남한이 '교류우선론'에 매달리고 있다고 비난하면서 인도적 왕래와 교류문제 해결보다 더 급한 것은 평화문제, 군사문제라고 주장하였다. 또한, 남한의 '신뢰조성 우선'은 불가침선언 채택을 회피하는 구실이며 교류를 통한 동질성 회복 주장은 '제도통일론'을 말하는 것으로 결국 통일을 하지 않겠다는 것이라고 비난하였다.[212]

남북은 1991년 12월 10일부터 13일까지 서울에서 개최된 제5차

210 대통령 취임 100일 기자회견에서 "핵무기를 갖고 있는 상대와는 결코 악수 할 수 없다"고 언급했다.(1993년 6월 3일), 대통령 기록관 (검색일: 2018년 10월 1일)

211 『로동신문』, 1991년 1월 1일 신년사.

212 『로동신문』, 1991년 1월 1일 신년사.

남북고위급회담에서 「남북 사이의 화해와 불가침 및 교류협력에 관한 합의서」(남북기본합의서)[213]를 채택하였다. 동 합의서 협상 과정에서 남측의 주장이 거의 관철되어 완전타결된 것은 급변하는 국제정세를 고려하여 김정일이 북측 대표단에게 보낸 훈령 때문이었다. 그 내용은 "이번 회담에서 기본합의서 내용을 반드시 타결하고 돌아오라. 쌍방간 견해 차이가 있는 내용에 대해서는 우리측 입장을 일단 고수하지만 관철되지 않을 때는 양보를 하고라도 이번 회담에서 타결하라."는 것이었다.[214] 당시 외교적 고립과 심각한 안보위기로 정권 붕괴 위기에 처해 있던 북한은 「남북기본합의서」가 국제적으로 체제와 정권의 생존을 보장해주는 문서[215]였던 것이다.

---

213 남북기본합의서에 대해 북한은 "《북남사이의 화해와 불가침 및 협력, 교류에 관한 합의서》는 북남고위급회담들에서 합의되고 주체 81(1992)년 2월 19일 제 6차회담에서 정식 그 발효가 선포된 북과 남사이의 합의서이다. 북과 남이 정치군사적 대결상태를 해소하고 민족적 화해를 이룩하며 무력에 의한 침략과 충돌을 막고 긴장완화와 평화를 보장하며 다방면적인 협력, 교류를 실현하여 민족공동의 리익과 번영을 도모할 것을 다짐하고 북과 남이 서명한 력사적 문건이다. 북남합의서는 4개장 25개조로 되어있다. 제 1장은 북남화해, 제2장은 북남불가침, 제3장은 북남협력, 교류, 제4장은 수정 및 발효이다. 북남합의서는 조국을 자주적으로, 평화적으로 통일하려는 우리민족의 일치한 요구요 자주, 평화에로 나아가는 현시대의 추세를 반영한 가장 정당한 조국통일강령이다. 북남합의서는 조국통일을 갈망하는 온 겨레에게 통일의 희망과 신심을 안겨주고 있으며 세계 진보적 인민들로부터 적극적인 지지와 환영을 받고 있다. 북남합의서를 성실히 리행하여 조국통일을 이룩하는데서는 조국통일 3대원칙을 철저히 지키는 것이 중요하다."고 강조하였다. 과학백과사전출판사, 『대중정치용어사전』(평양: 과학백과사전출판사, 2005년 9월), p. 385.

214 이동복, "서동권, '김정일 훈령'을 입수하다!," 『월간조선』, 9월호(2000), pp. 337-339.

215 김일성은 1991년 12월 13일 "제5차 북남고위급회담에서《북남사이의 화해와 불가침 및 협력, 교류에 관한 합의서》가 채택된 것은 조국통일을 위한 우리 인민의 투쟁에 매우 유리한 조건이 마련 된 것으로 됩니다. 합의서가 채택된 것만큼 미군이 남조선에 남아 있을 명분도 없게 되고《팀스피리트》합동군사훈련을 할 구실도 없게 되었으며《국가보안법》을 그대로 둘 리유도 없게 되었습니다. 통일을 위한 진짜투쟁은 이제부터 시작된다고 볼 수 있습니다. 북남합의서의 채택은 우리의 커

「남북기본합의서」 제16조는 "남과 북은 과학·기술, 교육, 문학·예술, 보건, 체육, 환경과 신문, 라디오, 텔레비전 및 출판물을 비롯한 출판·보도 등 여러 분야에서 교류와 협력을 실시한다."고 함으로써 남북교류를 위한 제도적 장치가 마련되었다. 이어 1992년 2월 19일 「남북기본합의서」가 발효되고, 5월에는 「남북교류협력공동위원회 구성 · 운영에 관한 합의서」가 채택·발효되었다. 이에 따라 남북 사회문화교류 추진을 위한 공동기구로서 「남북사회문화교류협력공동위원회」가 발족 되었으며, 1992년 9월 17일에는 4장 20조 50항으로 구성된 남북교류협력 「부속합의서」가 채택되었다.

다. 북한의 '우리식사회주의'와 교류

사회주의권 붕괴에 대한 북한의 인식과 대응

북한은 1980년대 말 동구 사회주의권 붕괴를 "미국을 중심으로 한 제국주의 힘의 강화와 사회주의 국가에서 사회주의 제도의 관리 운영상의 경험 부족과 정치 사상적 준비의 미비 때문"[216]이라고 주

다란 승리이다." 라고 말했다. 김일성, "제5차 북남고위급회담 북측대표단과 한 담화(1991년 12월 13일)," 『김일성전집 91권』(평양: 조선로동당출판사, 2010), p.548; 또한 북한은 「남북기본합의서」에 대해 "조선반도에서 긴장과 전쟁위험을 가시고 평화와 통일의 국면을 열어 나가기 위한 투쟁에서 조선로동당과 공화국정부가 거둔 성과이며 동유럽사태를 기화로 더욱 악랄하게 감행되고 있는 미국을 비롯한 제국주의자들의 반공화국책동과 남조선의 ≪승공통일≫전략을 짓부시기 위한 강력한 정치사상적 공세속에서 이룩한 승리이다"라고 평가하였다. 심병철, 『조국통일문제 100문 100답』(평양: 평양출판사, 2003), p. 113.

216 김정일, "반제투쟁의 기치를 더욱 높이 들고 사회주의, 공산주의 길로 힘차게 나아가자: 조선로동당중앙위원회 책임일군들과 한 담화(1987년 9월 25일)," 『김정일선집

장하였다. 이러한 상황에서 북한은 여타 사회주의 국가와는 달리 사회주의체제를 고수하는 것으로 기본 방향을 설정하고, 여러 가지 대응책 마련에 부심하였다.

북한은 1992년 4월 사회주의헌법을 대폭 수정하여 소련을 비롯한 동유럽 국가들의 사회주의체제 몰락과 계속되는 경제난 그리고 김일성 이후의 후계체제 등 대내외적인 문제해결에 대비하였다. 개정 헌법에서는 맑스-레닌주의의 프롤레타리아 독재와 계급적 대립과 같은 용어가 삭제되고, "인민대중의 자주성을 실현하기 위한 혁명사상인 주체사상" 용어가 등장하였다.[217] 북한이 주체사상과 길항관계를 이루던 맑스-레닌주의를 지우고 오로지 주체사상이라는 원리만으로 사회주의체제를 유지할 것임을 선언한 것이다.[218]

또한, 김정일은 '사회주의 건설의 역사적 교훈과 우리 당의 총노선'[219]을 통해 1990년대 북한의 내외정세 분석과 당 정책의 방향을 제시하였다. '총노선'에서 "오늘 사회주의 위업을 확고히 고수하고 승리적으로 전진시켜나가는 것은 인류의 운명과 관련되는 매우 중

9권』(평양: 조선로동당출판사, 1997), pp. 22-47.

217 조선민주주의인민공화국 사회주의헌법 제4조 "조선민주주의인민공화국은 맑스-레닌주의를 우리 나라의 현실에 창조적으로 적용한 조선로동당의 주체사상을 자기활동의 지침으로 삼는다." (1972년 12월 27일 헌법 채택), 조선민주주의인민공화국 사회주의헌법 제3조 "조선민주주의인민공화국은 사람 중심의 세계관이며 인민대중의 자주성을 실현하기 위한 혁명사상인 주체사상을 자기 활동의 지도적 지침으로 삼는다."(1992년 4월 9일 수정헌법), 장명봉 편, 『김정일 체제하의 최근 북한법령집』(서울: 북한법연구회, 2005).

218 한국문화예술진흥원 문화발전연구소, 『북한의 문화정책과 남북 문화교류의 방향』(서울: 한국문화예술진흥원, 1993), p. 42.

219 김정일, "사회주의 건설의 력사적 교훈과 우리당의 총노선: 조선로동당 중앙위원회 책임일군들과 한 담화(1992년 1월 3일)," 『김정일선집 16권』(평양: 조선로동당출판사, 2012), pp. 58-93 참조.

요한 문제로 나서고 있다."고 하면서 대응책의 기본적인 방향은 사회주의체제 고수라는 것을 강조하고 있다. 그리고 '총노선'은 "높은 단계의 사회주의로 비약은 경제적 토대의 발전이 아니라 사회주의 사상을 지닌 인민 대중에 의해서만 실현될 수 있다."는 입장에서 맑스-레닌주의를 비판하였다.

북한은 '총노선'은 "사상의식이 모든 것을 결정한다."며 1990년대 현실에서 사상 · 문화 분야에서 혁명이 북한식 사회주의를 이어나갈 수 있는 중차대한 과제로 설정하였다. 결국 '총노선'은 1990년대 북한이 처한 위기상황을 주체사상의 강화와 사상개조사업으로 넘으려고 했음을 보여주고 있다.[220]

한편 1990년대 사회주의가 자체 모순으로 일거에 무너진 세계사적 구도의 재편은 북한이 사상·문화 분야의 중요성을 더욱 강하게 환기시키는 요인이 되었다. 사상·문화 부분을 견실하게 틀어쥠으로써 주민들의 동요를 막고 체제를 유지 발전시키는 토대로 삼아야 한다는 인식이 더욱 부각되었다.

김정일은 "제국주의자들과 반동들이 사회주의 나라들에 대한 사상문화적 침투책동을 벌이고 있는 조건에서 … 부르죠아 자유화 바람이 들어오지 않도록 사상 교양사업을 강화할 것"[221]을 강조하였다. 또한 '총노선'에서도 자본주의적 생산양식과 문화에 대해 경계의식을 가지고 있었다.

---

220 이찬행, 『북한 사회주의의 현실과 변화』(서울: 두리, 1993), pp. 85-93 참조.

221 김정일, "인민대중 중심의 우리식 사회주의는 필승불패이다," 『조선중앙방송』, 1991년 5월 27일.

"**제국주의자들**은 다른 나라에 대한 침략과 지배를 실현하는 데서 먼저 반동적 **부르죠아 문화를 침투시켜 그 나라의 민족문화를 말살하고 인민들의 민족자주의식과 혁명정신을 마비시키는 전략**에 매달리고 있습니다. 기술혁명을 수행하는 데서 자기 힘을 믿지 않고 자본주의 나라의 발전된 기술에 대하여 환상을 가지는 것은 매우 유해로운 것입니다. 과학과 기술을 발전시키는 데서 마치도 자본주의가 사회주의보다 우월한 것처럼 생각하는 것은 근본적으로 잘못된 견해입니다."[222] (강조 부분은 필자)

이러한 북한 최고지도부의 문화에 대한 인식이 남한과 문화교류를 극도로 꺼리게 했던 것이다. 또한 그동안 몇 차례 진행한 남북간 문화교류도 극히 제한적이고 형식적으로 이루어질 수 밖에 없었던 이유가 거기에 있었다.

조선민족제일주의와 민족문화유산 계승정책 추진

북한은 1990년대 초 소련 및 동유럽 공산정권들의 몰락을 계기로 북한 사회주의가 다른 사회주의 국가들과 다르다는 점을 부각하기 위해 '우리식사회주의'를 본격적으로 등장시켰다. 즉, 북한식 사회주의체제는 소련 등 사회주의체제와는 처음부터 성격을 달리했기 때문에 1990년대 현실에서도 여전히 유효하고 정당하며, 그 정당성을 밀고 나가는 정책을 펴야만 인류의 이상향적인 사회를 건설할 수 있

222 김정일, "사회주의 건설의 력사적 교훈과 우리당의 총노선: 조선로동당 중앙위원회 책임일군들과 한 담화(1992년 1월 3일)," 『김정일선집 16권』(평양: 조선로동당출판사, 2012), p. 79.

게 된다는 것이다.

1990년대 북한 사회주의를 규정하고 있는 인민대중 중심의 '우리식사회주의'[223]는 주체사상을 구현하고 있는 사회주의로 정의되고 있다. 결국 우리식사회주의는 첫째, 북한이 1990년대 초 소련 및 동구권 국가의 잇따른 붕괴에 위기의식을 느끼고 이들 사회주의와 차별화를 위해 주체사상을 내세워 체제를 존속시키기 위해 부르짖은 것이다. 둘째, 변화된 현실에 대한 설명 논리, 나아가 김정일 후계 지도자의 이념 창출의 필요성에 기인하였다고 할 수 있다. 즉 우리식사회주의는 주체사상으로 설명될 수 없는 모든 현상을 비롯하여 체제생존을 위해 불가피하게 선택할 수밖에 없는 체제 변화를 합리화하는 것[224]이라고 할 수 있다.

북한은 이러한 차별성을 북한 특유의 독특성과 우월성으로 설명하고 있다. 1994년 김일성은 "오늘의 복잡한 정세 속에서도 우리 인민들은 인민대중 중심의 우리나라 사회주의제도 하에서 그 어떤 사회정치적 불안도 생활에 대한 근심 걱정도 모르고 다 같이 보람 있고 행복한 생활을 누리고 있으며 … 주체사상을 구현하고 있는 우리식 사회주의는 인민대중 속에 깊이 뿌리박은 불패의 사회주의라는 것을 다시 한번 힘 있게 실증하였습니다."[225]라고 하면서 우리식사회주의에 대한 우월성을 강조하고 있다. 이처럼 우월성과 차별성을

---

223 김정일, "인민대중 중심의 우리식 사회주의는 필승불패이다: 조선로동당 중앙위원회 책임일군들과 한 담화(1991년 5월 5일)," 『김정일선집 14권』(평양: 조선로동당출판사, 2012), pp. 254-294 참조.

224 강성윤, "우리식사회주의의 북한," 전국대학 북한학과협의회 엮음, 『북한 정치의 이해』(서울: 을유문화사, 2001), p. 22.

225 『로동신문』, 1994년 1월 1일.

강조하는 우리식사회주의는 김정일이 '조선민족제일주의'라는 이론을 통해 다른 사회주의 국가와 다름을 부각시킨 것이다.

조선민족제일주의는 "조선민족제일주의 정신을 높이 발양시켜나가야만 제국주의자들의 반사회주의 책동이 강화되는 속에서도 흔들리지 않고 혁명적 지조를 굳게 지켜나갈 수 있다."[226]는 시대적 절박함에서 출발하였다. 당시 북한지도부는 동구사회주의 국가들과 차별화를 통해 주민들의 이념적 동요를 막고 체제를 결속시키기 위한 새로운 통치 이데올로기가 필요하였다. 따라서 조선민족제일주의라는 자민족 우월주의에 근거한 새로운 통치담론을 탄생시켰다. 북한식 사회주의의 정당성을 강조하는 것과 같은 맥락이다.

북한의 문화정책도 1980년대 후반 사회주의권 몰락 이후 조선민족제일주의 정신 및 민족문화예술의 계승발전이라는 구체적인 정책목표를 통해서 더욱 강화되었다. 그러나 이들 구호나 정책이 진정으로 민족적 역량에 대한 자부심과 긍지에서 나온 자주적인 것이 아니고 결국 김일성 유일사상[227]이며 내우외환 속에서 체제고수를 위한 북한 사회주의체제의 합리화 시책이었다. 북한은 조선민족제일주의 정신 구현을 위한 문화사업의 일환으로 민족문화유산의 계승 및 발전 사업을 강화하고 있다. 하지만 그 중심 기조는 주체적 혁명사상

---

226 김정일, "조선민족제일주의 정신을 높이 발양시키자: 조선로동당 중앙위원회 책임일군들 앞에서 한 연설(1989년 12월 28일)," 『김정일선집 13권』(평양: 조선로동당출판사, 2012), p. 134.

227 '주체문학론'에서는 "… 민족적 긍지와 자부심이 없이는 제정신을 가지고 자주적으로 살아갈 수 없고 혁명의 전취물을 지며 나갈 수 없으며 주체혁명위업의 완성을 위하여 끝까지 싸워 나갈 수 없다. … 특히 문학작품에서 우리 수령이 제일이며 우리 당이 제일이라는 사상이 격조 높게 우러나와야 한다."고 하였다. 김정일 『주체문학론』(평양: 조선로동당출판사, 1992), p. 17.

의 교양과 체제 우월성 홍보에 있으며, 민족문화유산의 발굴과 복원도 당의 정책과 필요 그리고 교시가 선별 기준이 된다.[228] 이러한 사업으로 북한은 단군릉, 동명왕릉 등 왕릉복원과 민족악기 개량사업, 이조실록의 번역, 팔만대장경 완역사업, 연해주의 발해유적 발굴조사사업 등 '민족문화유산 계승정책'을 추진했던 것이다.[229]

북한은 1993년 9월 단군릉 발견과 단군의 유골 및 유물이 출토되었다고 발표하고, 평양이 "조선민족의 발상지이며 우리 민족의 국가형성과 발전의 중심지였다"[230]는 점을 강조하였다. 이러한 평양 중심의 문화유물 발굴과 보호 사업도 사회주의 혁명의 수도로서 평양이 한민족 문화의 중심지이며 민족의 성지라는 점을 강조하기 위한 정치적인 차원이었던 것이다. 또한, 문화재는 고구려와 고려에 대한 유물·유적에 대한 것으로 집중하여 북한이 민족의 정통성이 있음을 강조하고 있다.[231] 북한의 문화재 관리정책의 기조는 북한정권의 정통성을 수립하기 위한 것으로써 유적과 유물 보호는 주체적 혁명사상의 교양과 체제우월성을 홍보하기 위한 것이라고 할 수 있다.

북한의 민족문화유산 계승의 정책적 목표는 민족문화 자체의 발전에 있는 것이 아니라 근본적으로 사회주의혁명을 완수하기 위한

---

228 전영선, "북한의 조선민족제일주의와 민족문예 정책," 『통일논총』, 제17권 1호(1999).

229 최대석, "남북 문화교류 활성화 방안 연구," 『통일과 북한 사회문화(하)』(서울: 민족통일연구원, 1995), pp. 218-219.

230 "당과 수령의 령도를 받들고 유구한 민족사를 빛내어 나가자," 『로동신문』, 1993.10.4.

231 북한은 1994년 4월 '문화유물보호법'과 1998년 3월 11일 '대동강문화' 지정 등을 통해 한반도에서 북한정권이 고조선-고구려-발해-고려로 이어져온 역사적 전통성을 강조하였다. 이러한 평양 중심의 역사관은 북한의 모든 유물발굴의 일관된 원칙으로 작용하고 있다.

수단으로써 가치를 지니고 있다. 민족문화유산 계승정책이란 당성과 노동계급적 원칙에 의해 선택된 제한적인 것이지 모든 유산을 포괄하는 개념이 아닌 것이다.[232] 이런 점에서 민족문화에 대한 남북한의 관점에 차이가 있음을 알 수 있다.

한편 북한은 민족문화유산 계승에 대한 인식은 강하였으나, 1990년대 평양에서 직접 교류로 인한 외부사상 유입의 부작용에 대한 우려로 실질적인 교류에는 진전이 없었다. 다만 고구려, 발해유적 등과 관련하여 남북학자들이 중국, 러시아 등에서 공동답사나 학술회의 등을 진행하면서 우리의 민족문화유산 계승에 대해 공유하였다. 이후 북한은 2000년 남북정상회담을 계기로 교류가 활성화되면서 평양을 방문하는 남한주민들에게 복원한 단군릉 등 왕릉을 참관하게 하고 유물들을 관람하게 하였다. 또한 개성의 만월대 등을 공동으로 발굴하고 보존하는 협력사업을 진행하고 있다.

---

232 최대석(1995), 앞의 책, pp. 218-219.

3

교류 활성화기(1998~2007년) : 대북포용정책과 「6.15공동선언」 채택

가. 남한의 대북포용정책과 교류 확대

남한의 '접촉을 통한 북한 변화' 유도

1998년 2월 출범한 국민의 정부는 북한체제는 탈냉전이라는 세계사적 변혁의 영향으로 심각한 구조적 문제점을 안고 있으나 쉽게 붕괴될 상황은 아니며, 북한의 변화는 이미 진행되고 있다고 판단하였다. 그럼에도 북한은 대남혁명 전략과 군사화 노선을 명시적으로는 변화시키지 않을 것이라는 이중적인 판단도 하였다. 따라서 북한의 변화는 불가피하지만 안보위협은 상존할 것이므로 북한의 점진적 변화를 유도하면서도 안보태세를 유지하며 한반도의 평화정착을 실현해 나가는 복합적인 접근이 필요하였다.[233]

김대중 대통령은 취임사에서 "남북관계는 화해와 협력 그리고 평

233 동북아평화연구회, 『국민의 정부 대북 포용정책』(서울: 밀레니엄북스, 1999), p. 64.

화정착에 토대를 두고 발전시켜 나가야 할 것"이라고 하였다. 이는 당장 통일을 서두르기보다는 우선 한반도의 냉전적 대결 구도를 화해협력 구도로 전환하겠다는 것이었다. 또한 「대북정책 3원칙」으로 ①한반도의 평화를 파괴하는 어떠한 무력도발도 용납하지 않고, ②북한을 해치거나 흡수할 생각이 없으며, ③남북간 화해와 협력을 가능한 분야부터 적극적으로 추진해 나갈 것임을 밝혔다.[234] 이 3원칙은 국민의 정부 대북정책의 기본 철학으로서 확고한 안보태세를 바탕으로 남북교류협력을 활성화해나감으로써 북한의 긍정적인 변화를 지원하고 남북관계를 개선해 나가겠다는 의지를 표명한 것이다.[235]

포용정책(engagement policy)은 한마디로 '접촉을 통한 변화'라고 할 수 있다. 여기서 변화는 교류와 협력을 통해 북한을 개혁과 개방으로 이끈다는 의미도 있지만, 냉전적인 남북관계를 탈냉전으로 전환한다는 뜻이기도 하다.[236] 국민의 정부는 분단의 현실을 인정해야 분단을 극복할 수 있다고 판단한 것이다. 따라서 현재의 남북관계를 변화시켜 평화롭게 교류하고 협력하여 통일이 이뤄진 상태나 마찬가지인 '사실상의 통일'을 이루는 과정으로써 통일이 더 중요하다고 강조했다. 대북 포용정책은 북한이 남북교류에 적극적으로 응하도록 하는데 커다란 영향을 미쳤다.

대북포용정책은 단기적으로는 북한정권의 위기 해소에 도움을 주지만, 중·장기적으로는 북한체제를 변화시켜 남한체제와 이념 속

234 통일부, 『1998 통일백서』(서울: 통일부 통일정책실, 1999), pp. 34-35.

235 통일부(1999), 앞의 책, p. 35.

236 김연철, 『70년의 대화: 새로 읽는 남북관계사』(서울: 창비, 2018), p. 207.

에 통합시킬 수 있다는 전제이다. 이러한 가정하에 국민의 정부는 1998년 6월 22일 동해 잠수함 침투사건, 1998년 8월 31일 대포동 미사일 발사 시험, 1999년 6월 15일과 2002년 6월 29일 서해교전 등 도발행위로 인한 남남갈등이 야기되어도 시종일관 화해협력정책을 견지해 왔다. 이러한 대북정책의 일관성을 국민의 정부는 업적으로 홍보하였다.[237] 2002년 서해교전은 남북관계의 현실을 가장 잘 보여주는 사건이었다. 정상회담이나 남북간 교류협력이 진행되는 와중에도 이런 국지적인 분쟁이 발생할 수 있는 것이 한반도가 처한 구조적인 조건이기도 하였다.[238]

북한의 체제유지 위한 실리 찾기

북한은 국제적인 고립과 경제난 등 대내외적인 고난을 극복하려고 하는 상황에서 1998년 남한이 진보정권으로 교체됨에 따라 남북관계 개선에 대한 기대감이 컸다. 김정일은 "우리 민족 내부에 비록 사상과 리념, 정견과 신앙에서 차이가 있다 하더라도 북과 남, 해외의 모든 동포들이 자유로이 래왕하고 접촉하며 대화를 하고 련대련합을 강화해나가면 서로의 리해와 신뢰를 두터이 하고 민족공동의 목적을 위하여 뜻과 힘을 합칠 수 있다."[239] 고 하면서 남북관계

237 최완규, "대북 화해협력정책의 성찰적 분석," 한국정치학회·이정복 편, 『북핵문제의 해법과 전망』(서울: 중앙 M&B, 200), pp. 71-77 참조.

238 류길재, "6.15공동선언 5주년의 평가: 후속 성과 없이 상징으로만 남은 6.15-단 한 번의 정상회담이 분단구조를 깰 순 없다," 『통일한국』, 제258권(2005), p. 59.

239 김정일, "온 민족이 대단결하여 조국의 자주적평화통일을 이룩하자," 력사적인 남북조선 정당, 사회단체대표자련석회의 50돐기념 중앙연구토론회에 보낸 서한(1998년 4월 18일), 『김정일선집 19권』(평양: 조선로동당출판사, 2013), p. 335.

의 개선을 강력히 희망하였다.

김정일은 이 시기 사회주의 국가들과 연대성 강화보다는 자본주의 국가들과 관계개선을 의식하여 주체성 강화를 강조하고, 적화통일을 의미하는 계급성보다는 남한과 관계개선을 시사하는 민족성을 강조하였다.[240] 이러한 차원에서 북한은 1998년 2월 18일 정당단체연합회의를 통해 국민의 정부의 대북유화정책을 기대하는 편지를 채택하였다. 또한, 1998년 4월 18일 김정일의 「4.18서한」[241]을 통해 「민족대단결 5대 방침」[242]을 제시하면서 남한의 대북정책을 유화정책으로 전환하도록 촉구하였다. 그 내용의 핵심은 반북 대결정책을 연북 화해정책으로 바꾼다면 남북관계가 신뢰와 화해의 관계로 발전할 수 있다는 것이다. 동시에 김정일은 남한과 교류협력에서 나타날 후유증을 막기 위한 모기장론[243]도 제시하였

240 김정일, "혁명과 건설에서 주체성과 민족성을 고수할데 대하여(1997년 6월 19일)," 『김정일선집 14권』(평양: 조선로동당출판사, 2000), pp. 306-333 참조.

241 김정일, "온 민족이 대단결하여 조국의 자주적 평화통일을 이룩하자: 력사적인 남북조선 정당, 사회단체대표자 련석회의 50돐기념 중앙연구토론회에 보낸 서한(1998년 4월18일)," 『김정일선집 14권』(평양: 조선로동당출판사, 2000), pp. 412-427 참조.

242 5대방침의 주요 내용은 ①민족자주의 원칙 ②애국애족의 온 민족 단결 ③북남관계 개선 ④외세·반통일세력 반대 ⑤내왕·접촉·대화·연합 강화 등이다. 김정일, "온 민족이 단결하여 조국의 자주적 평화통일을 이룩하자," 『조선중앙방송』, 1998년 4월 29일.

243 김정일은 "위대한 수령님께서 교시하신 바와 같이 우리가 자본주의의 포위 속에 있는 것 만큼 사회주의제도를 옹호 보위하기 위하여서는 모기장을 든든히 쳐야 합니다. 당 조직들과 일군들은 당원들과 근로자들 속에서 정치사상교양사업을 강화하여 그들이 절대로 적들의 자유화바람에 흔들리지 않도록 하여야 합니다." 라면서 교류로 인한 주민들의 사상해이를 염려하였다. 김정일, "당사업을 강화하여 우리식 사회주의를 더욱 빛내이자: 조선로동당 중앙위원회 책임일군들과 한 담화(1992년 1월 1일)," 『김정일선집 12권』(평양: 조선로동당출판사, 1997), p. 266; 김정일, "혁명발전의 요구에 맞게 간부들을 철저히 혁명화할데 대하여: 조선로동당 중앙위원회 책임일군들과 한 담화(1994년 5월 24일)," 『김정일선집 13권』(평양: 조선로동당출판사, 1998), pp. 411-412.

다.[244]

북한이 '우리식사회주의'의 완성을 위해 기존 체제적 특성을 본질적으로 변화시키지는 않지만, 경제강국을 건설하기 위해서는 대내적인 노력의 한계를 보완하기 위해 대외개방을 보다 적극적으로 모색하지 않을 수 없었다. 따라서 북한은 국민의 정부의 대북정책에 대해서도 '새로운 형태의 흡수전략'으로 인식하는 초기의 부정적 반응으로부터 '더 두고 보자'는 입장으로 선회하였다.[245] 즉 남한정부의 대북정책을 긍정적으로 인식하게 된 것이다.

북한이 2000년 남북정상회담에 응해 온 가장 큰 동기는 국민의 정부의 대북포용정책과 함께 북한의 어려운 경제사정으로 인한 지도부의 경제적 실용주의 노선의 전환이라고 할 수 있다. 그리고 통미봉남이라는 기존 정책의 난관 등 국제적 환경 변화와 남북대화에 대한 국제적 압력 등도 작용하여 북한은 그들의 '체제유지를 위한 실리찾기' 차원에서 남북정상회담에 임했다고 할 수 있다.[246] 남북정상회담 이후 북한은 남한에 대해 전략적인 변화를 모색하였다. 즉 대남전략의 최대 목표인 한반도 공산화통일보다는 당면한 체제유지에 주력하였다. 북한이 사회주의체제를 유지하는 한 '한반도에서 사회주의혁명의 완성'이라는 최대 목표를 포기 할 수는 없지만, 북한은 사회주의체제를 유지하려는 한계 속에서 정책적 변화를 보인 것이다.[247]

---

244 박영호, 『남북한 평화공존과 대북정책』(서울: 통일연구원, 2001), p. 54.

245 박영호(2001), 위의 책, p. 58.

246 양무진, "북한의 대남협상전략 유형," 경남대학교대학원 박사학위논문(2001), p. 192.

247 박영호(2001), 위의 책, p. 59.

나. 「6.15공동선언」과 교류의 제도화

김대중 대통령은 2000년 3월 9일 「베를린선언」을 통해 북한의 사회 인프라 구축 및 남북간의 안정된 투자환경 조성, 북한의 식량난 해결에 필요한 농업구조 개혁 등 정부당국간 협력을 제의하였다. 북한은 「베를린선언」 닷새 후 "백 마디 말보다 한 번의 실천이 중요하다."[248]는 반응을 보였다. 이는 북한의 경제난 해결에 도움이 될 것으로 판단했기 때문으로 보인다.

남북은 2000년 6월 13일부터 15일까지 평양에서 개최된 남북정상회담에서 ①통일문제의 자주적 해결, ②남측의 연합제안과 북측의 낮은 단계의 연방제안의 공통성을 인정하고 이 방향에서 통일 추진, ③이산가족 교환방문, ④경제사회·문화 분야의 협력과 교류 활성화, ⑤합의사항 실천을 위한 당국간 대화 개최 등 5개 항으로 된 「6.15공동선언」에 합의하였다. 남북 정상은 남북관계를 개선, 발전시키기 위해서는 남북이 통일문제에 대해 적화통일이나 흡수통일이 아닌 평화통일이어야 하므로 점진적이고 단계적으로 이룩하는 과정으로 인식을 한 것이다. 또한 '통일은 목표인 동시에 과정'으로써 완전통일을 이루기까지는 장기간이 필요하므로 서로 왕래와 교류를 통해 평화와 공동번영 및 통일을 지향해 나가기로 한 것이다.

특히 「6.15공동선언」 제4항에 "남과 북은 경제적 협력을 통하여 민족경제를 균형적으로 발전시키고 사회, 문화, 체육, 보건, 환경 등 제반분야의 협력과 교류를 활성화하여 서로의 신뢰를 다져나가기로

248 『로동신문』, 2000년 3월 14일.

함"으로써 남북교류협력 확대를 명문화하였다. 남북간 사회문화 분야 교류협력의 활성화는 상호간 이해와 신뢰를 증진시킴으로써 남북간 군사적 긴장을 완화하고 민족동질성을 증대하는 계기가 된다는 점에서 그 의의는 크다고 할 수 있다. 또한, 남과 북은 다양한 교류협력을 제도화 할 수 있는 길을 열어놓음으로써 한반도에서 '사실상의 통일'로 나아갈 수 있는 기반도 마련하였다고 할 수 있다. 보다 많은 접촉과 보다 많은 교류, 보다 많은 협력을 통해 평화와 화해협력의 공존관계를 정착시키는 것이 바로 사실상의 통일이기 때문이다.

「6.15공동선언」 이후 남북간 교류가 활발히 진행되는 와중에 2002년 1월 미국 부시행정부가 북한을 '악의축'으로 규정하였다. 또한 같은 해 10월 북한의 고농축우라늄 핵개발 의혹[249]이 또 다시 남북관계의 핵심적인 안보 현안으로 떠올랐다. 그러나 남북교역이나 교류협력이 중단되지는 않았다. 2004년 7월 노무현 정부가 460여명의 탈북민을 한꺼번에 베트남에서 입국시킨 사건으로 북한이 1년여동안 남북당국간 관계를 교착시켰으나 교류는 유지되었다. 사회문화 분야에서는 인적 왕래와 협력사업이 증대되고 다양화되었다. 2006년 9월 북한이 핵실험을 단행함으로써 국제사회의 비난은 물론 남한사회에서 대북정책이 비판에 직면했으나 교류와 협력은

---

249 미국은 켈리 특사가 방북하여 2002년 10월 4일 열린 북미회담에서 강석주 제1부상이 김계관 부상의 '핵무기 비밀개발 계획설은 날조'라는 부인을 번복하고 HEU 개발사실을 인정하였다고 하였다. 그리고 강석주가 "미국이 대북적대시정책을 포기하고 북한체제에 대한 안전을 보장해 주면 농축우라늄을 통한 핵개발 계획을 포함한 미국의 안보상 우려사항을 해결할 수 있다"고 언급했다고 주장하였다. 미 국무부는 10월 16일 대변인 성명을 통해 북한의 HEU 계획 시인을 공표함으로써 2차 북핵 위기가 본격화되었다. 서훈, "북한의 선군외교 연구: 약소국의 대미 강압외교 관점에서," 동국대학교 대학원 박사학위논문(2008), p. 195.

지속되었다.

한편 참여정부 말기인 2007년 10월 남북은 평양에서 2차 정상회담을 개최하고, 8개 항으로 구성된 「남북관계 발전과 평화번영을 위한 선언」(10.4선언)을 통해 남북교류협력을 더욱 활성화하기로 하였다.[250] 또한 2007년 11월 14일부터 16일까지 서울에서 남북총리회담을 개최하고 「10.4선언」의 후속조치를 위한 합의문[251]을 통해 남북교류를 발전시켜 나가고자 하는 남북당국의 의지가 구체적으로 천명되었다. 그리고 「남북사회문화협력추진위원회」 구성에 합의하였다. 그러나 2008년 남한이 보수정권으로 교체되면서 이러한 합의는 사실상 무효화 되었다.

---

250 사회문화교류와 관련된 내용은 제6항으로 남과 북은 민족의 유구한 역사와 우수한 문화를 빛내기 위해 역사, 언어, 교육, 과학기술, 문화예술, 체육 등 사회문화 분야의 교류와 협력을 발전시켜 나가기로 하였다." 구체적으로는 "남과 북은 백두산관광을 실시하며 이를 위해 백두산-서울 직항로를 개설하기로 하였으며, 2008년 북경 올림픽 경기대회에 남북응원단이 경의선 열차를 처음으로 이용하여 참가하기로 하였다.

251 사회문화와 관련된 내용은 제4조 "남과 북은 역사, 언어, 교육, 문화예술, 과학기술, 체육 등 사회문화 분야의 교류와 협력을 발전시키기 위한 조치를 취하기로 하였다." ① 남과 북은 장관급을 위원장으로 하는 남북사회문화협력추진위원회를 구성하기로 하고 역사유적과 사료 발굴 및 보존, 겨레말큰사전 공동편찬, 교육기자재와 학교시설 현대화, 공동문화행사, 과학기술인력 양성, 과학기술협력센터 건설, 기상정보 교환 및 관측장비 지원, 2008년 북경올림픽대회 공동응원을 비롯한 사회문화협력사업들을 협의 추진하기로 하였다, ② 남과 북은 백두산 개성관광사업이 원만히 진행될 수 있도록 적극 협력하며 서울-백두산 직항로 개설을 위한 실무접촉을 12월 초에 개성에서 진행하기로 하였다. ③ 남과 북은 2008년 북경올림픽경기대회에 남북응원단이 경의선 열차를 이용하여 참가하는 문제와 관련한 실무접촉을 12월 중에 진행하기로 하였다. ④ 남과 북은 사회문화협력추진위원회를 2008년 상반기 중에 개최하고, 기상정보 교환과 관측 장비 지원 등 기상협력을 위한 실무접촉을 12월 중에 진행하기로 하였다.

다. 북한의 '우리민족끼리'와 교류

교류 활성화를 '민족공조' 힘으로 선전

북한은 2001년 1월 '우리민족끼리 통일의 문을 여는 2001년 대회'를 개최하고 "외세와의 공조를 배격하고 민족공조로 통일문제를 우리민족 자체의 힘에 의하여 해결해 나가자."고 하면서 "북과 남이 통일의 리정표인 공동선언의 원칙을 확고히 틀어쥐고 대화와 접촉, 협력과 교류를 발전시켜 나갈 것"을 주장하였다.[252] 이것은 북한이 '우리민족끼리'와 '민족공조'를 내세우면서 당국 차원에서는 적대가 아니라 협력의 가능성을, 민간 차원에서는 반정부·반미 선동이 아니라 교류와 협력의 추진 가능성을 열어놓은 것이다.[253]

북한은 민족공조[254]에 대해 "민족이 자기 운명의 주인이라는 자각을 가지고 어떤 외세에 의존하거나 손을 잡는 것이 아니라 민족끼리 서로 도우면서 자체의 힘과 지혜를 합치고 행동을 같이해나가는 단결과 협력의 원칙"이라고 하였다. 또한 2000년 「6.15공동선언」을 계기로 "남북한 사이에 과거에는 볼 수 없었던 여러 갈래의 대화와 협상이 이루어져 민족공조의 새 시대가 되었다."[255]고 하였다. 2000년부터 우리민족끼리 민족공동의 이익과 외세 배격을 위해 민족공조

252 『로동신문』, 2001년 1월 11일.

253 조한범, 『최근 북한의 대남논조 민족공조론 강조의 배경과 의도』(서울: 통일연구원, 2004), p. 4.

254 여기서 '민족공조'는 북한 내부의 이론 개발을 통해서가 아니라 북핵문제를 둘러싸고 남한에서 한미공조가 강조되면서 이른바 '외세공조'에 대응하는 개념으로 부각되었다는 주장도 있다. 이종석, "김정일정권의 대남전략 변화," 정성장 엮음, 『북한은 변하고 있는가?』(경기: 세종연구소, 2008), p. 205.

255 최기환, 『6.15시대와 민족공조』(평양: 평양출판사, 2004), p. 112.

를 하자고 주장하기 시작하였다. 또한, 민족공조의 실현은 “여러 가지 형태의 쌍무적, 다무적, 다각적 대화와 협상으로 발전시켜 나갈 수 있다. 민족공조를 실현해 나가는 길은 곧 통일의 앞길에 가로막혔던 걸림돌을 들어내고 자주통일의 새 시대, 민족적 화해와 단합의 새 시대를 열어나가는 거창한 변혁과 기적의 길”[256]이라고 주장하였다.

2002년 10월 북핵 문제가 대두되면서 북한은 “핵문제 해결의 유일한 방법은 조·미 불가침조약 체결”이라면서 “민족공조로 조·미 불가침조약 체결을 위한 운동과 투쟁을 벌이는 것은 핵전쟁 위험을 막고 민족자주통일을 가져올 수 있다.”라고 강조하였다.[257] 이러한 북핵 문제로 인한 안보 우려 속에서도 남북관계는 양적인 팽창과 더불어 질적인 변화도 나타났다. 남북교류협력사업이 과거와 같이 정치, 군사적 요인에 좌우되는 것이 아니라 어느 정도 자체 동력을 갖고 움직인 것이다.[258] 2004년 1월에도 북한은 미국이 “핵문제를 구실로 남조선당국에 북남관계를 전면 차단할 것” 또는 “진전속도를 조절할 것”을 요구했다는 주장을 되풀이하였다.[259] 그러면서 미국의 이러한 요구에 대해 “온 민족이 우리민족제일주의의 기치 아래 전체 조선민족 대 미국의 대결구도를 실천으로 해결하기 위한 전 민족적 반미항전에 일떠서야 한다.”[260]고 주장하였다.

---

256 최기환(2004), 앞의 책, pp. 113-114.

257 『로동신문』, 2002년 10월 29일.

258 백영철, “한반도 평화 프로세스: 과제와 전망,” 한국통일포럼 편 『한반도 평화 프로세스』(서울: 건국대학교출판부, 2005), p. 190.

259 『조선중앙방송』, 2004년 1월 12일, 1월 15일; 『평양방송』, 2004년 1월 11일, 1월 21일; 조한범, 『최근 북한의 대남논조 민족공조론 강조의 배경과 의도』(서울: 통일연구원, 2004), p. 4 재인용.

260 『평양방송』, 2004년 1월 18일.

북한은 「6.15공동선언」 이후 남북 사이의 왕래와 접촉 및 사회, 문화, 체육, 지자체 방북 등 각 분야의 교류와 남북공동행사가 폭넓게 활성화된 것은 민족공조의 위력을 보여주는 것이며, 이 성과는 김정일의 탁월한 영도의 결실이라고 선전하고 있다.[261] 그리고 남북공동행사와 교류는 민족공동의 이익을 위한 민족공조에 의해 이루어진 것이므로 이를 통해 통일위업을 달성할 수 있도록 다양한 분야에서 교류가 더 활발히 진행되어야 한다고 강조하였다.

또한, 북한은 남북이 화해하고 단합하며 민족공조를 이룩하기 위해서는 국가보안법을 철폐하여 남북주민들이 자유롭게 왕래, 접촉할 수 있어야 한다고 하였다. "모든 분야에서 협력하고 교류를 실현하는 것 자체가 민족공조의 과정이며 조국통일을 촉진해 나가는 길"[262]이라면서 남한당국의 방북 허가제 폐지를 주장하였다. 이와 같이 북한은 2000년 정상회담 이후 우리민족끼리와 민족공조를 교류의 명분으로 내세워 교류 활성화를 도모하는데 이용하였다.

사상오염 우려 속에서 경제적 실익 확보

북한은 1990년대 국제적 고립과 함께 계속된 가뭄과 홍수 등으로 아사자가 속출하는 등 심각한 경제위기로 식량의 상당 부분을 국제사회의 지원에 의존하는 등 '고난의 행군'기를 겪고 있었다.[263]

---

261 김희일, 『민족대단합의 길에 빛나는 거룩한 자욱』(평양: 평양출판사, 2007), p. 197.

262 최기환(2004), 앞의 책, pp. 159-160.

263 북한 식량 생산량이 1997년을 고비로 회복되고 있다는 평가는 있었지만 북한은 여전히 국제사회의 지원으로 식량의 상당부분을 의존하고 있었다. 2001년 5월 베이징에서 열린 유니세프(UNISEF) 아·태 각료급 회의에서 북한은 1995년부터 1998년 사이에 22만명의 북한주인이 굶어 죽었으며 1인당 GNP는 991달러에

1998년 9월 수정·보완된 사회주의 헌법의 경제조항들은 자립경제 원칙 하에서도 '북한식 사회주의 경제체제'로의 전환을 시도하고 있었다. 또한 대외무역 활성화, 암시장 확산과 같은 변화된 경제현실의 반영과 자립적 민족경제건설 노선의 주장 등 실리와 효율성을 강조하였다.[264] 북한이 경제회복을 위해 사회간접자본 건설 협력을 제안한 김대중 대통령의 「베를린 선언」에 호응하여 남북정상회담을 받아들인 것은 남한과 경제협력의 필요성을 인식하고 있음을 보여주는 것이었다.[265] 또한 이탈리아와 수교를 시작으로 유럽연합(EU) 대부분의 국가와 수교하는 등 대외관계를 확장한 것도 경제회복을 위한 조치라고 할 수 있다.

아마코스트(Michael H. Armacost)는 북한이 심각한 경제난 극복을 위해 외부로부터 현금지원 확보가 절대적으로 필요한 상황이 남북정상회담 개최의 배경이라고 설명하고 있다. 미국의 클린턴 정부가 대북경제 제재를 철폐하더라도 북한에 투자할 기업이 거의 없고 일본도 영토 위로 미사일 발사와 일본인 납치에 대한 해명을 거부하고 있는 북한과 새롭게 대화하는 것을 내켜하지 않았다. 북한은 1999년과 2000년에 아시아와 유럽의 여러 나라와 수교를 하였으나, 이 나라들은 약간의 식량지원 외에는 대북지원 의사가 없었다. 이러한 상황에서 김정일은 국민의 정부의 포용정책에 눈길이 가지 않을 수

서 457달러로 줄어들었다고 밝히고있다. 대통령기록관, "인도적 대북지원-사실은 이렇습니다,"(2001년 5월 24일) ;http://15cwd.pa.go.kr/korean/data/know_policy/ecodip/view.php?f_kind=KG&f_nseq_tot=20054(검색일: 2018년 10월 5일)

264 장명봉, "최근 북한 사회주의 헌법 개정(1998년 9월 5일)의 분석 -배경·내용·평가 및 정책전망," 『통일연구논총』, 제7권 2호(1998), p. 22.

265 고병철, "남북관계, 시련기로 들어가나," 『Issue & Knowledge』, 제35호(2001), p. 7.

없었다.[266]

남북은 「6.15공동선언」을 전후로 교류와 협력이 활성화됨으로써 각 분야에서 인적·물적 교류가 급증하였다. 그럼에도 북한당국은 국민의 정부 시절인 1998년부터 2002년까지 일반 주민들에게는 교류와 관련하여 어떠한 언급도 하지 않았다.[267] 다만 6.15공동선언 이행과 우리민족끼리 힘을 합쳐 민족대단결을 이룩해나가기 위해 투쟁해야 하며 이에 저촉되는 제도적, 법률적 장애가 제거되어야 한다고 주장하였다. 그러나 2003년 신년 공동사설을 통해 "6.15공동선언의 기치 따라 전진함으로써 북남사이에 화해와 단합, 통일의 분위기가 전례 없이 고조되고 교류와 협력이 활발히 진행되어 북남관계가 화해와 협력의 관계로 전환되고 있다."[268]고 밝혔다. 이는 그동안 남한과 교류에서 우려하였던 자본주의 유입과 사상오염보다는 경제적 실익을 우선시했다는 것을 의미한다고 할 수 있다.

한편 2001년 김정일은 "6.15북남공동선언을 지지하는 사람이라면 과거를 묻지 말고 다 손을 잡아야 한다. … 수령님께서는 지난날 《반공》을 하던 사람들도 조국통일의 길에 나서겠다고 하면 대담하게 포섭하시었다."[269]고 하면서 통일전선 확대와 경제적 이익에 도

266 Michael H. Armacost, "The Korean Peninsula and its Impact on Northeast Asian Affairs," in Catharin Dalpino and Bates gill (eds.), *Brookings Northeast Survey 2001-02* (Washington D.C.: Brookings Institution, April 2002). p. 16; 강인덕·송종환, 『남북회담: 7.4에서 6.15까지』(서울: 극동문제연구소, 2005), p. 324 재인용.

267 김정일은 1998~2002년까지 신년공동사설에서 대남교류와 관련된 왕래, 접촉, 교류 등에 대해서는 일체 언급을 하지 않았다.

268 『로동신문』, 2003년 1월 1일 신년공동사설.

269 김정일, "올해를 새 세기의 진격로를 열어 나가는데서 전환의 해로 되게 하자: 조선로동당 중앙위원회 책임일군들과 한 담화(2001년 1월 3일)," 『김정일선집 15권』(평양: 조선로동당출판사, 2005), p. 83.

움이 되는 모든 인물, 단체들과 교류를 선언하였다. 그러나 한편으로는 "제국주의 사상문화적 침투를 철저히 막아야 한다. … 우리는 그 어느 때보다도 모기장을 든든히 치고 부르죠아 사상문화와 날나리풍이 절대로 침습해 들어오지 못하게 하며 그 자그마한 현상이 나타나도 제 때에 강한 타격을 주어 혁명대오의 순결성을 보장하여야 한다."[270]고 하면서 교류로 인한 사상오염의 부작용을 경계하였다. 이것은 무조건 외부 사조의 유입을 막자는 것이 아니라 어차피 막지 못할 바에는 면역이 될 만큼 조금씩 시차를 두고 들어오게 하겠다는 것으로 해석할 수 있다.[271]

북한은 2003년 2월 참여정부 출범 이후에도 남북한 군사적 긴장완화와 평화정착 문제에 대해서는 외면하면서도 남한으로부터 경제적인 실리 획득에는 주력하였다. 2007년 10월 2차 정상회담과 「10.4공동선언」을 통해 남북교류와 협력을 더욱 발전시켜 나가기로 하였으나, 2008년 남한에 보수정권이 들어서면서 사실상 교류는 중단되었다.

---

270 김정일, 앞의 글, p. 84.

271 최척호, "모기장 재등장의 의미," 한국문화정책개발연구원 편, 『정상회담 이후의 남북관계와 문화교류』(서울: 한국문화정책개발연구원, 2001), p. 195.

4

교류조정기(2008~2018년) : 대북·대남정책 충돌과 관계개선

가. 남한의 '5.24조치'와 교류 중단

2008년 2월 출범한 이명박 정부의 대북정책인 「비핵·개방·3000구상」[272]은 '선(先)비핵화, 후(後)남북관계 발전'의 조건부 상호주의를 주장하였다. 이에 대해 북한은 「비핵·개방·3000구상」은 비현실적이며 일방적이라고 비판[273]하면서 3월부터 당국간 접촉과 대화를 모두 중단하였다. 이어서 이 대북정책은 반북대결적이며 반통일적이고 반민족적이라고 강하게 비난[274]하였다. 이러한 비판과 비난은 1년여동안 계속되었다. 북한의 대남기구인 조국평화통일위원회

---

272 '비핵·개방·3000' 구상이란 북한이 핵을 포기하고 개방의 길을 택하면 남북협력에 새 지평이 열릴 것이고, 남한정부가 국제사회와 협력하여 10년 안에 북한주민의 소득이 3000달러에 이르도록 돕겠다는 것이다. 청와대, "대통령 취임사" 2008년 2월 25일.

273 『로동신문』, 2008년 2월 29일.

274 『로동신문』, 2008년 4월 1일.

산하 조국통일연구원은 2009년 2월 25일 이명박 정부 출범 1주년을 기해 '이명박 패당의 집권 1년 10대범죄 기록'[275] 제하로 대북정책을 맹비난하였다.

북한은 2008년 12월 24일 조국통일연구원 명의의 고발장[276]을 통해 남북관계의 파국 원인을 ①「6.15공동선언」과 「10.4선언」의 부정, ②이명박 정부의 고의적 남북대화 파산, ③상생·공영정책의 대결과 전쟁 추구라고 제기하면서 이명박 정부의 대북정책을 혹평하였다. 그리고 남북관계 정상화 조건으로 '6.15공동선언과 10.4선언의 이행'을 촉구하였다. 이 와중에 북한은 2010년 3월 26일 천안함 폭침사건[277]을 일으킴으로써 남한정부는 대북제재인 '5.24조치'를 취하게 되었다. 이로써 모든 남북교류는 중단되었다.

나. 북한의 대북정책 전환 압박과 핵실험

북한은 2012년 신년사를 통해 "위대한 김정일 동지의 유훈을 받들어 2012년을 강성부흥의 전성기가 펼쳐지는 자랑찬 승리의 해로

275 북한이 주장한 10대 범죄 기록을 요약하면 ①외세우선론 제창 ②파쇼독재체제 부활 ③미국산 미친 소고기시장 개방 ④경제와 민생파탄 ⑤역사 쿠테타 ⑥동족대결정책 선포 ⑦남북선언 전면 부정 ⑧남북합의 백지화 ⑨남북협력사업 차단 ⑩급변사태와 선제공격 폭언 등이다. 『로동신문』, 2008년 2월 26일.

276 『로동신문』, 2008년 12월 25일.

277 '천안함 폭침사건'은 1999년 6월 15일 제1차 연평해전에도 참가했던 역전의 초계함 천안함이 2010년 3월 26일 21:22경 북한 잠수함의 어뢰공격으로 침몰되었다. 당시 북한의 불법 기습공격으로 이창기 준위를 비롯한 46명의 젊은 용사들이 희생되었다. https://terms.naver.com/entry.nhn?docId=3508868&cid=47322&categoryId=47322(검색일: 2018년 9월 10일).

빛내이자."[278]고 하면서 4월과 12월에 장거리미사일 발사로 남한 및 국제사회와 긴장관계를 조성하였다. 그러나 한반도 비핵화, 한반도의 평화와 안정, 북한의 도발행위 불용에 대한 미·중 양국의 이해관계가 일치하면서 북한의 전략은 관철될 수 없었다.[279] 한편 북한은 "6.15, 10.4선언들을 적극 지지하고 리행하려는 분위기가 온 강토에 차 넘치게 하여야 한다."[280]면서 남한과 활발한 교류를 희망하였다.

북한은 2013년 박근혜 정부가 들어서자 대북정책이 변화되기를 희망하면서 남북관계 개선에 대한 기대감을 나타냈다. 2013년 신년사에서 남북 사이의 대결상태 해소와 남북 공동선언의 존중과 이행을 강조하였다. 2월 출범한 박근혜 정부는 대북·통일정책 구상으로 「한반도 신뢰프로세스」를 내놓았다. 남북관계 개선을 위한 신뢰조성을 위해 교류협력 분야에 대해서는 개성공단의 정상화 및 국제화, 실질적 도움이 되는 경협사업 추진, 다각적인 사회문화 교류 내실화 등을 제시하였다.

이에 대해 북한은 2014년 "남조선 보수세력들이 '신뢰프로세스'니 '드레즈덴선언'[281]이니 하는 허울을 쓰고 제도통일, 흡수통일을

278 『로동신문』, 2012년 1월 1일 신년사.

279 정성장, 『김정은 정권의 대내전략과 대외관계』(경기: 세종연구소, 2014) p. 143.

280 『로동신문』, 2012년 1월 1일 신년사.

281 2014년 3월 28일 당시 박근혜 대통령이 독일 드레스덴 공대에서 〈한반도 평화통일을 위한 구상〉이라는 제목으로 발표한 대북 원칙을 말한다. 동 구상에는 평화통일 기반을 조성하기 위해 남북 공동번영을 위한 민생 인프라를 구축하고, 남북주민들의 인도적 문제를 해결하며, 남북주민들 간의 동질성을 회복한다는 목표를 담고 있다. https://terms.naver.com/entry.nhn?docId=2180415&cid=43667&categoryId=43667(검색일: 2018년 10월 1일)

추구하고 있는 것은 시대에 역행하는 반민족적 행위"라고 비난하였다. 그리고 "정권이 바뀔 때마다 민족공동 합의들이 부정당하고 대결에 악용되는 비정상적인 관행은 반드시 종식되어야 한다."[282]고 하면서 박근혜 정부의 대북정책 전환을 지속적으로 요구하였다.

북한은 2014년 신년사를 비롯하여 남한당국과 정당, 사회단체, 각 계층을 대상으로 4회에 걸쳐 국방위원회 제안, 중대제안, 공개서한, 특별제안 및 정부성명을 통해 "북남관계 개선 분위기를 마련해야 한다."고 발표하였다.[283] 주요 내용은 ①남북관계 개선을 위해 모든 비방중상과 군사적 적대행위를 전면중지하고, ②남북협력과 교류를 활성화 해나가며, ③남한정권이 바뀔 때마다 남북공동 합의들이 부정당하는 것은 종식되어야 하고, ④접촉과 왕래, 협력과 대화의 길을 열어야 한다는 주장이었다. 이에 따라 북한은 2014년 9월 인천아시안게임에 선수단을 대거 참가시켰다. 그리고 폐막식에 황병서 군 총정치국장, 최룡해 당비서, 김양건 통전부장 등 고위당국자들이 참석하여 남북관계 돌파구를 마련하려 하였으나 별 다른 진전을 보지 못하였다.

김정은은 2015년 신년사에서 남북간에 대화와 협상, 교류와 접촉을 활발히 하여 남북관계에서 대전환, 대변혁을 가져오기 위해 고위급회담과 정상회담 수락 용의가 있다면서 남북관계 개선과 실질적인 진전을 강조하였다.[284] 2015년 박근혜 정부의 대북정책 기조는

282 조선중앙통신사, 『조선중앙년감 2015』(평양: 조선중앙통신사, 2015), pp. 404-405.

283 조선중앙통신사, 『조선중앙년감 2015』(평양: 조선중앙통신사, 2015), pp. 398-405.

284 김정은은 신년사를 통해 "… 우리는 남조선당국이 진실로 대화를 통하여 북남관계를 개선하려는 입장이라면 중단된 고위급접촉도 재개할 수 있고 부분별 회담도

"민족의 동질성 회복을 위해 민간차원의 순수 사회문화교류는 지속 추진해 나간다는 방침 아래 남북 접촉과 방북을 허용한다."[285]는 다소 완화된 입장을 보였다. 그러나 북한이 8월 서부전선 남방한계선 통문에 목함지뢰를 설치해 남한 병사 2명이 중상을 입게 됨으로써 남북간 일촉즉발의 긴장상태가 조성되기도 하였다.

북한은 2016년에도 "우리는 북남대화와 관계개선을 위해 앞으로 적극 노력할 것이며 진실로 민족의 화해와 단합, 평화와 통일을 바라는 사람이라면 누구와도 마주 앉아 허심탄회하게 논의할 것이다."[286]고 하면서 남북관계 개선을 강조하였다. 그러나 얼마되지 않아 4차 핵실험과 장거리미사일을 발사하였다. 이에 대해 남한정부는 2월 10일 '개성공단 폐쇄조치'를 함으로써 남북관계는 완전히 단절되었다.

그러나 2017년 북한은 "파국상태에 처한 남북관계를 수수방관한다면 어느 정치인도 민족 앞에 책임과 역할을 다 할 수 없으며 민심의 지지를 받을 수 없다."[287]고 하면서 사상과 제도, 지역과 이념, 계급과 계층의 차이를 초월하여 활발히 접촉하고 왕래하자고 하였다. 또한, 남북관계 개선을 바라는 사람이라면 그 누구와도 기꺼이 손잡고 나아갈 것이라고 하였다. 이렇게 남북은 표면적으로는 남북관계

할 수 있다고 봅니다. 그리고 분위기와 환경이 마련되는데 따라 최고위급 회담도 못할 이유가 없습니다."라고 하였다. 『로동신문』, 2015년 1월 1일 신년사.

285 2015년 5월 1일 '광복 70년 민족동질성 회복을 위한 민간교류에 대한 정부의 입장' 발표를 통해 "민간에서 추진하는 문화, 역사, 스포츠 등 다방면의 교류를 적극 지원해 나가겠다."는 입장을 표명하였다.

286 『로동신문』, 2016년 1월 1일 신년사.

287 『로동신문』, 2017년 1월 1일 신년사.

개선을 위해 노력하는 것처럼 하였으나, 실제로는 서로 남북관계 악화의 책임이 상대에 있다고 주장하면서 관계개선을 위한 실질적인 노력은 하지 않았다.

김정은은 2012년 집권 이후 미국과 담판을 위한 핵미사일 고도화가 완성되기까지는 남한의 어떤 정부와도 상대하지 않으려는 입장을 정한 것처럼 보였다.[288] 그러면서도 신년사를 통해 남북관계 개선을 위해 대화하자고 제의를 한 것을 보면 김정은의 대남인식은 매우 이중적이었다고 할 수 있다. 2017년 문재인 정부가 출범한 후에도 남한정부가 제의한 군사회담, 적십자회담에 대해서는 묵살하면서[289] "대북정책에서 말과 행동이 다르다."고 강하게 비판하였다.[290]

북한은 지속적으로 핵실험과 탄도미사일 시험 발사[291]와 2017년 11월 29일 '화성-15형' 발사 후 핵무력 완성을 선포함으로써 남한뿐만 아니라 국제사회의 대북제재를 받게 되었다. 이에 따라 남북교류도 중단되었다. 북한의 남북교류를 통한 남북관계 개선 주장은 대북제재 조치가 가해지는 상황에서 고립을 타개하기 위한 유화 제스처였을뿐 진정한 교류 의지는 아니었다.

---

288 조한범, 『전환기 남북관계 발전 추진방안』(서울: 통일연구원, 2017), pp. 113-114.

289 정세현 전 통일부장관은 "북한은 미국이 우리를 없애려는 판국에 조미관계 결단을 내리자고 판단을 했고, 그러다보니 남한과 대화하지 않으려고 하는 것 같다"고 밝혔다. 통일연구원 주최 『평화포럼』, 2017년 8월 21일.

290 북한은 문재인 정부의 '한반도 운전자론'에 대해 "처지에 어울리지 않는 헛소리"라고 폄하하였다. 『로동신문』, 2017년 8월 27일.

291 북한은 2017년 7월 28일 화성-14형 발사 이후 "임의의 지역과 장소에서 임의의 시간에 대륙간탄도로케트를 기습발사 할수 있는 능력이 과시"되었다고 선전하였다. 그리고 2017년 11월 29일 성명을 통해 "국가의 핵 무력이 드디어 완성되었다."고 발표하였다

다. 「4.27판문점선언」과 새로운 교류

2012년 4월 공식출범한 김정은 정권의 최대과제는 권력 안정화였다.[292] 따라서 김정은은 먼저 당·군·국가를 장악하고 이를 바탕으로 통치기반을 구축해 나갔다.[293] 대남전략에 있어서도 김정일의 전략을 유지하는 것이 권력 안정화에 더 유리하다고 판단했기 때문에 남북이 「6.15공동선언」과 「10.4선언」의 기치 밑에 굳게 단결할 것을 주장하였다. 김정은 집권 이후 대남관계는 이중적이면서 때로는 무관심한 태도를 보였다. 그러나 남북관계 개선을 강조하며 남북간 교류와 협력을 주장한 것은 그 진정성이 어디에 있든 교류와 협력은 긴장완화를 위한 중요한 수단이라고 생각했던 것으로 보인다.

북한은 2017년 11월 "국가의 핵 무력이 완성되었다."고 발표한 이후 2018년 신년사를 통해 "남조선 당국은 온 겨레의 통일지향에 역행하여 미국의 대조선 적대시정책에 추종함으로써 정세를 험악한 지경에 몰아넣고 북남 사이의 불신과 대결을 더욱 격화시켰다."[294]고 주장하였다. 그리고 "무엇보다 북남사이의 첨예한 군사적 긴장상태를 완화하고 조선반도의 평화적 환경부터 마련해야 한다."[295]고 하면서 남북간 대화를 제의하였다.

한편 문재인 대통령은 2017년 7월 독일에서 「신 베를린구상」을

---

292 박형중, "김정은 통치 1년과 신주류의 권력 공고화 프로젝트 추진," 『Online Series CO 12-43』(2013).

293 오경섭, "김정은 정권의 대남전략의 특징," 정성장편, 『김정은 정권의 대내전략과 대외관계』(성남: 세종연구소, 2104), p. 89.

294 『로동신문』, 2018년 1월 1일 신년사.

295 『로동신문』, 2018년 1월 1일 신년사.

통해 비정치적인 민간교류협력 지속과 정치, 군사적 상황과 분리한 민간교류 지원을 천명하였다. 이에 대해 북한은 2018년 신년사에서 "올해는 우리 인민이 공화국 창건 70돌을 대경사로 기념하게 되고 남조선에서는 겨울철 올림픽 경기대회가 열리는 것으로 하여 북과 남에 다 같이 의의있는 해 … 북과 남 사이 접촉과 래왕, 협력과 교류를 폭넓게 실현 … 우리는 대표단 파견을 포함하여 필요한 조치를 취할 용의가 있으며, 북남당국이 시급히 만날 수도 있다."[296]고 하면서 '2018 평창동계올림픽'을 계기로 남북관계 개선은 물론 교류를 진행하자고 제안하였다.

이에 따라 남북은 관계개선을 위한 고위급회담에서 평창동계올림픽에 북한 선수단 및 응원단 참가와 함께 남북 공동입장, 여자아이스하키 단일팀 참가를 실현시켰다. 남북은 1980년대부터 남북관계가 대결상태이거나 긴장이 조성되었을 때 이를 완화하고 화해무드를 조성하기 위해 가장 먼저 예술공연과 체육교류를 한바 있다. 김정은도 역시 그동안 긴장되었던 남북관계를 개선해 나가는 과정에서 평창동계올림픽을 계기로 선수단 파견과 함께 삼지연관현악단의 예술공연으로 남북관계 개선을 시도하였다.

이러한 화해 분위기가 이어지면서 남북은 2018년 4월 27일 판문점에서 정상회담을 개최하고 「한반도의 평화와 번영, 통일을 위한 판문점 선언」(4.27판문점선언)을 함으로써 남북관계에 있어 대전환(paradigm shift)의 계기가 마련되었다. 양 정상은 이 선언을 통해 오랜 분단과 대결을 하루빨리 종식시키고 민족화해와 평화번영의 새로운

296 『로동신문』, 2018년 1월 1일 신년사.

시대를 열어나가며 남북관계를 적극적으로 개선하고 발전시켜 나가기로 하였다. 남북교류와 관련[297]해서는 ①개성에 남북공동연락사무소 설치, ②각계각층의 다방면적인 교류와 협력, ③왕래와 접촉의 활성화, ④이산가족·친척상봉 등을 실시하기로 하였다. 문재인 정부가 남북간 화해와 협력을 토대로 하는 김대중·노무현 정부의 대북정책을 계승한다고 밝힌 점을 고려한다면 남북교류 활성화에는 상당히 긍정적인 정치적 환경이 조성된 것이다. 또한 시민들의 자율성과 중요성을 지지하는 점도 민간이 주도하는 교류에 활력을 불어 넣었다.

한편 북한은 2018년 8월 22일 "부르주아 사상문화는 사회를 좀먹는 독소"[298]라고 강조하였다. 이는 2018년 남북정상회담과 북미정상회담의 선언 이행을 위한 남북과 미북 사이의 잦은 왕래와 교류로 인해 북한 내부에서 발생할 수 있는 남한과 미국에 대한 환상을 사전에 차단하려는 조치라고 할 수 있다. 또한, 자본주의 문화 유입에 대한 주민들의 경각심을 제고하고자 한 조치로 보인다.

---

297 「판문점 선언」에서 사회문화 관련 조항은 1-③ 남과 북은 당국 간 협의를 긴밀히 하고 민간교류와 협력을 원만히 보장하기 위하여 쌍방 당국자가 상주하는 남북공동연락사무소를 개성지역에 설치하기로 하였다. ④ 남과 북은 민족적 화해와 단합의 분위기를 고조시켜 나가기 위하여 각계각층의 다방면적인 협력과 교류 왕래와 접촉을 활성화하기로 하였다. 안으로는 6.15를 비롯하여 남과 북에 다 같이 의의가 있는 날들을 계기로 당국과 국회, 정당, 지방자치단체, 민간단체 등 각계각층이 참가하는 민족공동행사를 적극 추진하여 화해와 협력의 분위기를 고조시키며, 밖으로는 2018년 아시아경기대회를 비롯한 국제경기들에 공동으로 진출하여 민족의 슬기와 재능, 단합된 모습을 전 세계에 과시하기로 하였다. ⑤ 남과 북은 민족 분단으로 발생된 인도적 문제를 시급히 해결하기 위하여 노력하며, 남북적십자회담을 개최하여 이산가족·친척상봉을 비롯한 제반 문제들을 협의 해결해 나가기로 하였다. 당면하여 오는 8.15를 계기로 이산가족·친척 상봉을 진행하기로 하였다.

298 『로동신문』, 2018년 8월 22일.

4부

남북교류,
어떻게 변화되었나?

1

교류 탐색기(1981~1989년) : 북한의 주도적 교류 추진

가. 북한의 체제과시성 교류 제의

북한은 1960년대 남북관계의 주도권이 남한으로 넘어가지 않도록 형식적이지만 지속적으로 남북교류를 제의하였다. 이러한 북한의 다발성 제의는 교류 성사의 목적보다는 전략 차원에서 남한내 불안한 정치 상황을 이용하여 북한의 입지를 강화하고 남한사회 내부를 혼란에 빠뜨리려는 의도가 내포되어 있었다.[299] 특히 1970년대는 남북한 간에 체제경쟁이 본격화되면서 교류 제의는 자신의 체제가 상대방보다 우위에 있다는 것을 과시하는 징표로 사용되었다. 이 시기 남한은 경제개발 성공으로 국력이 북한보다 우위[300]에 있게

299 이헌경, "남북한 사회문화교류·협력의 전개과정과 장애요인 분석," 『통일문제연구』, 통권 36호(2001), p. 211.

300 1969년은 남북관계의 결정적인 전환점이 되는 해였다. 중앙정보부는 「남북한 경제력 비교」라는 보고서를 통해 1969년에 남한의 1인당 GNP가 208달러로 북한(194달러)를 역전한 것으로 평가하고 있다. 강인덕, "남북한 체제경쟁의 중간평가 보고서,"

되면서 자신감을 가지고 대북정책에 임하게 되었다.

반면 북한은 남한경제와 물질적·총량적 비교에서 벗어나 남한경제 구조의 문제점을 강조하기 시작하였다. 김일성은 남한경제를 '갓끈론'으로 비유하며 남한이 미국과 일본에 예속되어 있다고 주장하였다.[301] 그때까지는 남한에 대해 북한의 제도우위 또는 우월성을 주장하였으나, 남한의 경제와 군사력의 성장은 북한에게 위협을 느끼게 하였다. 또한, 김일성은 남한에 의한 '북침위협'을 주장하며[302] "우리가 남한에 비해 강대한 것은 정치사상적인 면"[303]이라고 하였다. 결국 1970년대 이후 남북한의 서로에 대한 인식이 북한은 방어적으로, 남한은 점차 공세적으로 바뀌었다.

북한은 1980년대 들어서도 교류 주도권 확보 차원에서 남북 체육회담, 적십자회담 및 청년학생회의, 남북제정당사회단체 연석회의 소집을 제의하였다. 그러나 교류에 정치적 목적이 지나치게 개입됨으로써 성사되지는 못하였다. 1984년 9월 북한이 남한 수해와 관련하여 구호물자 제공[304]을 제의하고 남한이 이를 수락함으로써 남북

『월간조선 발굴, 한국현대사 자료 125건』(서울: 조선일보사, 1996), pp. 261-262.

301 '갓끈론'은 남한이 유지하는 데 있어 미제국주의자들이 한 갓끈의 역할을 하고 일본군국주의자들이 다른 한 갓끈의 역할을 하고 있다는 것이다. 김일성, "당, 정권기관, 인민군대를 더욱 강화하며 사회주의대건설을 더 잘하여 혁명적 대사변을 승리적으로 맞이하자: 조선로동당 중앙위원회 제5기 제10차 전원회의에서 한 결론(1975년 2월 17일)," 『김일성저작집 30권』(평양: 조선로동당출판사, 1985), p. 44.

302 김일성은 "지금 우리에게는 북으로부터의 〈남침위협〉이 있는 것이 아니라 남으로부터의 북침위협이 있습니다."라고 이야기 하였다. 김일성, "일본 교도통신사대표단과 한 담화(1975년 8월 31일)," 『김일성저작집 30권』(평양: 조선로동당출판사, 1985), p. 441.

303 김일성, "쏘련 따스통신사대표단과 한 담화(1984년 3월 31일)," 『김일성저작집 38권』(평양: 조선로동당출판사, 1992), p. 286.

304 북한은 "쌀 5만석, 세멘트 10만톤, 천 50만㎡, 많은 양의 의약품들을 남조선 수재

대화가 재개되었다.[305] 그동안 중단되었던 남북적십자회담이 1985년 5월 다시 열리게 되었다.

북한은 1985년 8.15를 "해방 40돌, 당 창건 40돌을 대축전으로 빛내자"는 슬로건을 내걸고 대대적인 경축행사를 벌이기 위한 분위기 조성을 위해 남북적십자회담에서 남북예술단 교환공연을 제의하였다.[306] 남한이 이 제의를 받아들임에 따라 제1차 「남북 이산가족 고향방문 및 예술공연단 교환방문」이 성사되어[307] 1985년 9월 21일과 22일 서울과 평양에서 민족전통가무를 중심으로 한 예술단 교환공연이 이루어졌다.

북한은 공연의 명분은 이산가족들의 상봉에 좋은 분위기를 조성한다는 것이었지만, 이 행사의 명칭을 「적십자 예술단 및 고향방문단」으로 칭하는[308] 등 이산가족 상봉보다는 공연행사를 정치선전 목적으로 활용하려는 의도를 드러냈다. 남북적십자회담에서 예술공연의 주요 쟁점은 규모[309]와 공연 내용이었다. 예술단 규모가 최

미들에게 전달되였으며 남조선 수재민들에 대한 구호물자 전달을 계기로 민족적 화해와 단합의 분위기가 고조되였다."고 주장하였다. 최수남 외, 『조선을 이끌어 70년』(평양: 조선·평양 외국문출판사, 2015), p. 140.

305 1984년 북한은 "남한의 수재와 관련 구호물자를 보내준 것을 계기로 북과 남 사이에 접촉과 대화 분위기가 조성되었으며 오랜기간 격폐되었던 장벽의 문이 열리게 되었다."고 하면서 이것은 북한이 긴장상태를 완화하고 민족의 화합과 단합을 이룩하며 평화적 조국통일의 출로를 열어나가는 커다란 의의를 지니는 중대한 일이라고 평가하였다. 『로동신문』, 1985년 1월 1일 신년사.

306 평화문제연구소, "8.15 고향방문단·예술공연단 교류를 기대하며," 『통일한국』, 20권 7호 (1985), p. 20.

307 1985년 8월 22일 판문점에서 열린 남북적십자회담에서는 9월 20일부터 23일까지 쌍방은 단장 1명, 고향방문단 50명, 예술공연단 50명, 기자 30명, 지원인원 20명 등 총 151명의 방문단을 교환하기로 하였다.

308 남북회담사무국, 『사회문화공동위수첩』(서울: 남북회담사무국, 1995), p. 133.

309 공연단 규모에 있어서 남측은 100명, 북측은 300명 주장 등으로 난항을 겪고 구

종 50명으로 합의되었지만, 제1차 실무대표 접촉에서 예술단 규모를 남측이 100명으로 하자고 하였으나 북측은 300명으로 하자고 제안하였다. 또한, 공연 내용도 남측은 특정인을 찬양하거나 상대방을 자극하는 정치적 요소를 배제할 것을 주장한데 반해 북측은 공연 내용을 통제하지 말것과 실황중계, 선전게시물 및 포스터 설치 등을 주장하였다. 북한은 이 공연을 체제우월성을 과시하기 위한 의도를 담고 있었던 것이다.

북한은 자본주의 문화 유입이 체제 유지에 커다란 장애요인이 된다는 입장을 견지하고 있었기 때문에 남한과 문화교류 자체를 부정적으로 인식하고 있었다. 그럼에도 불구하고 북한이 이와 같은 예술 공연을 제안한 것은 북한 문화예술이 상대적인 우위라는 자신감에서 비롯된 것으로 이를 통해 대남선전선동을 하기 위한 의도가 있었다고 볼 수 있다. 북한은 처음부터 예술단 상호 교환방문을 민족동질성 회복을 위한 순수 문화교류가 아닌 남한에 대한 정당성과 정체성 투쟁이라는 차원에서 시작했던 것이다.

남한도 역시 북한의 지적처럼 승공의 의도가 없었다고는 할 수 없다.[310] 북한도 공연 후에 "남조선괴뢰 예술단은 상대측을 비방하거나 자극하는 내용을 삼갈 데 대한 북남적십자회담의 합의사항에 어

체적인 합의에 이르지 못하자, 1985년 8월 9일 남측의 박철언과 북측의 한시해를 대표로 하는 비밀회담에서 남측이 그 규모를 각 50명에서 100명 사이로 축소하는 방안을 제안, 북측의 의향을 타진했고 그들로부터 긍정적인 반응을 얻어냈다. 일단 비밀접촉에서 고향방문단과 예술단의 상호 방문에 대해 큰 선에서 사실상의 합의를 이끌어 내자 공개회담에서 합의는 수월하게 이루어졌다. 박철언, 『바른 역사를 위한 증언 1』(서울: 랜덤하우스 중앙, 2005), pp. 161-162.

310 주문걸, "남조선괴뢰 예술 공연의 반동적 본질: 승공의 야망을 실현하겠다는 속심," 『조선문학』, 12호(1985), p. 67.

긋나게 무대를 통하여 그 어떤 정치적 목적을 가지고 선전하는데 혈안이 되어 미쳐 날뛰었다."[311]고 하였다. 북한 입장에서는 남한이 고도의 경제성장과 생활방식의 우월함을 선전하기 위해 고속도로, 고층아파트 등을 공연의 영상무대 배경으로 보여 준 것은 남북간 합의사항을 어긴 것이라고 주장한 것이다. 북한의 입장에서는 남한의 이러한 행위가 민족화합과 동질성 회복을 위한 공연이 아니라 정치선전이었다고 비난할 수도 있는 문제이었다.

이렇듯 1980년대 남북은 문화교류를 통해 민족동질성 회복이라는 상호 가치의 교환이라기보다는 서로 문화이데올로기의 충돌과 배제의 치열한 투쟁을 벌인 것이다. 따라서 1985년 문화교류는 순수한 혹은 비정치적인 교류가 아니라 남북의 물리적인 힘이 교차하는 지점이자 문화의 충돌과 공존, 수용과 배제의 치열한 투쟁이 벌어지는 장(場)이었던 것이다.[312]

나. 북한의 통일전선 형성 위한 인적교류 추진

북한이 한반도의 통일전선 형성을 위해 본격적으로 노력한 것은 1960년 남한의 4.19혁명 이후부터 반미구국을 최저 강령으로 하는

311 북한은 남한의 공연 중 '아리랑'의 무대배경에 대해 "놈들은 마지막 순서로 합창 〈아리랑〉을 부르면서 무대배경에 승용차, 유희장, 고속도로, 항구, 복지농촌마을들을 내비치고 마치 저들의 경제가 〈고도성장〉이나 하는 것처럼 떠들어대었다."고 평가하였다. 주문걸(1985), 위의 글, pp. 67-68.

312 정영철, "사회문화교류의 순수성 신화에 대한 비판," 『북한학연구』, 제11권 2호(2015), p. 91.

'반미구국통일전선'이라고 할 수 있다. 광범한 대중을 끌어들이기 위해서는 노동자, 농민을 비롯하여 청년학생, 지식인, 도시소부르죠아, 민족자본가를 통일전선의 대상으로 삼았다. 또한, 인텔리들과 국군병사 및 중하층장교, 해외동포들까지 반미구국의 기치 아래 전개되는 투쟁에 참가하여야 한다고 주장하였다.

북한은 1960년 11월 22일 「남북조선의 경제 문화교류와 협조를 실현하며 남조선에서 민족경제의 자립적 발전을 도모할 데 대한 의견서」[313]를 통해 남북간 교류를 주장하였다. 다른 한편으로는 "남북조선의 전체 노동자, 농민, 청년학생, 과학 문화인, 기업가 상인들과 양심있고 분별있는 모든 인사들은 이 합리적이고 긴절한 제안의 실현을 위하여 한결같이 떨쳐나서야 할 것이다."라고 하면서 남북교류를 통일전선 형성의 일환으로 이용하려 하였다. 이후 북한은 로동신문 등을 통해 수시로 각 분야에 대한 남북교류를 제안하였으나, 남한이 전혀 호응하지 않음으로써 교류는 이루어지지 않았다.

1972년 남북은 「7.4 공동성명」을 통해 "남북간 다방면에서 제반 교류를 실시"하기로 하였다. 북한은 이에 대해 다방면적인 합작과 교류[314]는 남북관계 개선과 조국통일의 전제조건이라면서 남한정부에 합작과 교류를 실현하기 위한 구체적인 대책을 지체없이 강구하라고 압박하였다. 북한이 말하는 '합작과 교류'는 통일전선전술

313 조선중앙통신사, 『조선중앙년감』(평양: 조선중앙통신사, 1961), pp. 49-59.

314 북한은 "남북 합작과 교류는 남북한의 대중들에게 조국통일의 방침과 정당성을 민족적, 계급적으로 각성시키고 조국통일 투쟁에 떨쳐나서도록 하는 중요한 조건"이라고 설명하고 있다. 허종호, 『주체사상에 기초한 남조선혁명과 조국통일 이론』(평양: 사회과학출판사, 1975), p. 203.

[315]에 입각하여 남조선 혁명을 이룩해나가는 것을 말한다고 할 수 있다.[316] 김정일도 "남북이 서로 왕래하고 접촉하면서 협상해야 그 동안 불신과 오해를 풀고 이해를 넓히며 민족적 단합을 이룰 수 있으며 조국통일문제에 대해 올바른 인식을 가지게 될 것"[317]이라고 하였다. 이것은 북한이 통일전선전술을 구사하기 위해 남한과 인적 교류를 추진하겠다는 의도라고 할 수 있다.

북한은 1980년 「고려민주연방공화국 창립방안」을 제안하면서 "대민족회의를 소집하여 민족의 단결을 도모한데 기초하여 남북간의 연방제를 실시하자"고 주장하였다. 이 회의의 소집 의도는 북한의 사회주의역량과 애국적 민주역량을 연계하여 통일전선을 형성시키고자 하는데 있었다. 연방제 통일방안은 본질적으로 체제경쟁에서 승리하기 위한 통일전선전략을 구현할 전술적 방안으로 규정하고 있다.[318] 북한은 남한의 정세가 불안하면 공세적으로 나오고 남한이 안정기에 접어들면 대화에 응한 경우가 많았다. 북한의 통일전선전술의 궁극적인 목적은 북한 중심의 통일이었으나 단기적으로는 남한사회의 분열을 조장하여 북한체제의 안정성을 제고하는 데 있었다.

---

315 통일전선전술은 공산주의자들의 가장 대표적인 조직동맹전술로 공산당세력이 주적을 타도하는데 있어 좌파세력의 힘으로만 불가능할 때 필요한 동조세력을 확보하고 그들과 잠정적인 동맹체를 구성하여 투쟁하는 조직전술이다. 유동렬, "북한의 통일전선론 체계와 구사실태," 『북한학보』, 제31집(2006), p. 165.

316 이동복, 『통일의 숲길을 열어가며 2』(서울: 삶과 꿈, 1999), p. 28.

317 김정일, "조국통일 3대원칙을 관철하기 위하여 견결히 투쟁하자," 『김정일선집 4권』(평양: 조선로동당출판사, 2010), pp. 414-415.

318 황장엽, "자유민주주의의 승리를 위하여 독재와 민주주의는 양립할 수 없다," 『월간조선』, 12월호(2000), p. 193.

다. 「남북예술단 교환공연」에 나타난 교류 의도

1980년대 남북은 민족동질성 회복을 위해 가장 중요한 요소라고 할 수 있는 교류를 정치적이고 체제 경쟁적인 발상에서 이용하였다. 남북한의 문화교류는 순수한 것이 아니라 이데올로기를 내장한 가장 정치적인 성격을 띠고 있었다. 문화는 과거 냉전시설 '문화냉전'이라는 말에서 보듯이 상대방 체제를 부정하고 자기 체제의 정당성과 우월성을 드러내는 강력한 수단으로 동원되었던 것이다.[319] 그 대표적 사례가 남북간 문화교류의 시발점이 되었던 1985년 「남북이산가족 고향방문 및 예술공연단」 교환공연이다. 이 공연을 통해 나타난 남북한의 문화교류에 대한 의도와 입장을 살펴볼 수 있다.

북한은 남한과 정치, 경제, 사회분야 교류에 비해 문화교류를 부정적으로 인식하고 있다. 사회주의헌법에서도 '자본주의 문화' 유입이 체제유지에 커다란 장애 요인이 될 수 있다고 명시하고 있다.[320] 그럼에도 불구하고 북한이 예술단 교환을 제안한 것은 1980년대 김정일이 문화부문을 장악한 이후 문화예술에 대한 상대적 우월감에서 남한의 문화적 상황을 파악해 보고자 한 목적이 있었다고 할 수 있다.

319 정영철, "사회문화교류의 '순수성' 신화에 대한 비판: '문화'의 양가성을 중심으로," 『북한학 연구』, 제11권 2호(2015), pp. 89-91.

320 조선민주주의인민공화국 사회주의헌법 제41조: 조선민주주의인민공화국은 사회주의근로자들을 위하여 복무하는 참다운 인민적이며 혁명적인 문화를 건설한다. 국가는 사회주의적 민족문화건설에서 제국주의의 문화적 침투와 복고주의적 경향을 반대하며 민족문화유산을 보호하고 사회주의현실에 맞게 계승 발전시킨다. 제42조: 국가는 모든 분야에서 낡은사회의 생활양식을 없애고 새로운 사회주의적 생활양식을 전면적으로 확립한다.

북한은 예술단 교환공연 협의 과정에서도 일반적인 남북대화시 그들 특유의 전제조건을 별로 제시하지 않았다. 다만 공연단 규모에서 큰 차이를 보인 것은 북한 예술의 특성상 이데올로기 구현을 위해서는 대규모의 공연단이 필요했기 때문이나 이마저도 남측에 양보하면서[321] 공연을 반드시 성사시키는 모습을 보였다.

북한은 1985년 신년사에서 "우리 당과 공화국 정부는 우리의 주동적 발기에 의하여 모처럼 마련된 북과 남사이의 경제회담과 적십자회담이 좋은 결실을 가져오게 하며 북과 남사이의 폭넓은 협상과 다방면적인 합작과 교류를 실현하기 위하여 성의 있는 노력을 다할 것입니다."[322]라고 하면서 실제 교류를 실시할 것임을 예고하였다. 그리고 1973년 평양에서 열렸던 제7차 남북적십자 본회담을 끝으로 회담이 중단된지 12년만인 1985년 5월 북한적십자 대표단이 서울을 방문하여 이산가족 고향방문 협의과정에서 예술단 교환공연을 제안하여 합의가 이루어졌다.

그러나 분단 40년 만에 처음으로 남북간 동시에 상호방문 문화교류가 이루어졌으나 공연에 대한 남북한의 평가는 극명하게 달랐다. 북한은 공연 이후 남한의 프로그램[323]에 대해 "이것은 민족적 전통

---

321 북한은 "우리가 모든 것을 양보하고 그래도 예술단 및 고향방문단의 호상방문을 인내성 있게 설복하였다."고 강조하였다. 송석환, "북남문화교류에서 남측의 속심," 『조선예술』12호(1985), p. 67.

322 『로동신문』, 1985년 1월 1일 신년사.

323 남한의 공연 프로그램은【제1부 : 겨레의 맥박】① 개막무용 : 북소리 ② 민속무용 : 태평성대 ③ 민속무용 : 승무 ④ 민요합창 : 울산아가씨, 잦은 산타령 ⑤ 창작무용 : 꽃보라 ⑥ 가곡: 사공의 노래 ⑦ 창과 민속무용 : 강강술래 ⑧ 민속무용 : 봉산탈춤 ⑨ 민속무용: 부채춤 ⑩ 재담 : 고향 가는 길.【제2부 : 2천 년대를 향하여】① 현대무용 : 겨레의 갈망 ② 가요 : 눈물 젖은 두만강, 불효자는 웁니다 ③ 가요합창 : 아리랑목동, 신고산 타령, 고향만리, 서울의 찬가 ④ 가요 : 찔레꽃, 꿈

을 우롱하고 모독하는 반민족적 행위이다. 남한이 들고나온 복고주의는 인민들 속에서 자기나라 문화에 대한 허무주의를 고취하고 나아가서는 숭미사대주의사상을 조장시킴으로써 종당에는 우리의 고유한 민족음악유산을 말살해버리려는 속심이다."[324]라고 평가하였다. 이 뿐만 아니라 무용, 재담 등 공연 종목에 대해 조목조목 비난을 한 것은 그들이 목적한 공연이 성사되었기 때문에 솔직한 평가를 내놓는 데 부담이 없었던 것으로 보인다. 또한 대내적으로는 주민들에게 북한당국이 선전해왔던 것처럼 자신들의 체제 및 문화예술의 우월성을 과시할 수 있는 기회였기 때문에 적극 활용했던 것이라고 할 수 있다.

북한은 김정일이 "예술성이 없는 예술은 예술이 아닙니다."라고 지적하였다면서 예술성은 작품에 등장하는 인간 성격들의 구체적인 묘사와 생활반영의 진실성, 작품의 인식 교양적 의의 등에서 표현된다고 한다. 그런데 서울예술단이 준비해간 예술작품들은 "인간 성격의 정당한 묘사도 생활반영의 진실성도 작품의 인식교양적 의의도 찾아볼 수 없는 것들이였다."[325]고 혹평하였다.

먼저 북한이 남한의 무용에 대해 비난한 것을 보면 무용에 대한 그들의 관점이 남한과는 전혀 다르기 때문이다. 북한에서는 "우리의 무용 예술 앞에는 주체를 철저히 세우고 복고주의, 형식주의, 수정

에 본 내 고향 ⑤ 현대무용 : 2천 년대를 향하여 ⑥ 가곡 : 그리운 금강산 ⑦ 민속무용 : 농악 ⑧ 전원합창 : 아리랑 등으로 구성되었다.

324 정봉섭, "복고주의적이며 퇴폐적인 음악: 서울 예술단의 공연을 보고," 『조선예술』, 1호(1986), pp. 57-58.

325 김기욱, "예술성이 없는 예술은 예술이 아니다: 서울 예술단이 출연한 재담을 놓고," 『조선예술』, 1호(1986), p. 54.

주의를 비롯한 온갖 반동적 사상을 반대하여 투쟁함으로써 우리의 무용예술을 철저히 당과 로동계급과 인민을 위하여 복무하는 혁명적인 예술, 참다운 공산주의 무용예술로 개화 발전시켜야 할 영예로운 임무가 나서고 있다."[326]고 하였다. 이러한 북한의 무용예술에 대한 관점 때문에 남한이 어떠한 프로그램과 레퍼토리를 준비한다 해도 비난의 소지는 있었던 것이다.

전통에 대해서도 남한은 궁중예술, 종교예술 등을 우리 선조들이 가지고 있던 모든 문화유산을 포괄하여 생각하는 반면 북한은 계급투쟁과 유물론의 관점에서 궁중예술과 종교예술을 '복고주의'로 생각하고 투쟁의 대상으로 삼고 있다[327]는 점이다. 음악도 사회주의적 사실주의라는 창작 방침에 따라 전통음악을 그대로 보존하지 않고 동시대화하는 특성을 가지고 있다. 이것은 1951년 김일성이 "과거의 모든 민요를 그대로 부르는 것이 민족문화의 계승이라고 생각하는 것은 잘못이며 민요, 음악, 무용 등 각 부문에서 우리민족의 고유하고 우수한 특성을 보존하는 동시에 새 생활이 요구하는 새로운

---

326 김일성은 1962년 11월 작가, 예술인들에게 내린 교시에서 "문학예술은 절대로 혁명의 리익과 당의 로선을 떠나서는 안되며 착취계급의 취미와 비위에 맞는 요소를 허용해서는 안됩니다. 오직 당의 로선과 정책에 철저하게 의거한 혁명적 문화예술만이 진정으로 인민대중의 사랑을 받을 수 있으며 근로대중을 공산주의적 혁명정신으로 교양하는 당의 힘 있는 무기로 될 수 있습니다"라고 하였다. 김일성, "천리마시대에 맞는 문학예술을 창조하자: 작가, 작곡가, 영화부문일군들과 한 담화(1960년 11월 27일)," 『김일성저작선집 2권』(평양: 조선로동당출판사, 1968), p. 579.

327 김일성은 1946년 북조선 각 도민위원회, 정당, 사회단체 선전원, 문화인, 예술인대회에서 한 연설에서 "우리가 반동세력을 분쇄하고 새 민주조선을 건설하는가 못하는가 하는 것은 동무들이 문화전선에서 잘 싸우는가 못 싸우는가에 달려 있습니다."라고 하였다. 김일성, "문화인들은 문화전선의 투사로 되어야 한다(1946년 5월 24일)," 『김일성선집 1권』(평양: 조선로동당출판사, 1963), p.96.

리듬, 새로운 선율, 새로운 율동을 창조하라."[328]고 지시한데 따른 것이다. 이에 의해 전통을 고수하고 있는 남한민요 등은 비난의 대상이 될 수밖에 없었고, 특히 판소리의 탁음은 착취계급의 소산으로 취급하였다.

한편 남한에서도 북한공연[329]에 대해 전통춤에서 지켜야 할 춤사위, 음악, 의상 등 모든 것이 변했을 뿐만 아니라 그 수준도 매우 낮다고 비난하였다. 무용은 중국이나 인도식으로 기계적이고 집체적인 빠른 동작이 대두되면서 유장하고 멋스러운 전통춤의 모습은 볼 수 없게 되었으며 잡탕무용이 되었다고 평가하였다. 가야금의 줄 수도 바뀌고 다른 악기들도 현대 서양악기와 비슷하게 개량되었는데, 이는 북한의 음악이 '변화'를 넘어 '변질' 되었다고 비난하였다.

북한에서는 악기 개량작업을 시대의 흐름에 맞는 '변화'의 폭에 수용하고 있다. 이러한 측면에서 '전통'이라는 남북이 공유하는 문화를 중심으로 한 교류를 강조하지만, 이 역시 전통을 둘러싼 남북의 이데올로기적 차이로 인해 오히려 상대방 문화에 대한 오해를 불러일으키기도 하였다.[330]

남북은 1985년 남북예술단 교환공연을 통해 서로의 문화예술에

328 김일성, "우리 문학예술의 몇가지 문제에 대하여: 작가, 예술가들과의 담화(1951년 6월 30일),"『김일성저작집 6권』(평양: 조선로동당출판사, 1980).

329 북한공연 프로그램은 ① 남성4중창 : 양산도, 까투리타령, 웃음꽃이 만발했네, 소방울 소리 ② 민요2중창 : 노들강변, 조선팔경가, 도라지타령, 우리의 동해는 좋기도 하지, 금수강산 우리조국 ③ 여성4중창 : 모란봉, 새봄을 노래하네, 뻐국새, 명승가 ④ 장새납 독주 : 그네 뛰는 처녀, 풍년 든 금강마을 ⑤ 가야금 독주 : 봄 ⑥ 무용 금강선녀, 손북춤, 달맞이, 칼춤, 3인무, 샘물터에서, 쟁강춤 등이었다.

330 정영철, "남북분단에 따른 남북한 상호인식 차이와 문화 변용: 사회통합을 위한 과제 모색," 신종대 외, 『분단 70년과 대한민국』(서울: 대한민국역사박물관, 2016), p. 242.

대한 이질감을 확인한 것을 넘어 문화적 충돌까지 경험하게 되었다. 문화적 이질감은 분단된지 40년 만의 만남이라 당연하다고 할 수 있다. 북한은 이 공연을 추진한 배경에 대해 "북과 남사이의 불신과 오해를 풀고 민족적 화합과 단합을 도모하여 나라의 평화적 통일을 촉진하기 위한 것이다."[331]라고 하였다. 그러나 남북간에 이해와 신뢰를 바탕으로 한 민족화합을 추진해 나가는 과정으로써 순수한 문화교류가 아니라, 상호 간에 체제우위 비교 및 대결심리에서 출발하였다는데 문제가 있었다.

331 김기욱, "예술성이 없는 예술은 예술이 아니다: 서울 예술단이 출연한 재담을 놓고," 『조선예술』, 1월호(1986), p. 55.

2

교류 시도기(1990~1997년) : 남북한의 교류 입장 전환

가. 남한의 북한개방 유도와 교류 추진

1980년대 말 미·소 양대진영의 냉전체제가 붕괴되는 지각변동이 일어나면서 남북한도 평화와 통일에 대한 기대가 고조되었다. 남한에서는 1987년 6월 민주항쟁으로 민주화에 대한 국민들의 욕구분출과 함께 통일에 대한 열기가 고조된 가운데 1988년 2월 노태우 정부가 출범했다. 노태우 대통령은 1988년 7월 7일 「민족자존과 통일번영을 위한 대통령 특별선언」(7.7선언)[332]을 발표하고, 북한을 더 이상 적대적인 대결과 경쟁의 상대가 아니라 '평화와 통일의 동반자'로 생각하기로 하였다. 이 뿐만 아니라 남북관계 개선을 통해 북

332 「7.7선언」은 ① 남북 상호 인적교류와 왕래를 위한 문호개방, ② 이산가족의 서신교환과 상호방문, ③ 남북간 민족 내부 거래로서의 교역 실시, ④ 국제무대에서의 상호협력, ⑤ 북한과 미국·일본 등의 관계개선에 대한 협조, ⑥ 소련·중국 등 사회주의 국가와의 관계 개선 추구 등을 내용으로 하고 있다.

한의 개방을 유도하기 위해 전면적인 교류를 추진하려고 하였다.

북한은 냉전체제 와해와 더불어 노태우 정부가 「7.7선언」에서 천명한 북방정책 추진으로 남한이 동구를 비롯하여 소련, 중국 등과 수교를 맺음으로써 외교적으로 더욱 고립되었다. 김일성은 1991년 신년사에서 "최근 나라의 흡수통합방식에 현혹된 남조선 당국자들은 북방정책을 내걸고 청탁외교를 벌리면서 남의 힘을 빌어 우리나라에도 그런 방식을 실현해 보려는 어리석은 꿈을 꾸고 있다."[333]고 하면서 남한의 북방정책을 비난하였다.

또한, 소련과 동구 국가들의 시장경제와 민주주의 체제로의 전환, 동서독의 통일, 중국의 개혁·개방 가속화 등으로 북한은 감내하기 힘든 체제위기 의식과 흡수통일 공포에 시달리게 되었다. 북한은 사회주의권 국제시장을 잃게 됨으로서 경제위기에 봉착하였다. 특히 북한 무역의 절반가량을 차지하고 있었던 소련의 몰락은 북한에 커다란 경제적인 타격을 주었다.

북한의 경제사정 악화는 정치, 군사적인 약화를 가져왔다. 반면 남한의 급속한 경제발전과 체제 안정화는 북한에게 더 심각한 위기의식을 갖게 했다. 이러한 위기의식은 북한이 1990년 9월부터 진행된 남북고위급회담에 호응해 오는 요인이 되었다. 1991년 12월 「남북기본합의서」에 남한의 주장들이 거의 반영되도록 양보한 것이다. 북한은 이러한 대내외적인 급변 상황에서 남한으로 흡수통일과 체제 및 정권붕괴를 막아보려고 하였다. 따라서 대내외적인 상황 흐름에 대처하는 정도에서 제한적으로 남북교류에 동참하였다.

---

333 『로동신문』, 1991년 1월 1일 신년사.

나. 「남북기본합의서」 채택 과정의 남북한 교류 입장

남북은 1991년 12월 13일 「남북기본합의서」와 1992년 9월 17일 「남북교류협력부속합의서」를 채택하고 서로를 대립관계에서 협력관계로 변화시켜 나가기로 하였다. 이 시기 남북 상호간 인식의 변화는 경제, 사회, 문화 등 여러 분야에서 교류와 협력을 가능하게 하였다. 그러나 「남북기본합의서」와 「부속합의서」 채택과정에서 분야별 교류에 대해서는 〈표 11〉에서 처럼 상당한 입장 차이를 보였다.

〈표 11〉 남북 「기본합의서」·「부속합의서」 채택과정의 쌍방주장 비교

구분	남한	북한	비고 (북한입장)
보도매체 교류	-민족구성원들이 서로 상대방 실상을 알 수 있도록 신문, 라디오, 텔레비전 및 출판물의 상호 개방 제의	-자본주의의 썩은 문화의 오염으로부터 우리사회를 보호하기 위해 신문, 라디오, 텔레비전 및 출판물 개방을 반대하다 남한 주장을 고려, 상호교류·협력에 동의	소극적
종교 및 종교인 교류	-종교분야 상호교류협력과 종교인 상호교류 제의	-종교 분야 및 종교인 상호교류 협력 강력 반대	부정적
언론 및 언론인 교류	-언론·출판분야 상호교류·협력 및 언론인 상호교류 실시, 자유로운 취재활동 보장 제의	-언론인 교류 문제는 민족구성원 전체가 남북을 자유롭게 왕래하면 해결 될 것	부정적
체육분야 교류	-각 종목별 친선경기, 체육인 상호교류, 올림픽 등 국제경기 단일팀 구성 참가 제의	-국제경기 단일팀 구성 외면 -체육분야 기술협력, 접촉, 교류 및 공동행사 실시 입장	중간
예술단 교환	-남북공동 기념일과 민속명절에 예술단 상호교환 제시	-문학·예술 분야에서 다각적 협력이 바람직하다는 입장	중간

예술작품·문화유물 교환전시	-전통문화 보존 및 발전 자료 와 경험 교환, 문화유물 및 예술작품 교환전시	-역사유물 발굴, 민족문화 계승발전사업 공동 추진 -문화유물 및 예술작품 교환전시회 진행	적극적
저작권 보호 문제	-북한의 출판, 연극, 음악, 미술, 건축, 사진, 영상 저작물에 대한 권리보호를 제안	-저작권 문제 계속 기피 -분야 명시하지 않고 쌍방이 합의하여 저작물에 대한 권리보호 입장	소극적
자료교환실 설치 문제	-사회문화 분야 자료 교환을 위해 판문점에 자료교환실 설치, 운영 제의	-자료교환실 설치 문제 회피 -사회문화 교류협력에 필요한 기구 공동위에서 협의 입장	소극적
국제무대협력, 대외공동진출문제	-문화, 예술 분야 협력, 국제행사 등 대외 공동 진출	-문화 등 여러 분야 국제기구에서 협력하며 국제기구 공동 가입 노력	적극적

먼저 북한의 입장을 보면, 문화·예술 분야 교류에 대해서는 상대적으로 자신감과 적극적인 자세를 보였다. 하지만 종교, 언론 관련 교류에 대해서는 매우 부정적이었다. 종교 교류에 대해 부정적인 것은 북한 헌법 68조에 "공민은 신앙의 자유를 가진다. 이 권리는 종교시설을 짓거나 종교의식 같은 것을 허용하는 것으로 보장된다."라고 규정하고 있다. 그러나 "누구든지 종교를 외세를 끌어들이거나 국가사회질서를 헤치는데 이용할 수 없다."고 덧붙이고 있다.[334] 즉 종교가 외세 개입의 매개체로써 주민들이 체제동요에 이용될 수 있음을 우려하는 것이다. 1980년대 남한의 종교인이 방북하거나 제3국에서 접촉한 사례는 있었다. 그러나 남한이 공식적으로 종교 분야에서 상호교류를 제안한 것은 종교를 배척하는 북한이

334 조선민주주의인민공화국 사회주의 헌법 제5장 공민의 기본 권리와 의무 제68조(2016.6.29. 수정보충). 법률출판사, 『조선민주주의인민공화국 법전(증보판)』(평양: 법률출판사, 2016).

수용하지 못할 부분이라는 것을 알고 있음에도 기싸움 차원에서 제의를 한 것이다.

남한의 입장은 기본적으로 남북주민들이 상대방의 실상을 이해하고 민족공동체 구성을 위해 다양한 분야에서 교류하자는 것이다. 특히 언론 및 언론인들의 자유로운 취재활동을 통해 서로 실상을 알 수 있도록 하자고 주장한 것이다. 동서독의 교류에서도 서독의 언론들이 동독 내에서 동독의 실상을 취재하여 보도함으로써 동독주민들이 서독언론을 더 신뢰하고 보도나 방송을 경청한 전례가 있다. 당시 북한으로서는 언론·방송 교류는 도저히 수용할 수 없는 일이었다. 그러나 남한은 북한에 대해 여러 분야 교류에 대한 열린 자세를 촉구하기 위한 측면이 강했다고 할 수 있다.

한편 김일성은 「남북기본합의서」 채택 직후인 1991년 12월 24일 노동당 중앙위원회 전원회의에서 남북교류에 대해 신중한 입장을 가져야 하는 이유를 다음과 같이 설명하였다.

"우리가 북남합의서를 리행하는 데서 심중히 대처하여야 할 문제는 협력과 교류 문제입니다. … 우리는 **북남사이의 협력과 교류를 실현하는데서 우리 혁명과 사회주의건설에 리로운 것만 하고 해로운 것은 하지 않는 원칙을 견지**하여야 합니다. … 우리는 다른 나라들에서 《개혁》과 《개방》을 하는 것을 보고 어떻게 하는 것이 사회주의에 이롭고 어떻게 하는 것이 사회주의에 해로운가 하는 것을 똑똑히 알게 된 것만큼 그것도 참작하면서 남조선과의 협력과 교류를 실현하여야 합니

다."[335] (강조 부분은 필자)

이와 같이 북한은 1980년대 후반부터 동구 사회주의권의 해체와 몰락 등 국제환경의 변화와 남한을 비롯한 미국의 대북 전향적인 자세에 영향을 받았다. 또한, 북한 내부의 심각한 경제난 등으로 북한지도부는 '남조선 혁명'의 실현보다는 점증하는 남한으로의 흡수통일에 대한 위기감과 현실적 두려움이 더 컸던 것으로 보였다.[336] 따라서 그들에게는 체제보존을 위한 시간벌기가 급선무이었으므로 극히 소극적으로 남한과 교류를 유지하면서 체제 정비를 위한 시간벌기를 한 것이다. 또한, 북한은 당시 여러 가지로 불리한 국제정세 등을 고려할 때, 동독의 서독에 의한 흡수통일처럼 남한에 의한 흡수통일을 우려하였다. 그러므로 어떠한 경우라도 북한을 참략하지 않겠다는 '불가침'을 확약받기 위해 「남북기본합의서」에 동의했을 뿐 실질적인 교류협력을 통해 남북간 화해와 신뢰구축 나아가 민족동질성 회복을 위한 것은 아니었다.

335 김일성, "우리 당의 조국통일로선의 승리와 앞으로의 과업에 대하여," 조선로동당 중앙위원회 제 6기 제 19차 전원회의에서 한 결론(1991년 12월 24일), 『김일성전집 91권』(평양: 조선로동당출판사, 2010), p. 563.

336 민족통일연구원, 『연구보고서 94-16 북한지도부의 정세인식 변화와 정책전망』(서울: 민족통일연구원, 1994), pp. 57-58.

다. 북한의 '모기장론'에 의한 제한 교류

국제정세의 급변기에 북한은 생존전략 차원에서 남한과 협상을 택하였다. 그 결과 1991년 12월 채택된 「남북기본합의서」는 북한체제와 정권보장의 보증수표나 다름없었다. 그러나 김일성은 「남북기본합의서」 제3장의 교류·협력과 관련하여 앞으로 북한이 취해 나가야 할 방향에 대해 다음과 같이 언급하였다.

"북남합의서의 … 협력과 교류사항을 리행하는 데서는 잘못하면 미국의 《평화적 이행》전략에 말려들어갈 수 있습니다. 지금 **남조선당국자들은 협력과 교류를 통하여 공화국북반부에《자유화바람》을 불어넣어 우리의 사회주의제도를 허물고 서부독일이 동부독일을 흡수통합 하듯이 우리를 먹어보려** 하고 있습니다. … 우리는 **모기장을 튼튼히 치고 협력도 하고 교류도 하여야** 합니다. 그리하여 쉬파리가 들어와 쉬를 쓸 수 없게 하여야 합니다. 우리는 지금 **모기장을 치고** 자본주의 나라들과 여러 분야에서 교류를 발전시키고 있습니다. 그렇기때문에 **우리나라에는 자본주의 바람이 들어오지 못하고 있습니다**. 오늘 우리나라처럼 사회주의 건설에 리롭게 개방하고 있는 나라는 없습니다."[337] (강조 부분은 필자)

김일성이 남한과 교류를 하는데 있어 "모기장을 튼튼히 칠 것"을

337 김일성, "우리 당의 조국통일로선의 승리와 앞으로의 과업에 대하여," 『김일성전집 91권』(평양: 조선로동당출판사, 2010), pp. 562-563.

강조한 것은 남한의 자유화 바람 유입으로 인한 주민들의 사상해이를 매우 두려워했다는 반증이다. 북한이 대외개혁과 개방에서 가장 우려하는 부분은 주민들의 정신세계가 오염되어 고상한 공산주의적 도덕이 '황색바람(퇴폐적 자본주의 바람)'에 물드는 것이다. 김일성은 자본주의 바람은 문화를 빙자한 제국주의의 또 따른 침략 행태라고 보았기 때문에 외부바람을 모기에 비유하면서 외부바람이 유입되지 않도록 하는 '모기장론'[338]을 제시한 것이다.

1990년대 초반 국가사회주의 몰락과 때를 같이 하여 등장한 '모기장론'은 자본주의 문화가 침투하는 것을 철저히 막아 사회주의를 고수하고자 하는 데서 나온 것이었다. 북한은 독일의 경우처럼 동부독일이 경제 등 여러 가지 면에서 체제 우위에 있던 서부독일과 '평화공존론'에 의한 오랜 교류 끝에 흡수통일[339]된 것을 보고 남한과

338 '모기장론'의 핵심은 사람의 피를 빨아 먹으면서 무서운 병을 퍼뜨리는 모기와 같이 사상에도 모기와 같이 나쁜 것이 있다는 것이다. 사상에서 모기와 같이 나쁜 것이 수정주의라는 것이다. 수정주의는 '로동계급의 혁명사상을 지주, 자본가 계급의 리익에 맞게 뜯어 고쳐 놓은 반동사상'으로 수정주의에 물들게 되면 로동계급의 편과 지주, 자본가의 편을 갈라보지 못하고 어떻게 하는 것이 로동계급에게 리익이 되고 해를 주는 것인지 분간하지 못하게 되고 마침내 죄 중에 가장 큰 죄인 수령을 배반하게 된다는 것이다. … 모기가 모기장을 뚫고 들어오려는 것처럼 수정주의도 북한 내부에 스며들려고 끊임없이 발악하는데, 이것이 수정주의의 사상문화적 침투인 것이다. 따라서 모기와 같은 수정주의를 막아내는 모기장을 빈틈없이 쳐서 수정주의의 사소한 요소도 스며들지 못하게 하여야 한다는 것이다. 전영선, 『글과 사진으로 보는 북한의 사회와 문화』(서울: 경진출판, 2016), pp. 137-138.

339 김일성은 "동부독일은 통일로선이 아닌 분렬로선을 들고나가다가 서부독일에 흡수통합되여 망하고 말았습니다. 동부독일도 처음에는 우리처럼 나라의 통일을 주장하였습니다. 그런데 쏘련에서 흐루쑈브가 집권하여 수정주의적인《평화적공존》로선을 내세우면서 동부독일 사람들에게 독일의 분렬을 합법화하도록 내리먹였습니다. … 분렬로선은 통일로선 앞에서 견딜 수 없습니다. 만일 동부독일지도자들이 분렬로선으로 전환하지 않고 통일로선을 계속 견지하였더라면 사회주의 동부독일이 자본주의 서부독일에 흡수통합되는 것과 같은 일은 없었을 것입니다."라고 강조하였다. 김일성, "우리 당의 조국통일로선의 승리와 앞으로의 과업에 대

교류에 대해 두려움을 가진 것이었다.

또한, 김일성은 "남한이 북방정책을 추진하여 북한을 고립시키고 독일식으로 흡수통일하려고 하고 있어 이에 대한 경각심을 높여야 한다."[340]고 주장하였다. 북한이 아무리 모기장을 치고 자본주의 문화유입을 경계한다 해도 자본주의 사회와의 접촉과 자본주의 경제 수용의 불가피성은 자본주의 문화유입과 직결되기 때문이다.[341] 이 때문에 북한은 남한과 교류를 하는 데 있어 자신들에게 필요한 것에 대해서만 제한적으로 교류를 하려고 했던 것이었다. 김일성은 1990년 전후 남한과 교류로 인한 자본주의 바람의 유입을 두려워하면서도 〈표 12〉에서 보는 것처럼 허세적으로 남북한 왕래와 접촉을 주장하였다.

〈표 12〉「남북기본합의서」 채택 전후 김일성의 교류 관련 담화

주요 담화	남북교류 관련 내용
조국통일5개방침 (1990.5.24.)[342]	- 남북간 자유왕래, 전면개방 - 전 민족적 통일전선 형성

하여: 조선조선로동당 중앙위원회 제 6기 제 19차 전원회의(1991년 12월 24일)," 『김일성전집 91권』(평양: 조선로동당출판사, 2010), pp. 552-553.

340 김일성, "우리 당의 조국통일로선의 승리와 앞으로의 과업에 대하여 조선조선로동당 중앙위원회 제 6기 제 19차 전원회의(1991년 12월 24일)," 『김일성전집 91권』(평양: 조선로동당출판사, 2010), p. 553.

341 오양열, "남북정상회담 이후 북한 문예지의 변화양상과 문예정책 동향," 『통일문제연구』, 2호(2001), p. 185.

342 김일성, "우리나라 사회주의 우월성을 더욱 높이 발양시키자: 조선민주주의인민공화국 최고인민회의 제9기 제1차 회의에서 한 시정연설(1990년 5월 24일)," 『김일성전집 89권』(평양: 조선로동당출판사, 2010), pp. 236-242.

우리 민족의 대단결을 이룩하자 (1991.8.1.)[343]	- 남북, 해외동포 접촉과 왕래, 대화 적극 발전 - 민족의 대단결 이룩 * 접촉, 왕래, 대화 가로막는 국가보안법 제거
우리 당의 조국통일 로선의 승리와 앞으로의 과업에 대하여 (로동당 중앙위원회 제6기 제19차 전원회의, 1991.12.24.)[344]	- 남북기본합의서 이행에 협력과 교류는 심중히 대처 - 모기장을 튼튼히 치고 남한과 교류 - 남한이 자유화 바람을 불어넣고 흡수통합 시도 - 교류와 협력은 혁명과 사회주의건설에 이로운 것만 하고 해로운 것은 하지 않는 원칙 견지 * 교류는 미국의 '평화적 이행' 전략에 말려들 가능성
전민족대단결 10대강령 (1993.4.6.)[345]	- 접촉, 왕래, 대화를 통해 전 민족이 이해하고 신뢰, 단합 - 민족대단결을 앞세워 광범위한 통일전선 형성

김일성은 1990년 대내외에 천명하는 '조국통일 5개 방침'에서 남북간 전면개방, 자유왕래를 주장하였다. 그러나 1991년 노동당 중앙위원회에서는 남한과 교류를 할 때는 모기장을 튼튼히 치고 사회주의 혁명과 건설에 이로운 것만 골라서 할 것을 주문하고 있다. 북한이 남한과 교류에 있어 직면한 딜레마를 극명하게 보여주는 사례이다. 그리고 남한당국에 대해서는 남북주민들의 왕래와 접촉을 가로막는 국가보안법 제거를 요구하면서 남북주민들과 해외동포들까지 전 민족이 대단결 할 것을 강조하는 등 교류를 통한 통일전선 형성을 주장하고 나섰다.

그러나 국제정세 및 남북간 상황 변화로 남북대화와 교류 분위기가 형성됨에 따라 남북은 문화·예술, 종교, 학술, 체육 분야에서 교류를 진행하였다. 1990년 10월 평양에서 '범민족통일음악회'가 개최되고, 12월에는 서울에서 '송년통일전통음악회'가 열렸다. 범민족통일음악회는 남한 참가자들이 판문점을 통해 처음 방북한 민간교류이며 남·북·해외 동포들의 합동공연이라는 의의를 갖는다. 또한 남북 문화예술행사는 해외동포가 많이 거주하는 미국, 일본, 중국 소련 등 제3국에서 영화, 음악, 대중가요, 무용, 서화작품 전시, 전통 예술 공연 등이 이루어졌다.

학술 분야에서는 남북한 학자들이 제3국에서 개최되는 국제학술회의에 참여하여 서로 의견을 교환하였다. 1991년 남북한 학자들이 언어 이질화 극복을 위한 단일안에 합의하였으나, 성과로 연결되지는 못하였다. 같은 해 11월에는 북한 최고인민회의 부의장 여연구 등 여성계 인사가 최초로 서울을 방문하여 '아세아의 평화와 여성의 역할'을 주제로 학술회의가 개최되었다.

체육 분야에서는 1990년 10월 서울과 평양을 오가며 열린 '남북통일축구대회'를 시작으로 1991년 세계탁구선수권대회에 단일팀으로 참가한데 이어 세계청소년축구선수권대회에도 단일팀으로 참가하였다. 그러나 같은 해 8월 북한 유도선수 이창수의 남한 망명으로 교류 분위기가 위축된 데다 북한의 경제사정 악화로 국제경기 참가가 어려워져 체육교류는 더 이상 진행되지 못하였다.

종교 분야는 일부 목사가 방북하여 '한반도 평화와 통일' 문제에 대해 논의한 바 있으며 스위스 글리온회의, 세계교회협의회 총회 등에 남북종교인이 참석하였다. 남북 불교대표단들도 1991년 미국 LA에 소재한 관음사에서 회동하였으나 남한은 종교적·인도적 차원에서 접근한 반면 북한은 정치적 차원에서 접근하여 통일전선 형성에 이용하려는 의도를 드러냈다.

방송의 경우도 북한은 방송이 주민들에게 미칠 수 있는 사상오염 등을 염려하여 공식적인 교류는 꺼려 하였으나, 남한 방송사들의 제의에 대해 일정 부분 긍정적인 태도를 보이기도 하였다. 그리고 남한의 일부 프로그램을 받아들이기도 하였다.[343] 이것은 남북고위급 회담시 방송분야 교류에 대해 극렬하게 반대했던 것에 비추어 보면 일부 진전된 모습이라고 할 수 있다.

한편 북한은 1960년대 실현성 없는 평화공세 차원의 교류를 적극적으로 제안했던 것과는 달리 본격적으로 남북교류가 시작된 1990년대 이후에는 교류에 매우 소극적인 태도를 보였다. 그 이유는 교류를 통해 북한주민들이 남한의 문화를 접하게 되면 결과적으로 북한사회의 개혁이나 개방에 대한 압력으로 연결될 위험성을 우려했기 때문이다. 북한은 1970년대부터 남북간 교류가 이루어지면 가장 우려되는 것이 제국주의 사상·문화적 침투였다. 따라서 1980년대 말 이후 계속 확산되고 있는 자본주의 황색바람의 유입을 방지하기 위해 고심하고 있다.

김일성은 1991년 신년사에서 남북 사이에 "전면개방, 전면왕래"를 주장하였지만, 오히려 개방과 남북간 왕래를 두려워하는 허세적인 언급에 불과하였다. 따라서 실제 교류가 이루어진 것은 당국 주

343 북한의 남한 프로그램 수용에 대한 구체적인 내용을 살펴보면, KBS와 MBC는 북한 정무원과 노동당 산하 국장급 이상의 인사들과 제3국에서 접촉하여 프로그램 공동제작, 기타 방송관련 자료의 개방, 방송 인력의 공동연수 등에 대해 논의하였다. 이어 남한의 공보처는 비정치적 성향의 방송제작에 북한이 협조해 줄 것을 모색하고 '마의 태자의 일대기'를 북한에서 촬영할 수 있도록 제의하였으며 KBS는 '고구려 벽호'와 '몽골말의 국내수송 과정'을 현지에서 제작하자고 제안하였다. 또한 MBC는 1992년 말에 '여명의 눈동자'를 비롯하여 교류 가능한 프로그램 목록집을, KBS는 대외비로 자료목록을 발간하여 프로그램 교환 차원에서 제시했는데 북한은 이들에 대한 선별작업을 한 후 상당 프로그램을 받아들였다. 이헌경, "남북한 사회문화교류·협력의 전개과정과 장애요인 분석,"『통일문제연구』, 통권 36호 상반기(2001), p.213 재인용.

도로 남북화해 분위기 조성 차원에서 실시한 예술공연과 체육경기가 서울과 평양에서 개최된 것이었다. 북한은 남북지역 내에서 인적 왕래교류가 이루어지는 것을 꺼려하여 1990년대 초반에는 거의 제3국에서 진행되었다.

또한, 인적교류가 수반되지 않는 북한그림·사진 등의 남한내 전시회가 상당히 활발하게 진행된 것은 북한의 교류에 관한 입장과 연관이 깊다. 북한은 경제개방에 비해 문화개방을 통해 얻을 수 있는 실질적인 이익이 많지 않을뿐 더러 자본주의 황색바람으로 인해 북한 정권의 통치가 어려워 질 수 있을 것이란 우려 때문이다. 이것은 김정일이 동구사회주의의 몰락이 이른바 '선행이론'인 맑스주의가 혁명투쟁에서 물질·경제적 조건을 지나치게 중시하고 인간개조사업과 사상개조사업을 소홀히 했기 때문이라고 평가한 것과 맥을 같이 한다.[344]

김정일은 당시 개혁·개방과 시장경제의 세계사적 흐름에 주민들의 사상 강화를 통한 내부단속에 심혈을 기울이고 있었다. 이러한 상황에서 개방을 수반하는 교류에는 수동적으로 대처할 수밖에 없었다. 특히 남한과 경쟁 상태에서 북한이 개방을 선택할 경우 동독이 흡수통일 당한 것과 같은 취약성을 노출시킬 수 있다는 위험성이 있었다.[345]

---

344 김정일, "사회주의는 과학이다: 조선로동당 중앙위원회 기관지 ≪로동신문≫에 발표한 론문(1994년 11월 1일)," 『김정일선집 18권』(평양: 조선로동당출판사, 2012), pp. 68-100 참조.

345 Robert Dujarric, "Changes on Korean Peninsula and Prospects for the Establishment of Peace in Northeast Asia," *Proceedings of International Symposium on Changes in Inter-Korean Relations*, Korea Press center, Seoul (November 2, 2000), p. 59.

북한은 연방제 통일이 되면 남북간 사회·문화적 이질화는 자연적으로 극복될 수 있다는 논리로 교류에 소극적인 자세를 견지하였다.[346] 특히 남한과 사회문화교류가 주민들에게 미치는 영향을 최소화하기 위해 남북주민들간 접촉이 수반되는 교류는 최소화하였다. 또한, 접촉의 지속성을 차단하기 위해 일회성 행사 위주로 진행하였다. 북한의 이러한 교류 방침은 2000년 남북정상회담 이전은 물론 이후에도 통일전선전술 차원에서 진행하고 있는 남북공동행사 외에는 대부분의 교류에서 그대로 유지되었다.

한편 북한의 미술품, 사진, 공예, 유물 등의 전시회는 직접적인 인적교류가 수반되지 않기 때문에 북한에서 선호하는 교류 분야이다. 전시회도 북한작품을 반입하여 남한에서 전시하는 행사가 위주였다. 북한 지역에서 남한작품을 전시하는 행사는 거의 없기 때문에 북한 입장에서는 가장 이상적인 교류라고 할 수 있다. 또한, 북한 영화나 애니메이션의 남한에서 방영과 북한서적의 남한내 출판도 인적교류가 거의 수반되지 않기 때문에 북한이 선호하는 분야이었다.

북한은 남한의 예술공연단이 방북하여 공연을 할때에 행사 추진자 이외에는 북한의 공연단체나 공연 관계자와 직접 접촉을 하지 않도록 한다. 남북합동공연 때에도 출연자들이 무대 리허설을 하는 동안 일시적인 대면을 할 뿐, 남북 예술인들 사이에 대화나 공동연습은 하지 않는 것을 기본으로 한다. 그리고 북한은 공연에 대한 관객층도 사상성을 검증받은 당 관계자나 음악, 무용 등 관련 대학생으

346 이우영·손기웅·임순희, 『남북한 평화공존을 위한 사회문화교류협력의 활성화 방안』(서울: 통일연구원, 2001), p. 60.

로 한정시켜 남한의 공연 관계자와 북한의 일반주민과 접촉을 차단한 상태에서 공연을 진행한다. 북한의 이와 같은 교류 행태는 남북 주민들간 접촉면을 최소화하여 남한문화가 주민들 사이에 파급되는 것을 제한하려는 조치였다.

3

교류 활성화기(1998~2007년) : 남북한의 적극적 교류 추진

가. 남한의 북한변화 유도와 민간교류 추동

1998년 2월 25일 김대중 대통령은 취임사에서 "남북문제 해결의 길은 이미 열려 있다. 남북기본합의서의 실천이 바로 그것이다. 화해·협력과 불가침을 그대로 실천하면서 남북문제를 성공적으로 해결하고 통일의 대로를 열어나갈 수 있을 것이다."라고 천명하였다. 그리고 「남북기본합의서」를 이행하기 위한 화해·협력의 포용정책(engagement policy)을 추진하였다. 또한, 북한에 대한 시각을 김영삼 정부의 '붕괴 임박론'이 아니라 북한도 중국, 베트남처럼 점진적으로 변화할 수 있다는 '점진적 변화론'으로 수정하고 변화의 여건과 환경을 조성하기 위해 화해·협력을 지향하는 포용정책을 추진한 것이다.[347]

---

347 임동원, "남북기본합의서와 6.15남북공동선언," 『역사비평』, 통권 97호 겨울(2011), pp. 126-127.

남북은 2000년 정상회담과 「6.15공동선언」을 함으로써 교류와 협력이 활성화되고 민간들의 남북교류 참여공간이 활짝 열리게 되었다. 미국의 부시 대통령 집권 이후 대북 적대시정책과 2006년 제2차 북핵 위기로 남북관계가 부침은 있었으나 남북화해와 교류협력은 막을 수 없는 대세가 되었다. 이후 2007년 10월 제2차 정상회담에서도 「남북관계 발전과 평화번영을 위한 선언」(10.4선언)을 채택하고 「6.15공동선언」에 기초하여 남북관계를 확대 발전시키기 위해 여러 분야의 교류협력사업에 합의하였다.

탈냉전 시대를 맞아 1991년 채택된 「남북기본합의서」가 새로운 남북관계의 발전 방향을 설정한 기본 장전이라면, 2000년 「6.15공동선언」은 통일방도 제시와 함께 「남북기본합의서」 이행을 위한 실천이라고 할 수 있다. 그리고 2007년 「10.4선언」은 6.15공동선언에 기초하여 남북관계를 확대 발전시키기 위한 구체적인 사업들을 제시한 합의서라는 특징을 갖고 있다. 이 세 합의서는 연속선에 있는 것으로 대북 포용정책으로부터 비롯되어 화해·협력단계의 남북관계 발전 과정을 반영하고 있다.[348]

민간단체 주도 교류 확대

국민의 정부는 대북정책의 초점을 민간차원의 접촉과 협력을 통한 동질성 회복과 신뢰구축에 맞추면서 모든 분야의 교류를 확대하기로 하였다. 1998년 3월 ①민간단체의 대북지원 참여 확대, ②민간의 대북지원 모금활동 규제 완화, ③협력사업 방식의 시범적인 대

---

348 임동원(2011), 앞의 글, pp. 131-132.

북지원 허용 등을 주요 내용으로 하는 「민간차원 대북지원 활성화 조치」를 발표하였다.[349] 이는 교류협력을 통해 북한의 대남 의존도를 증대시킴으로써 무력도발 의지를 약화시키려는 목적이 있었다. 또한, 대규모의 인도적 대북지원은 북한사회를 안정화하여 한반도의 혼란을 막고 경제 분야를 비롯한 각 분야의 교류협력 확대로 남북간 긴장완화 효과에도 기여하겠다는 것이다.[350] 정부는 일관성 있는 대북정책을 추진하기 위해 '정경분리 원칙'을 제시하며 남북교류협력의 자율성을 강조하였다. 즉 남북교류협력을 통해 상호이익 도모와 불신해소 및 긴장을 완화하고 민족공동의 번영을 이룩하며 민족 동질성을 회복하도록 하는데 기여하자는 것이었다.[351]

이러한 대북포용정책의 기조 유지 및 정경분리 정책 추진에 따라 사회문화 부문은 남한 민간단체 주도의 교류협력에 괄목할 만한 변화가 일어났다. 1990년대 교류가 교육·학술, 문화·예술, 체육, 종교 분야 등에서 제한적으로 이루어지던 것이 2000년 남북정상회담을 전후로 방송, 언론, 출판 등으로까지 확대되고 새로이 남북공동행사를 개최하게 되었다. 민간단체들의 교류가 과거에 비해 용이해짐에 따라 남북한 주민들의 접촉과 방북이 일반 국민들에게도 확대되었으며 수시 방북이 가능하게 되었다. 즉 인적교류가 특정인이나 특정 집단에 한정되지 않고 광범위하게 이루어진 것이다.

또한, 사업 주체도 확대되고 다양화되었다. 1990년대 교류가 주

349 박영호, 『남북한 평화공존과 대북정책』(서울: 통일연구원, 2001), p. 28.

350 조동호, "남북관계 패러다임의 변화와 통일경제 시대의 준비: 북중관계의 변화와 남북경협," 『통일경제』, 38권(2012), p. 26.

351 통일부, 『1998 통일백서』(서울: 통일부 통일정책실, 1999), p. 43.

로 정부 주도 하에 민간단체에서 추진되었다면 2000년대에는 정부의 뒷받침 하에 민간단체가 교류를 주도하면서 정부, 지방자치단체, 개인 등 주체가 다양해졌다. 남북정상회담 이전에는 대부분의 교류가 중국, 일본, 러시아 등 제3국이나 교포들의 중개에 의해 가능하던 것이 정상회담 이후에는 남북이 직접 주최하고 남한과 북한 지역에서 이루어지기 시작하였다.

한편 남북간 교류협력사업도 대폭 확대되고 다양화되었다. 2000년 남북정상회담이 남북관계를 '적대와 대결'의 관계에서 '화해와 협력'의 관계로 전환시켰다면, 2007년 2차 남북정상회담은 화해협력 초기 단계를 이행과 완성의 준비단계로 도약시켰다고 할 수 있다.[352] 「10.4선언」에서 "남북은 역사, 언어, 교육, 과학기술, 문화예술, 체육 등 사회문화 분야의 교류와 협력을 발전시켜나가기로 함"으로써 역사, 언어 등의 분야에서 교류협력사업이 지속되었다.

민간교류 활성화를 위한 정부 지원

2000년 남북정상회담 이후 북한은 "2000년은 북남관계와 조국통일을 위한 우리 인민의 투쟁에서 력사적인 전환이 일어난 해"[353]라고 규정하였다. 먼저 남한 언론사들의 「6.15선언」 이행을 위한 협조를 끌어내기 위해 8월 언론사 사장들을 평양으로 초청하였다. 김정일은 언론사 대표들에게 6.15선언 이행을 위한 언론사들의 책임과 임무에 대해 직접 이야기하였다. 한편 남북언론기관들은 민족의 화

352 통일연구원, 『평화번영정책 추진 성과와 향후과제』(서울: 통일연구원, 2007), p. 56.

353 조선중앙통신사, 『조선중앙년감 2001』(평양: 조선중앙통신사, 2001), p. 259.

해와 단합을 위한 언론 활동과 비방중상 중지, 교류를 통한 이해와 신뢰를 다져나가기로 하는 공동합의문을 발표하였다.

남북은 2000년 8월 29일부터 9월 1일까지 평양에서 진행된 제2차 장관급회담에서 100명 정도의 '백두산-한라산 교차관광'을 합의하였다. 먼저 9월에 남한의 한국관광협회중앙회 회장 등 관광단이 방북하여 백두산 등지를 둘러보았다. 북한은 당국간 합의사항으로 남한관광단이 사회지도층으로 구성될 것이므로 소위 백두산 성지를 둘러보게 함으로써 김일성, 김정일에 대한 정통성 확보와 함께 남한 국민들의 북한 관광 활성화를 도모하려는 포석이었다고 할 수 있다. 이후 12월에 개최된 제4차 장관급회담에서 북한은 2001년 3월 한라산 관광단을 파견하기로 하였으나 이루어지지 않았다.

북한은 2001년 1월 10일 '우리민족끼리 통일의 문을 여는 2001년 대회'를 개최하고 6월 15일부터 8월 15일까지를 「6.15-8.15 민족통일촉진운동기간」으로 설정하는 한편 8.15를 전 민족적인 통일대축전으로 빛낼 것을 호소하였다.[354] 이에 따라 6.15공동선언 이행을 위한 각종 행사는 물론 민간급에서 접촉과 왕래, 협력사업을 적극적으로 추진하기로 하였다. 이의 일환으로 북한은 3월에 남한의 문화관광부장관을 평양으로 초청하여 남북간 문화교류 활성화를 위한 남북문화장관회담을 개최하고 민간교류를 적극적으로 지원하기로 하였다.

한편 북한은 「6.15공동선언」 이후 민간단체들 사이에 접촉과 교류, 협력이 활발하게 진행되어 민족적 화해와 단합의 분위기가 한층

354 『로동신문』, 2001년 1월 11일.

고조되고 있다고 평가하였다.[355] 이러한 분위기를 잘 이어가도록 당국 차원의 지원을 위해 2003년 7월 서울에서 개최된 제11차 장관급회담에서 남북은 「사회문화교류협력분과위원회」 구성 문제를 검토하기로 하였다. 그러나 남북간 여러 가지 악재가 겹치면서 결국 분과위원회는 구성되지 못하였다. 남북당국은 민간교류 활성화를 위해 〈표 13〉에서 보는 것처럼 적극적인 지원을 하였다.

〈표 13〉 민간교류를 위한 남북당국 지원 사항

사업명	일시·장소	내용
남한 언론사사장단 방북 *김정일 초청	2000.8.5-12 평양, 묘향산, 백두산	- 박지원 문화관광부장관을 비롯 최학래 신문협회 회장, 박권상 KBS사장 등 언론사 대표단 방북 - 김정일은 방북단 면담시 6.15공동선언 이행을 위한 언론사들의 책임과 임무 강조 - 남북 언론사간 언론 교류 등에 관한 공동합의문 발표 - 백두산, 묘향산 등 참관
백두산관광단방북 *남북장관급회담 합의사항	2000.9.22-28 평양, 묘향산, 백두산	- 2000년 제 2차 장관급회담에서 백두산-한라산 교차관광 합의에 따라 남한관광단 100명 방북 - 백두산 밀영, 삼지연대기념비, 보천보혁명전적지, 대홍단군종합농장 참관 - 국제친선전람관, 묘향산 역사유적유물 참관 - 량강도예술단,삼지연학생소년궁전예술공연관람
김한길문화관광부 장관 방북	2001.3.10-15 평양	- 남북문화교류 활성화 문제 협의를 위해 장관을 비롯 관계자 10명 방북 - 남북한 문화체육관광 분야 교류 촉진을 위한 남북문화장관회담 개최 - 남북 문화교류 활성화 적극 지원 합의
남북사회문화교류협력분과위 구성 문제 검토 *남북장관급회담 합의사항	2003.7.9-11 서울	- 2003년 제 11차 장관급회담에서 남북사회문화체육교류 활성화를 위한 남북사회문화교류협력분과위 구성에 합의 - 사회문화교류협력사업 협의 및 상대방 비방방송중지 문제 검토

355 조선중앙통신사, 『조선중앙년감 2001』(평양: 조선중앙통신사, 2001), p. 260.

나. 북한의 교류 확대 위한 관변단체 동원

북한은 1998년 출범한 국민의 정부의 대북 포용정책이 독일식 흡수통일을 유도하는 것이 아니라는 것을 알고 그동안 견지해 오던 교류에 대한 소극적인 자세를 버리고 본격적으로 참여하게 되었다. 또한, 북한은 1990년대 사회주의권 붕괴 이후 과거 당 중심으로 대외정책을 펼쳤던 것에서 벗어나 공식 국가기구나 민간단체를 내세우는 경향이 강화되었다. 남한과 교류에서도 1998년부터 북한이 민간기구라고 내세운 '조선아시아태평양평화위원회'(아태평화위)를 통해 교류를 시작하였다. 아태평화위는 대남부서인 통일전선부 산하 기구로서 남북교류 조정 및 통제 역할과 함께 유력 외국인사들의 방북 초청 및 대외 학술회의 참가 등을 통해 북한의 이미지 개선과 홍보 등을 담당하였다.

아태평화위는 1998년부터 2001년까지 주로 스포츠, 예술 분야의 교류를 추진하였다. 대표적인 남북교류사업으로는 북한의 역사유물 및 풍물기행 방송영상물 제작, 금강산 국제랠리, 민족통일음악회, 현대아산의 북한 실내체육관 건립, 평양교예단의 서울공연, 춘향전 남북합동공연 등이 있다. 2005년에는 KLPGA 평양오픈대회를 개최하였으며, 아태평화위 산하 은방울상사 등을 앞세워 한국학술진흥재단과 『남북학술용어집』 공동연구개발사업을 진행하기도 하였다.

북한은 2001년부터 남북교류 대부분을 '민족화해협의회'(민화협)이 관장하면서 북한 방문 초청장도 '민화협' 명의로 발부하였다. 민화협은 1998년 국민의 정부의 정경분리 원칙에 따른 접촉과 교류 활성화 정책에 대응하여 남한내 민간단체의 대북접촉창구로 활용하기 위해 결성한 최초의 협의체이다. 민화협은 김정일이 1998년 4월 「민족대단결 5대 방침」에서 언급한 "온민족의 접촉·대화와 련대·련합을 실현"하기 위한 실무기구로서 역할을 수행하고 있다.

민화협은 그동안 남북교류 창구 역할을 해온 아태평화위의 업무를 상당 부분 넘겨받아 문화, 학술, 종교 등 남북 사회문화교류 및 시민단체(NGO)의 북한 파트너로 일을 하며 남한인사들이 방북할 때 안내역할도 담당하고 있다.[356] 이와 동시에 민화협은 북한의 어려운 경제사정 등을 이유로 남북교류에서 고액의 대가를 요구하는 등 대부분의 사업을 경제적 목적과 결부시켜 진행하였다. 2005년 출범하여 남북공동행사를 주관하는 「6.15민족공동위원회」 북측위원회도 민화협에 소속되어 있다.

민화협이 주관한 대표적인 사회문화교류사업은 2001년부터 진행된 6.15·8.15남북공동행사이다. 2002년 KBS의 남북교향악단 연주회 및 2003년 전국노래자랑 평양편, 2005년 SBS의 조용필 평양공연, 2005년 MBC의 개성공단 취재보도 등 남한 언론사의 대북사업과 각종 예술공연, 남한국민들의 '아리랑공연' 참관사업 등을 진행하였다. 그리고 남북역사학자협의회의 사업 파트너로서 고구려 벽화무덤 보존사업, 개성 세계문화유산 등재사업 및 만월대 공동조사·발굴사업, 북한문화재 특별전 등을 공동으로 진행하고 있다. 또한, 민화협은 2005년 제16회 아시아 육상선수권대회 북한선수단

356 최대석·정영철·장인숙, "북한의 대남 협상전술과 주요 협상가," 『통일문제연구』, 통권 48호 하반기(2007), pp. 145-146.

및 응원단 참가와 남북강원도 체육경기, 평양-남포 자전거대행진 등 체육교류도 담당하고 있다. 이외에도 남한의 대북지원단체인 우리민족서로돕기운동, 우리겨레하나되기운동본부 등 NGO단체가 지방자치단체와 공동으로 추진한 사회문화교류사업의 상대 파트너로도 활동하고 있다.

북한은 민화협 외에도 남북교류사업의 성격과 전문성 여부에 따라 교육성, 과학원, 문화보존지도국, 중앙방송위원회, 조선체육학회, 조선기자동맹, 조선그리스도연맹, 조선불교도연맹, 조선카톨릭협회 등 국가기구나 단체 그리고 삼천리총회사, 은방울상사, 대외전람총국 등을 내세워 교류사업을 진행하기도 하였다.

한편 북한은 2002년 북핵 문제가 대두되기 시작하면서부터 '민족공조'를 내세워 남북교류시 '민족공동의 이익'이라는 명분으로 경제적인 실리를 확보하고 있다. 또한, 남북간 협력과 교류사업은 민족공조를 전제로 하는 것이며 그 자체가 남북의 공조를 의미하는 것이라면서 '교류가 곧 민족공조 과정'임을 강조하였다. 이후 핵 문제 등으로 미국이 대북압박정책을 가하자, 남북이 공조하여 사대 · 외세를 물리치고 반미자주를 해야 한다면서 민족공조의 의미를 외세배격에 맞추었다.[357]

이와 같이 북한은 남한과 교류를 기본적으로 두 가지 방향에서 전개하였다. 첫째는 경제적 실익이 있거나 대외이미지 개선 및 홍보에 적합한 교류는 적극적이었다. 둘째는 6.15, 8.15 등 남북공동행사를 통해 "우리민족끼리 이념 아래 외세 및 반통일세력의 간섭과 압력을

357 최기환, 『6.15시대와 민족공조』(평양: 평양출판사), p. 47.

배격하고 민족화해와 협력, 이익을 지키며 조국통일을 이룩하자."는 명분 하에 통일전선 기반을 확대하는 것이었다.

다. 북한의 '민족공조' 명분의 실리 교류

북한은 1998년 5월 그동안 대북사업을 진행해오던 남한의 평화자동차가 추진한 리틀엔젤스의 평양공연을 받아들임으로써 남북간 민간교류의 물꼬를 텄다. 이어 10월 윤이상통일음악회와 1999년 12월 남한의 대중음악인들이 대거 참여한 2000년 평화·친선음악회 및 민족통일음악회 등 민간 차원의 음악회가 평양에서 개최되었다. 서울에서는 2000년 남북정상회담 분위기를 고취하고 축하를 위해 5월 평양학생소년예술단과 평양교예공연단의 공연이 개최되었다. 8월에는 남북교향악단의 합동연주회가 열렸다. 남북이 서로 관계개선에 대한 의지가 그만큼 컸음을 보여주는 사례라고 할 수 있다.

2000년 「6.15공동선언」에 의해 "남북은 제반분야에서 교류와 협력을 활성화해나가기로 함"으로써 정부와 민간의 역할이 어우러진 교류와 협력이 촉진되었다. 이에 따라 학술·교육, 문화·예술, 방송·언론·출판, 체육, 종교, 남북공동행사 등 각 분야에서 인적·물적 교류가 급증하였다. 또한, 남북은 공동선언을 이행하는 차원에서 상호비방·중상 중지를 실현하기로 하였고 실제로 방송을 통한 상호비방이 줄어들었다. 한편 북한은 개방과 주민사상 오염이라는 갈등 속에서 경제적 실익이 있는 사업에 대해서는 선별적으로 교류를 하였다.

고액의 교류 대가 및 지원 요구

북한은 2000년 전후 남한과 교류협력을 외화획득을 위한 경제사업의 일환으로 추진하였다. 남한의 여러 계층에서 다양한 분야의 교류협력사업을 추진하자 객관적이고 합리적인 기준이 없이 자신들의 필요에 따라 선별적으로 대응하면서 고액의 교류 대가를 요구하였다. 또한 교류의 성사를 위한 전제조건으로 '선(先)지원 후(後)교류' 원칙을 내세우고, 교류가 성사된 이후에도 추가대가로 별도의 대북지원을 요구하였다. 북한의 이러한 행태는 주로 문화·예술 및 종교 분야에서 빈번하게 나타났다.

사례로, 공연의 경우 북한 공연단이 방한하여 공연할 때는 작품의 긴 준비과정, 대규모의 참여 인력 및 장비 그리고 남한에서 공연이라는 특별성 등을 내세워 남한이나 국제사회에서 통용되지 않는 고액의 대가를 요구하였다. 이에 덧붙여 최신장비 지원 등 명목으로 추가적인 대북지원을 요구하기도 하였다. 마찬가지로 남한 공연단이 방북공연을 할 때는 남한의 여러 단체 중에서 선택되었다는 점과 공연이 북한주민들에게 좋지 않은 영향을 미칠 수 있음에도 특별히 허락했다는 점을 부각하며 과다 대가를 요구하였다. 또한, 공연은 대부분 일회성·이벤트성 행사이기 때문에 한번 행사가 개최될 때 확실히 한몫을 챙기겠다는 의도도 다분히 내포되어 있었다. 2000년 전후 예술공연을 위해 북한에 대가를 지급한 사례를 보면 〈표 14〉와 같다.

〈표 14〉 2000년 전후 예술공연 대가 현황

행사명	일시·장소	주최자	북한 상대방	금액
2000평화친선 음악회-로저클 린턴 평양공연	1999.12.5 평양봉화예술극장	(주)코래콤	조선아시아태평 양평화위원회	100만 달러
민족통일음악회 방북공연	1999.12.20 평양 봉화예술극장	SN21엔터프 라이즈	조선아시아태평 양평화위원회	75만 달러
평양교예단 서울공연	2000.5.29-6.11 서울 잠실체육관	NS 21	조선아시아태평 양평화위원회	550만 달러
금강산가극단 서 울공연	2000.12.11-18 서울리틀엔젤스회관	한국문화재단	금강산가극단 (조총련)	1000만 엔
춘향전 남북 합동공연	2001.2.1-2 평양 봉화예술극장	(사)춘향문화 선양회	조선아시아태평 양평화위원회	100만 달러
MBC 평양특 별공연	2002.9.27-29 평양 동평양대극장	MBC	민족화해협의회	120만 달러

그동안 대부분의 남북 사회문화교류사업은 대북지원과 연계되어 추진되었다. 북한은 매 건마다 합의사항 이외 추가조건을 제시하였으며 이에 동의한 남한 사업자들은 거액을 지불하였다. 어떤 경우에는 사업대가를 미리 지불하고 사업이 성사되지 않아 자금만 날리는 경우도 발생하였다. 특히 정상회담 직전 개최된 북한 예술단 및 교예단의 서울 방문공연에 대한 공연대가가 너무 과하다는 지적이 적지 않았다. 또한, 남한 예술단의 방북공연에도 대가를 지불하고 북한 공연단의 방한공연에도 남한이 비용을 대는 것은 상호주의에 맞지 않다는 비판의 소리도 있었다. 그러나 서로 가치관과 세계관이 다른 남북이 한쪽이 먼저 양보하지 않고서는 교류와 협력이 어렵다는 것도 인정해야한다.[358]는 의견도 있다.

358 김영수, "사회문화교류 활성화 방안," 세종연구소 편 『정상회담 이후 남부관계 개선 전략』(성남: 세종연구소, 2000), p. 83.

이러한 사례는 동서독의 초기 교류에서 서독 내에서 제기된 비판과 흡사하다. 당시 서독신문에서는 왜 비싼 돈을 주고 동독의 공연단과 스포츠팀을 데려오느냐는 비판적 기사가 주를 이루었다. 그러나 이러한 비판에도 지속적인 교류와 협력이 결국 통일을 이루는 바탕이 되었음을 상기할 때, 남북간에도 다양한 분야에서 교류와 협력을 진행할 필요성이 있는 것이다.

첨단기술 습득 및 시장원리 도입

북한은 남북간 교류가 활성화되자 애니메이션, 영화 등 문화산업 및 방송 분야 교류에 적극적이었다. 북한은 일찍이 조선아동영화촬영소가 셀애니메이션 분야에서 해외시장의 수주를 받아 애니메이션을 제작한 경험이 있어 디지털 애니메이션 분야를 차세대산업으로 발전시키고자 하였다. 북한이 애니메이션 분야에 대한 남한의 제안을 적극적으로 수용한 것은 첨단미디어와 테크놀로지를 사용하는 디지털 애니메이션으로 제작시스템을 전환하기 위한 것이었다고 할 수 있다. 북한은 남북합작 애니메이션으로 2001년 '게으른 고양이 딩가', 2002년 '뽀롱뽀롱 뽀로로'를 제작하여 남한에서 방영하였다. 특히 '뽀롱뽀롱 뽀로로'는 남한과 해외시장에서 후속 사업과 함께 캐릭터 시장에서 히트 하면서 남북 사회문화교류의 상징적인 사업이 되었다.

방송의 경우도 북한 입장에서 남한의 방송사는 재원이 양호할 뿐만 아니라 선진방송기술을 보유하고 있어 훌륭한 사업파트너라고 할 수 있다. 북한은 남한 방송사의 북한 관련 영상물 제작이나 CD·

다큐멘터리 등 방송물 남북 공동제작, 대중예술인 평양공연, 북한에서 생방송 등을 통해 거액의 대가를 챙길 수 있었다. 또한, 남북 방송교류 과정에서 방송기술 습득은 물론 방송기자재를 지원받을 수 있는 좋은 기회가 되었다. 일례로 북한은 KBS가 2000년 8월 기획한 '백두에서 한라까지' 3원방송과 2001년 북한 조선중앙TV 스튜디오에서 9시뉴스 일부를 진행할 때 선진 방송기술 습득은 물론 방송기자재를 지원받았다.

북한 저작물의 남한내 출판은 1988년 「7.7선언」 이후 일부 이념서적을 제외하고는 합법화되었지만, 북한과 「저작권협정」이 체결되어 있지 않아 해적출판됨으로써 남북 사이의 갈등 요소가 되었다. 사계절출판사가 1985년부터 출판한 홍명희의 소설 『임꺽정』이 대표적인 사례로, 2005년 남북간 저작권 정식 합의로 사후에 저작권료를 지불하여 문제가 해결되었다. 이후 남북경제협력재단이 북한 저작권사무국과 합의하여 남한시장에서 북한 저작권 대행 업무를 담당하면서 북한도 국제적 수준의 저작권 권리를 행사할 수 있게 되었다.

한편 2005년 북한 무용수 조명애가 남한 가수 이효리와 함께 중국 상해에서 남북 첫 합작광고인 삼성애니콜 광고를 촬영한 것도 자본주의 시장원리 습득을 위한 경제사업의 일환이라고 할 수 있다. 조명애는 이효리의 의상과 노란 염색을 한 헤어스타일에 대해 "조선 여성 같지 않다."고 평가함으로써 당시 남북한의 문화 차이를 생생하게 드러내기도 하였다.

통일전선 확대 위해 남북공동행사 활용

북한은 2001년 1월 「우리민족끼리 통일의 문을 여는 2001년 대회」를 개최한 후 "6.15공동선언 1주년에 즈음하여 남북공동으로 통일행사를 개최하자"고 제의하였다. 이에 따라 2001년 6월 15일 금강산에서 민간차원의 남북공동행사가 '민족통일대토론회'라는 이름으로 개최되었다. 남북공동행사는 교류라는 이면에 평화와 통일문제를 다루는 정치공간으로써 분단 이후 최초의 일이었다. 이를 계기로 남북은 민간차원에서 매년 6.15공동선언 기념 '민족통일대토론회'와 8.15광복절 계기 '민족통일대축전'을 평양, 금강산과 서울, 인천, 광주 등지에서 번갈아가며 개최하였다.

남북공동행사는 남, 북, 해외동포 각계각층이 참여하여 토론회 개최와 부문별 상봉모임 및 문화·예술 공연, 각종 체육경기를 통해 민족적 공감대와 유대를 강화하였다. 북한은 토론회에서 '민족자주와 대단결', '외세와의 공조 배격', '연방제 방식의 통일 지향', '남과 북의 각계각층 인민들이 서로 화해하고 단합하며 연대연합을 적극 실현' 등을 명분으로 통일전선 확대에 활용하였다.

남북은 2005년 「6.15공동선언」 5주년과 해방 60주년을 계기로 남북간에 새로운 국면을 열어나가기로 하고 3월에 '6.15공동선언 실천을 위한 남북해외공동행사 준비위원회'를 결성하였다. 이에 따라 2001년부터 민간차원에서 진행해 온 6.15 공동행사와 8.15 공동행사에 2005년에는 처음으로 당국의 대표단도 함께 참여하였다. 북한은 이에 대해 "북과 남, 해외의 온 겨레는 민족공조로 외세와 반통일 세력의 도전과 방해책동을 짓부시고 자주통일운동의 새로운 앙

양을 일으키기 위한 총진군에 한결같이 떨쳐나섰다."[359] 면서 남북 당국 대표단이 공동행사에 함께 참가함으로써 전 민족적인 화해의 장, 통일의 장으로써 면모와 의의가 부각되었다고 평가하였다. 특히 2005년 남북공동행사에 참가한 북한 대표단의 현충원 참배는 남북이 화해와 협력의 한 차원 높은 단계를 향하고 있음을 보여주는 상징적인 사건이었다. 물론 북한대표단의 현충원 참배가 '남남갈등'을 유발하는 측면이 있는 것은 사실이지만 긴 안목에서 보면 화해를 위한 단초를 제공했다는 보다 큰 의의가 있다.[360]

한편 북한은 "6.15민족통일대축전은 사상과 정견, 소속과 지역, 당국과 민간의 차이를 뛰어넘은 전 민족적인 회합이었으며 통일문제를 우리 민족끼리 풀어나간다는 의지를 보여준 것"[361]이었다. "8.15민족대축전은 6.15선언의 민족사적 의의를 재확인하고 우리 민족끼리 단합과 통일의 새 시대를 열어나가려는 신념과 의지를 다시 한번 확인한 것"[362]이었다며 남북공동행사가 통일전선 확대를 위한 것이었음을 밝히었다. 대표적인 남북공동행사 내용은 〈표15〉와 같다.

---

359 조선중앙통신사, 『조선중앙년감 2006』(평양: 조선중앙통신사, 2006), p. 298.

360 당시 현충원을 방문했던 북한 대표단은 '조국 광복을 위해 희생된 분들이 모셔져 있는 곳'이라고 애써 의미를 축소했고, 남한의 보수세력들은 북한 대표단의 현충원 참배에 대해 진정한 사과가 포함되지 않은 것이라고 주장하며 시위를 했다. 정영철, "남북한 대립상징의 구조와 변화," 『북한연구학회보』, 제11권 1호(2007). pp. 302-303.

361 조선중앙통신사(2006), 위의 책, p. 299.

362 조선중앙통신사(2006), 앞의 책, p. 303.

〈표 15〉 주요 남북공동행사 내용

행사명	기간·장소	행사 내용
6.15공동선언 발표 1돐기념 민족통일대토론회	2001.6.13-15 금강산	- 남 450명, 북 200명, 해외 20명 참가 - 6.15공동선언 철저 이행 - 통일문제를 우리민족끼리 자주적으로 해결 - 민족자주의식을 갖고 민족의 이익을 첫자리에 놓고 사상, 이념, 제도 차이를 초월하여 단결 - 민족화해와 신뢰를 위해 남북간 다방면적인 협력과 교류 진행, 인도적 문제 해결
2001년 민족통일대축전	2001.8.15-21 평양	- 남 337명, 북 223명 참가 - 6.15공동선언 철저 이행 - 통일문제를 우리민족끼리 자주적으로 해결 - 민족의 화해와 단합, 대단결 실현 - 각 계층의 연대, 연합 강화를 위해 민간급에서 다방면적 협력과 교류사업 적극 전개
6.15공동선언 발표 2돐기념 민족통일대축전	2002.6.14-15 금강산	- 남 217명, 북 350명, 해외 200명 참가 - 각계 상봉모임 - 남북 단체간 연대, 연합, 교류와 협력 강화 문제 협의
8.15민족통일대회	2002.8.15-16 서울	- 남 530명, 북 116명 참가 - 각계 상봉모임 - 통일 사진전시회, 미술전시회 - 독도 영유권 수호와 일본 과거청산 관련 학술토론회 개최
평화와 통일을 위한 3.1민족대회	2003.3.1-2 서울	- 남 : 7대종단 관계자 500명, 북 : 종교인 105명 참가 - 평화통일 기원의 밤 행사 개최 - 일본역사왜곡 관련 공동토론회(국호 COREA 문제 등)
평화와 통일을 위한 8.15민족대회	2003.8.15-16 평양	- 남 339명, 북 400명 참가 - 체육·오락경기 개최 - 6.15공동선언 고수·이행 강조 - 평화와 통일을 위한 7천만 결의
6.15공동선언 4돐기념우리민족대회	2004.6.15-16 인천	- 남 1,200명, 북 126명, 해외 39명 참가 - 6.15선언 4주년 기념 국제토론회 - 노무현, 김대중 대통령이 북 대표단과 면담 - 체육, 오락경기, 예술 공연 개최 - 6.15마라톤 대회 개최

6.15공동선언 5돐기념 민족통일대축전 * 당국·민간 공동행사	2005.6.14-17 평양	- 남 300명, 북 200명, 해외 100명 참가 - 민족통일대회 - 통일부장관, 조평통 부위원장 등이 참가한 남북당국 공동행사 - 공동 사진전시회 - 부문별 상봉모임 * 정동영 통일부장관, 김정일 면담
8.15 민족대축전 * 당국·민간 공동행사	2005.8.14.-17 서울	- 남 400명, 북 200명, 해외 150명 참가 - 백수산-한라산 성화 채화·합화, 통일대행진 - 남북당국 대표 공동행사 - 겨레말큰사전 사업보고회 - 각 계층 대표 상봉모임 - 남북통일축구경기 *북한 대표단은 김대중 대통령 문안 및 노무현대통령 예방, 국립현충원 현충탑참배, 서대문형무소 등 참관
6.15공동선언 6돐기념 민족통일대축전	2006.6.14.-17 광주	- 남 482명, 북 147명, 해외 145명 참가 - 민족통일대회 - 축하공연, 체육오락경기 개최 - 광주학생운동기념탑 참관 - 동포들에게 보내는 호소문 채택
6.15공동선언 7돐기념 민족통일대축전	2007.6.14-17 평양	- 남 284명, 북 300명, 해외 132명 참가 - 6.15선언 실천 민족대단합선언문 채택 - 만수대예술단 공연 관람
6.15공동선언 8돐기념민족통일대회	2008.6.15-16 금강산	- 남 249명, 북 100명, 해외 77명 참가 - 6.15선언·10.4선언 이행을 위한 민족통일대회 - 사진전시회(1차·2차 정상회담 등)

또한, 남북은 노동자·농민·해외청년학생·여성·교육자통일대회 및 개천절공동행사 등 부문별 공동행사를 평양, 금강산, 개성 등에서 번갈아가며 개최하였다. 북한은 부문별 행사에서도 「6.15공동선언」 이행을 위해 각계각층이 역할을 다할 것을 주문하였다. 그리고 민족의 화해와 단합, 민족의 대단결과 이를 방해하는 장애물 제거, 우리민족끼리 통일문제 해결 등을 주제로 토론을 하는 등 남북공동행사를 통일전선 확대 차원에서 활용하였다.

응원단 파견으로 대북인식 전환 유도

2000년「6.15공동선언」이후 남북은 국내외에서 체육교류를 활발하게 진행하였다. 북한은 남한에서 진행되는 국제체육행사에 전례없는 선수단과 응원단을 대거 파견하여 남한국민들의 북한에 대한 인식을 호의적으로 전환하려 하였다. 북한은 2002년 9월 29일부터 10월 14일까지 진행된 제14차 부산아시안게임에 선수단과 함께 사상 처음으로 여성응원단 등 670여명을 파견하였다. 부산시민들은 응원단에 대해 "남북의 화해, 교류와 평화의 사절"이라면서 환영해주었다. 이에 대해 북한은 "뿌리 깊은 반공의식 구조도 민족애와 통일의지 앞에서는 물먹은 담벽마냥 무너지기 마련이라는 력사의 진리를 민족사에 아로새겨 놓았다."[363]고 평가하였다. 즉 남한국민들의 대북 경계심을 허물고 대북인식을 크게 바꾸었다는 것이다. 또한 북한은 "응원단은 남한주민들의 마음속에 자주통일의 열풍을 불러일으키었고 6.15남북공동선언이 안아온 민족공조의 정당성과 생활력을 뚜렷이 실증해주었다."[364]고 하였다. 응원단도 역시 통일전선 확대 차원에서 파견했음을 밝힌 것이다.

북한은 2003년 8월 21일에서 31일까지 대구에서 진행된 '제22차 대구 유니버시아드대회'에도 선수단과 응원단 등 530여명을 파견하였다. 이 대회 과정에서 남북 공동응원과 남한국민들이 '우리는 하나'를 외친 것에 대해 북한은 "우리민족끼리 힘을 합쳐 자주통일을 앞당기자!"는 민족의 확고한 통일의지를 온 세상에 과시하였다

363 최기환,『6.15시대와 민족공조』(평양: 평양출판사, 2004), p.127.
364 최기환(2004), 위의 책, p. 134.

고 선전하였다. 특히 '보수의 땅'이라는 대구에서 이와 같은 일이 일어난 것은 단순히 체육경기가 아닌 "남과 북이 하나가 되어 통일을 이루는 민족공조의 대화폭이었다."[365]고 평가하였다. 이어 북한은 2003년 10월에 제주도에서 열린 '민족통일평화체육문화축전'에도 200여명을 파견하였다. 북한은 이 행사에 대해서도 "6.15공동선언을 민족공동의 통일 이정표로 세우고 온 겨레가 민족공조를 실현하기 위한 투쟁에 나서야 할 의지를 새겨준 역사적인 계기가 되었다." 고 평가하였다.[366]

이처럼 북한은 남한에 선수단과 응원단을 파견한 것에 대해 "민족분단사에 처음으로 6.15공동선언의 기치 밑에 부산과 대구, 제주도에 펼쳐진 통일의 한마당은 화해, 단합, 통일을 바라는 민족의 통일열망과 민족공조의 위력을 과시한 것"[367]이라고 주장하였다. 이는 북한의 대규모 응원단 파견이 남한국민들의 대북인식 전환은 물론 통일전선 확대를 위한 소기의 목적을 달성한 데 대한 자체평가라고 할 수 있다. 이후에도 북한은 2005년 9월에 개최된 인천아시아육상선수권대회에 선수단과 응원단 140명을 참가시켰다.[368]

---

365 최기환(2004), 앞의 책, pp. 130-131.

366 조선중앙통신사, 『조선중앙년감 2004』(평양: 조선중앙통신사), p. 283.

367 최기환(2004), 위의 책, pp. 133-134.

368 2005년 인천아시아육상선수권대회시 김정은의 부인 리설주도 응원단으로 참석하였다.

4

교류 조정기(2008~2018년) : 남한의 교류 의지 약화와 퇴보

가. 남한의 보수정권 등장과 교류 위축

2008년 남한이 보수정권으로 교체됨에 따라 북한은 지난 10여 년간 진행되어왔던 남북교류협력에 지장이 있을 것을 크게 우려하였다. 김정일은 2008년 신년공동사설을 통해 "북남협력사업은 민족의 화해와 단합을 도모하고 평화와 번영, 통일을 이룩해나가는 숭고한 애국사업이다. … 북남사이의 협력과 교류를 조국통일에 실질적으로 이바지할 수 있게 확대 발전시켜야 한다. … 북과 남은 … 주의 주장과 당리당략을 떠나 민족의 대의를 앞에 놓고 굳게 단합하여 겨레의 통일념원을 실현하는데 모든 것을 복종시켜야 한다."[369]고 하면서 남한의 정권 성향에 관계없이 남북간 교류협력사업이 지속되어야 할 당위성에 관해 주장하였다. 또한, 남한정부에 대해 "조국통

369 『로동신문』, 2008년 1월 1일 신년공동사설.

일의 이정표이며 실천강령인 6.15공동선언과 10.4선언을 이행하여 남북관계를 고의적으로 악화시키지 말 것"[370]을 요구하였다.

2008년 2월 출범한 이명박 정부는 '원칙 있는 남북관계 발전'을 제시하면서 「비핵·개방·3000 구상」을 통해 북한이 핵을 폐기하면 경제협력과 인도적 지원을 하겠다고 하였다. 그러나 북한은 2008년 3월 29일 남북당국간 대화를 일방적으로 중단하고 남한의 대북정책을 한반도 평화와 남북관계 개선에 역행하는 강경대결정책이라고 비난하면서 대북정책의 기조를 전환시켜 줄 것을 요구하였다. 그리고 「비핵·개방·3000」 폐기, 민간단체의 대북전단 살포 중단과 「6.15공동선언」과 「10.4선언」의 무조건 이행을 주장하였다.[371]

남한정부는 정권이 바뀌었다 하여 그동안 추진해오던 교류사업이나 남북공동행사 등을 전면적으로 부정하지는 않았다. 이러한 분위기로 인해 2008년에는 그동안 추진해오던 사회문화교류는 유지되었고 서울과 평양 등에서 번갈아 개최되었던 6.15공동행사 등 남북공동행사는 대부분 금강산에서 진행되었다. 그러나 북한이 2008년 7월 금강산 관광객 박왕자 피격사건을 일으키고, 2009년 미사일 발사와 핵실험을 함으로써 남북간 교류는 급격히 냉각되었다. 이어 북한이 2010년 3월 천안함 폭침사건을 일으킴으로써 남한정부가 '5.24조치'[372]를 취함에 따라 남북교류는 중단되었다.

---

370 『로동신문』, 2008년 1월 1일 신년공동사설.

371 통일부, 『2009통일백서』(서울: 통일부, 2009), p. 16.

372 '5.24조치'는 이명박정부 시기인 2010년 3월 26일 북한의 천안함 폭침사건에 대한 대응으로 5월 24일 남한정부가 내놓은 대북 제재조치이다. 개성공단과 금강산을 제외한 방북 불허, 남북 교역 중단 및 대북 신규투자 금지, 북한선박의 남한 해역 운항 불허, 대북 지원사업 원칙적 보류, 인도적 지원 등 모든 지원을 차단하는

김정일은 2010년과 2011년 연이어 신년 공동사설을 통해 "민족공동의 리익을 첫 자리에 놓고 화해를 도모하며 각계각층의 래왕과 접촉을 통하여 협력사업을 추동하여 북남관계 개선과 통일에 이바지하여야 한다."[373]고 하면서 남북관계 개선을 위해 교류와 협력을 재개할 것을 주장하였다.

남한정부도 2011년 8.15를 기점으로 일부 비정치적·군사적 사회문화교류에 대해서는 선별적으로 교류를 허용한다는 '대북유연화 방침'을 발표하였다. 이에 따라 '5.24 조치'가 지속되는 상황에서도 종교, 예술 분야 교류가 재개되었다. 2011년 9월 조계종이 묘향산 보현사에서 조국통일기원 남북합동법회를 봉행하고 정명훈 서울시립교향악단 음악감독이 방북하여 남북합동교향악단 연주 관련 의향서를 체결하는 등 교류의 불씨가 살아났다. 그리고 그동안 진행해왔던 '개성 만월대 발굴조사 사업', '겨레말 큰 사전 남북공동편찬사업' 등 민족공동사업과 종교계의 금강산 신계사 복원 및 개성 영통사 복원 등과 관련한 기념사업이 진행되었다. 그러나 2011년 12월 김정일 사망 이후 북한이 교류에 소극적으로 대응하면서 다시 사회문화

것이 주요 내용이다. 이 조치에 의해 인도적 목적이라 해도 사전에 정부와 협의가 없으면 대북지원을 할 수 없게 되었다. 정부는 5·24 조치 초기에는 엄격하게 적용하다가 이듬해부터 ① 투자자산 점검을 위한 방북 허용 ② 선급지급 잔여물자와 임가공품 반입 허용 ③ 밀가루, 의약품 등 대북지원 품목 확대 ④ 종교 및 문화계 인사의 방북 허용 등 유연성을 보여주었다. 박근혜 정부에서도 남·북·러 물류협력사업의 하나인 나진-하산 프로젝트는 신규투자를 금지한 5·24조치의 예외로 인정되었다. 2015년 4월에는 '5·24조치' 이후 처음 민간단체의 대북 비료지원을 승인하였고, 5월에는 지자체 및 민간단체의 남북교류를 허용했다. 교역중단과 신규투자 불허라는 5·24 조치의 핵심 골격은 유지되었다. https://terms.naver.com/entry.nhn?docId=2268611&cid=42107&categoryId=421072018.5.21.(검색일: 2018년 5월15일)

373 『로동신문』, 2010년 1월 1일 신년공동사설, 2011년 1월 1일 신년공동사설.

교류는 중단상태가 되었다.

한편 북한은 남북관계를 개선하기 위해 2014년 인천아시안게임에 선수단과 응원단을 파견하여 국면전환을 시도하였다. 2015년에도 신년사를 통해 남북간에 대화와 협상, 교류와 접촉을 활발히 하여 남북관계에 대전환, 대변혁을 가져와야 한다고 주장하였으나 교류 분위기는 조성되지 않았다.

나. 남북갈등 속에 민족문화유산사업 진행

남북언어 통일을 위한 『겨레말큰사전』 편찬 추진

남북간 언어통일을 위한 『겨레말큰사전』 편찬사업[374]은 2008년 이후 남북관계가 경색된 상황에서도 지속되었다. 남북은 2005년 9월 제16차 남북장관급회담에서 『겨레말큰사전』 공동편찬사업[375]이

374 남과 북의 언어학자들이 2005년 2월, 남북통일을 대비하여 우리말을 통일해야 한다는 데 의견을 모아, 겨레말큰사전 남북공동편찬사업회를 결성해 집필 중인 국어사전이다. 2018년 기준 남북이 공동회의를 통해 겨레말큰사전의 표제어로 선정한 단어는 약 33만 개다. 2007년 관련법 시행으로 정부에서 재정 지원을 받고 있으며, 사업기한은 2019년 4월까지다. 겨레말큰사전 편찬사업회는 2005년 결성 이후 2009년까지 총 20회의 남북공동편찬회의와 4회의 공동집필회의를 진행하며 편찬 작업을 계속했지만, 2010년 천안함 피격 사건이 발발하자 5·24대북제재 조치의 일환으로 공동작업이 중단됐다. 이후 2014년 7월에 공동작업이 재개되었으나 북한의 핵 실험 등으로 인한 남북관계의 악화로 2016년에 중단되었다. 2018년 남북관계가 개선되면서 편찬사업이 재개되었다. https://terms.naver.com/entry.nhn?docId=938132&cid=43667&categoryId=43667(검색일: 2018년 11월 10일)

375 『겨레말큰사전』 공동편찬사업 추진은 2004년 4월 남한의 통일맞이와 북한의 민화협이 중국 연길에서 사전편찬 의향서 체결, 2005년 2월 금강산에서 남북한 사전편찬위원들이 겨레말큰사전 결성식 개최, 2005년 8.15공동행사에서 겨레말큰사전 남북공동편찬 사업 보고회, 2005년 9월 제16차 남북장관급회담에서 겨레

중요하다는데 인식을 함께 하고 이를 적극 지원하기로 합의하였다. 2007년 '겨레말큰사전 남북공동편찬사업회법'이 제정됨에 따라 남북공동편찬위원회를 구성하고 남, 북, 해외에서 사용되는 우리민족의 어휘를 조사, 채집하고 형태 표기 등을 합의하였다.

이 사업은 1972년 김일성이 남북고위급회담에 참가한 남한 대표들에게 남북이 다방면에서 합작할 것을 주장하면서 "언어학 분야에서 합작을 실현하여 우리의 민족어를 통일적으로 발전시켜 나가자."[376]고 한데서 비롯되었다고 할 수 있다. 북한은 남북간 교류가 시작된 1991년부터 1993년까지 남북한 언어비교 공동연구[377]와 관련하여 제3국에서 개최된 학술회의에 적극적으로 참여하였다. 여기서 남북한 교과서, 신문, 잡지 등에 실린 이질화된 언어를 검토하는 등 분단으로 인한 남북언어의 통일을 위해 노력하였다.

김일성은 1989년 평양을 방문한 문익환 목사가 '통일국어대사전' 남북공동편찬을 제안하자,[378] 이에 전적으로 동의하였다. 그러나 남북간에 사전편찬사업을 추진할 분위기가 형성되지 않았다. 2000년 「6.15공동선언」을 계기로 남북교류가 활성화되면서 2004년 문익환 목사 추모사업회인 '늦봄 통일맞이'와 북한의 민족화해협의회가 사

말큰사전 공동편찬 지원 합의, 2006년 1월 금강산에서 겨레말큰사전 남북공동편찬사업회 출범, 2019년 발간 완료 예정으로 진행되고 있다.

376 김일성, "조국통일의 3대원칙에 대하여," 북과 남사이의 고위급정치회담에 참가한 남조선측 대표들과 한 담화(1972년 5월 3일 /1972년 11월3일), 『김일성전집 48권』(평양: 조선로동당출판사, 2003), p. 409.

377 서울대 이현복 교수는 폴란드 바르샤바대학에서 혜산사범대 로길용 교수와 함께 남북한 언어차이에 관한 공동연구를 진행하고 '남북한 언어 비교 연구'라는 연구결과를 발표하였다. 최대석, "남북문화교류 활성화방안연구," 『통일과 북한 사회문화(하)』(민족통일연구원, 1995), p. 249.

378 문익환, 『걸어서라도 갈테야』(서울: 실천문학사, 1990). p. 51.

전편찬 의향서를 체결함으로써 편찬사업이 추진되었다. 이후 전문적이고 체계적인 사전편찬사업 진행을 위해 사업의 주체가 '통일맞이'에서 '겨레말큰사전편찬사업회'로 변경되었다.

따라서 사전편찬사업은 김일성이 1972년 민족어의 통일적 발전을 강조한 데서 북한이 사업 추진의 동력을 갖게 된 것이다. 이후 실질적으로 남북교류가 이루어지면서 사전편찬사업을 남북이 통일시대에 대비한 중요한 과제로 인식함으로써 사업 추진에 탄력을 받게 되었다. 사전편찬사업은 2005년 노무현 정부에서 시작되어 2008년 이후 남북관계가 경색된 상황에서도 제3국에서 사전편찬 관련 회의를 꾸준히 진행하여 문재인 정부까지 이어져 왔다. 이 사업은 통일과정에서 언어문제와 관련된 경제적, 사회적 부담을 줄일 수 있는 대표적인 교류협력사업이라고 할 수 있다.

민족 문화유산 및 공통성 보존사업 추진

2008년 이후 남북교류는 급격히 축소되다가 중단되는 상황에 직면했다. 그러나 민족문화유산과 민족공통성 보존과 관련된 사업은 북한의 적극적인 자세로 계속되었다. 김일성은 1980년 노동당 제6차 대회에서 "북과 남의 과학자들이 공동으로 민족문화유산을 발굴하고 보호·관리하며 고유한 우리말과 글을 연구 발전시키도록 하여야 한다. 우리의 민족문화예술을 더욱 찬란히 꽃피우고 단일민족으로서 우리 민족의 고유성을 계속 살려나가도록 하여야 한다."[379]고

379 김일성, "조선로동당 제6차 대회에서 한 중앙위원회 사업보고(1980년 10월 10일)," 『김일성전집 72권』(평양: 조선로동당출판사, 2007), p. 316.

하면서 남북이 공동으로 민족의 문화유산을 발굴하고 보존하며 발전시켜 나가야 한다고 강조하였다.

북한은 1980년대 말 사회주의권 몰락 이후 '조선민족제일주의 정신' 구현 및 '민족문화예술의 계승발전'이라는 문화정책을 펼치고 있다. 이에 따라 왕릉 발굴 및 복원과 악기 개량사업, 이조실록 번역사업, 팔만대장경 완역사업 등 민족문화유산계승정책을 추진하고 있다. 또한, 1992년 5월에는 연해주에서 발해유적 발굴조사사업을 대대적으로 벌인 바 있다. 북한은 1993년 9월 단군릉을 발굴하였다고 발표하면서 "평양이 조선민족의 발상지이며 우리민족의 국가형성과 발전의 중심지였다."[380]고 주장하였다. 그리고 단군릉과 발해 역사유적과 관련하여 남북 학술회의를 개최하는 한편 방북자들을 대상으로 단군릉 등 왕릉을 참관하게 하였다. 또한, 남북은 고구려 고분군 발굴 및 세계문화유산 등재 기념 남북학술회의와 전시회를 금강산과 서울에서 연이어 개최하였다.

북한은 김일성 유훈사업의 일환으로 '개성 역사유적 세계문화유산 및 보존관리사업'을 진행하기로 하고 2005년 12월 제17차 남북장관급회담에서 이 문제를 제기하여 남북은 서로 협력하기로 합의하였다. 남북은 2010년 남북교류가 단절된 상황에서도 개성역사유적 조사 및 발굴사업과 학술회의, 출토된 유물 전시회 등을 개최하였다.

2000년 남북정상회담 이후 진행된 민족문화유산 보호 및 민족 공

---

380 "당과 수령의 령도를 받들고 유구한 민족사를 빛내어 나가자." 『로동신문』, 1993년 10월 4일.

통성 보존 관련 남북교류 현황을 살펴보면 〈표 16〉과 같다.

〈표 16〉 민족 문화유산 및 공통성 관련 교류 현황

행사명	일시·장소	행사 내용
개성만월대 역사유적 발굴사업 *남북장관급회담 합의사항	2005-2018 개성 만월대	- 2005.12 제 17차 장관급회담에서 개성역사유적 세계문화유산 등재 및 보존관리사업에 협력키로 합의 - 2007-2015년간 개성 만월대 역사유적 발굴을 위한 남북공동조사 및 발굴 - 2015년 10-11월 광복 70주년 기념 남북공동발굴 '개성만월대 특별전' 개최 - 2015년 10월 남북 학술토론회 개최 - 2018.4.3.-4.29 '고려 건국 1100년 고려 황궁 개성 만월대 남북공동 발굴 서울특별전' 개최
북관대첩비 반환사업 *남북장관급회담 합의사항	2005.6-2006.3 *2005.10.일본에서 반환 → 국립중앙박물관안치→ 2006.3.1 개성 통해 함북 길주군 원래 자리로 이관	- 남한 초산스님, 일본 야스쿠니신사에 방치된 북관대첩비 발견 - 2005년 남측은 북관대첩비 반환 위한 '남북 문화재 당국간 회담'을 북한에게 정식 제안 - 2005년 제15차 장관급회담에서 남북 공동으로 일본에 반환 요청키로 합의 - 2006.3.1. 개성 성균관 명륜당에서 북관대첩비 북한에 이관(現 함북 김책시 림명리)
'을사5조약'날조 100년 남북공동 사진전시회 *남북장관급회담 합의사항	2005.11.17 서울 국회헌정기념관	- 2005년 제15차 장관급회담에서 '을사5조약'이 원천 무효임을 확인 - 6.15공동행사시 서울에서 행사 진행, 개막 - 일제 식민통치시기 징용, 징병, 위안부 등 일제만행을 폭로·규탄하는 80여점 사진 전시 - '민족정기를 세우는 국회의원 모임'에서 일본의 군국화 비판
안중근의사 유해발굴사업 *남북장관급회담 합의사항	2005.9-2006.3 (3회 접촉, 개성) 2006.6(공동조사, 중국 대련)	- 안중근의사 유해위치 확정, 발굴단 구성 - 관련자료 조사 및 교환 - 2006.6 중국 대련시 여순구 여순감옥 뒷산 공동묘지 공동조사 - 2007.2-3 남북공동시굴 및 발굴진행 합의

다. 남북관계 개선과 정부 주도 교류

북한의 정부 주도 교류

김정은은 집권 이후 남북교류에 대해 별다른 방침을 제시하지 않았다. 다만 신년사에서 우리민족끼리 「6.15공동선언」과 「10.4선언」 등 남북간 이미 합의한 공동선언을 존중하고 성실히 이행하는 것이 중요하며 민족의 화해와 단합을 위해서는 교류를 폭넓게 실현해 나가야 한다고 강조하였다. 그리고 "남한당국이 진정으로 남북관계 개선과 평화통일을 바란다면 부질없는 체제대결을 추구할 것이 아니라 민족의 총의가 집대성되어 있고 실증을 통해 정당성이 확증된 조국통일 3대원칙과 6.15공동선언, 10.4선언을 존중하고 성실히 이행해나가려는 의지를 보여야 한다."[381]고 하면서 남북교류 중단의 책임을 남한에 전가하였다. 김정은이 집권 후 신년사에서 남북교류와 관련하여 언급한 내용을 보면 〈표 17〉과 같다.

〈표 17〉 김정은 신년사 중 남북교류 관련 내용

연도	남북교류 관련 내용	비고
2012	- 6.15공동선언과 10.4선언 기치 밑에 굳게 단결 - 민족자주, 민족우선 입장 철저히 견지 - 민족공동의 이익을 첫 자리에 놓고 여기에 복종	우리민족끼리, 화해와 단합
2013	- 남북공동선언 존중하고 이행 - 민족우선, 민족중시, 민족단합	우리민족끼리, 화해와 단합
2014	- 남북 공동선언 존중, 성실 이행 - 남북관계 개선 분위기 마련	우리민족끼리

381 『로동신문』, 2016년 1월 1일 신년사.

2015	- 남북간 대화와 협상, 교류와 접촉을 활발히 하여 북남관계 대전환, 대변혁을 가져와야 함 - 고위급접촉, 부문별회담, 최고위급회담 용의	우리민족끼리, 민족대단결, 민족공동이익
2016	- 조국통일 3대원칙, 6.15공동선언, 10.4선언 존중·이행 - 평화와 통일을 바라는 사람은 누구와도 논의 용의	우리민족끼리, 화해와 단합
2017	- 사상과 제도, 지역과 이념, 계급과 계층의 차이를 초월하여 활발히 접촉하고 왕래 - 남북당국, 정당, 단체, 해내외 각계각층 참가 통일 대회합 실현	민족 근본이익, 접촉, 왕래
2018	- 남북간 접촉과 왕래, 협력과 교류 폭넓게 실현 - 남조선 여당은 물론 각계각층, 개별 인사 누구와도 대화와 접촉, 왕래의 길을 열어놓을 것임 - 올림픽 경기(2018 평창동계올림픽)에 대표단 파견	우리민족끼리, 화해와 단합

한편 북한은 김정은 시대에 들어서면서 문화 분야의 정책 목표로 '사회주의 문명국'[382] 건설을 제시하였다. 이에 따라 문학예술, 체육, 교육, 보건, 도시환경 등 분야의 사업을 체계적으로 추진해 나가고 있다. 그 결과물을 인민생활 향상이라는 이름 아래 주민들이 누리게 함으로써 사회주의 북한, 직접적으로는 김정은체제에 대한 충성심을 내면화하는 기제로 활용하고 있는 것이다. 더 나아가 사회주의강국 건설의 바탕으로 삼고 있다. 특히 김정은은 주민들의 교육과 체육 활성화에 큰 관심을 보이고 있다.

북한은 2018년 신년사에서 남북관계 개선을 위한 남북교류를 제

382 '사회주의 문명국'은 "자기 땅에 발을 붙이고 눈은 세계를 보라! 이것이 발전된 사회주의문명국을 향해 나아가는 조선의 군대와 인민의 좌우명"이라고 하면서 사설에서 언급한 사회주의 문명국에 관한 논의가 이미 2011년 12월 30일 개최된 당중앙위원회 정치국회의에서 이루어졌다고 보도했다. 『조선신보』, 2012년 1월 6일; 또한 사회주의문명국 건설론이 김정은의 이름으로 공식화 된 것은 2012년 4월 6일 당 중앙위원회 간부들을 대상으로 한 '4.6담화' 「위대한 김정일 동지를 우리 당의 영원한 총비서로 높이 모시고 주체혁명위업을 빛나게 완성해 나가자」에서 "교육, 보건, 문학예술, 체육을 비롯한 문화건설의 모든 부문에서도 끊임없는 혁명적 전환을 일으켜 우리나라를 발전된 사회주의 문명국으로 빛내여 나가야 합니다."라고 언급한 것이 최초이다. 『로동신문』, 2012년 4월 19일.

의한 이후 평창동계올림픽 참가에 이어 남북정상회담과 「4.27판문점선언」을 통해 남북간 다방면에서 교류와 협력을 활성화해나가기로 하였다. 북한은 남북 사회문화교류에 있어 과거 민화협 등을 내세워 경제적인 실익을 앞세우던 행태보다는 우선 남북관계 진전을 위해 정부가 직접 나서서 실질적인 교류를 진행하는 것으로 보인다.

체육 분야 중심 교류

남북은 1990년대부터 남북관계가 대결상태이거나 긴장이 조성되었을 때 이를 완화하고 화해 분위기를 조성하기 위해 가장 먼저 예술공연과 체육교류를 진행하였다. 특히 북한은 체육 분야 교류에 대해서는 1972년 김일성이 남북고위급회담에 참가한 남측 대표단에게 "올림픽 경기대회를 비롯한 국제적인 체육경기들에 단일팀을 구성해 나가자."고 한 이후 매우 적극적인 자세를 보였다. 김정은도 역시 그동안 긴장되었던 남북관계를 새롭게 정립해 나가는 과정에서 2018년 평창동계올림픽을 계기로 남북관계 개선을 시도하였다.

1990년부터 2018년까지 정부 차원에서 남북관계 개선 분위기를 조성하기 위해 실시한 체육교류는 〈표 18〉과 같다.

〈표 18〉 주요 남북 체육교류 현황

행사명	일시·장소	행사 내용
남북통일축구경기	1990.10.9-13 평양 5.1경기장	- 체육부장관 인솔 - 제11차 아시아경기참가자들로 선수단구성 - 판문점 통해 귀환
남북통일축구경기	1990.10.21-25 서울	- 제11차 아시아경기참가자들로 선수단구성 - 양팀 선수들은 복장에 미표식-친선경기

제 41차 세계탁구선수권대회	1991.4.24-5.6 일본	- 남북단일팀(KOREA) 참가 - 단기(한반도기), 단가(아리랑) 사용 * 사상 처음 단일팀 조직
제 6차 세계청년축구선수권대회	1991.6.14-30 포르투갈	- 남북단일팀(KOREA) 참가 - 단기(한반도기), 단가(아리랑) 사용
2000 시드니 올림픽 남북동시입장	2000.9.15-10.1 호주 시드니	- 올림픽 역사상 처음 남북동시입장 - 한반도기, KOREA 피켓, 아리랑 연주
남한 태권도 시범단 방북 공연	2002.9.14-17 평양 태권도전당	- 남 35명, 북 30명 참가 - 남북합동 시범공연 * 남북장관급회담 합의사항
제14차 부산 아시안게임 참가	2002.9.29-10.14 부산	- 선수단 및 응원단 668명 참가 - 응원단은 남북행사에 최초 참가 - 9.6 백두산에서 성화 채화
북한 태권도 시범단 방한 공연	2002.10.23-26 서울	- 북 21명, 남41명 참가 - 남북합동 시범공연 * 남북장관급회담 합의사항
아오모리 동계 아시안게임 공동입장	2003.2.1-8 일본 아오모리	- 남 110명, 북 40명 참가 - 개·폐회식 남북 공동 입장
제22차세계대학생체육경기대회북한참가	2003.8.21-31 대구	- 북한 선수단, 응원단 527명 참가
아테네 올림픽 남북공동입장	2004.8.14 그리스 아테네	- 남136명, 북50명 참가 - 단가: 아리랑, 단기: 한반도기
2014 인천 아시아경기대회 북한 참가	2014.9.19-10.4 인천	- 북 선수단 14개 종목 273명 참가 - 황병서 군총정치국장, 최룡해, 김양건 등 고위급인사 폐막식에 참석하여 국무총리, 국가안보실장, 통일부장관 면담
2014인천장애인아시아경기대회북한참가	2014.10.18-24 인천	- 북 선수단 4개 종목 33명 참가 - 장애인 선수는 역사상 최초 참가 - 남북 공동 입장
2018 평창동계올림픽 북한 참가	2018.2.9-25 평창	- 북 선수단·응원단·예술단·태권도시범단 참가 - 남북선수단 공동입장, 남북단일팀 참가, - 북 삼지연관현악단공연, 태권도시범단공연 - 폐회식에 김여정 당 제1부부장, 김영남 상임위원장, 리선권 조평통 위원장 등 고위인사 방남하여 문재인 대통령 면담
2018 평창 동계패럴림픽 북한 참가	2018.3.9-18 평창	- 북 선수단 참가 - 남북선수단 개·폐회식 공동입장
남한 태권도 시범단 평양공연	2018.4.1 평양 태권도전당	- 평창동계올림픽 북한 태권도 시범단 공연에 대한 답례 형식 - 평양에서 시범공연 및 남북합동 시범공연

남북통일 농구대회	2018.7.3-5 평양	- 조명균 통일부장관, 남녀 농구단 50명 등 101명 방북 - 혼합경기 및 친선경기 *「판문점선언」 이행사항
2018코리아오픈국제탁구대회 남북참가	2018.7.15-22 대전 충무체육관	- 북한선수단 25명 방남 - 남북이 함께 남녀복식, 혼합복식 게임
2018자카르타-팔렘방아시안게임 남북공동입장·단일팀참가	2018.8.19-9.2 인도네시아	- 개막식·폐막식 남북공동 입장 - 여자농구, 카누, 조정 단일팀 참가

북한은 2018년 2월 '평창동계올림픽'에 선수단을 대거 파견하고 남북 동시입장과 여자아이스하키 단일팀 참가 등을 통해 남한뿐만 아니라 전 세계에 남북화해와 평화 이미지를 심어주었다. 또한, 김여정 노동당 제1부부장, 김영남 상임위원장 등 고위인사가 방한하여 문재인 대통령을 면담하고 김정은 친서를 전달하는 등 남북관계 개선을 위한 분위기를 조성하였다. 남한도 4월에 예술단, 태권도시범단이 방북하여 남북합동공연을 통해 다시 한번 남북화해와 협력의 이미지를 심어주었다.

남북은 2018년 「4.27판문점선언」의 교류 이행 차원에서 농구, 축구, 탁구경기를 개최하였다. 7월에 평양에서 개최된 남북통일농구대회도 정부 주도로 이루어졌다. 대전에서 7월 개최된 '2018 코리아오픈 국제탁구대회'에서도 남북은 정부 지원 아래 함께 조를 편성하여 참가하였다. 또한 '2018 자카르타-팔렘방 아시안게임'에 공동입장과 여자농구 등의 종목에서 단일팀으로 참가하는 등 남북관계 진전에 실질적으로 기여하였다. 남북은 서로 간에 부담이 없는 체육분야 중심으로 교류를 진행하였다. 이는 북한이 민간교류 재개에 따른 준비 부족일 수도 있으나, 그보다는 남북당국간 관계를 우선 개선한 이후 그동안의 교류 방향을 재정립하여 새로운 교류를 추진하기 위한 것이라고 볼 수 있다.

5부

남북교류, 무엇을 해야 하나?

1

남북교류의 전개 양상

가. 남북교류 의지와 실행의 조응관계

남북교류는 서로간 교류를 실행하고자 하는 의지가 가장 중요하다. 남북간 내부환경은 물론 국제환경이 교류에 매우 긍정적으로 조성된다 하더라도 의지가 없으면 이루어질 수 없다. 반대로 대내외적인 환경이 여러 가지로 열악해도 서로간 교류에 대한 의지가 확고하면 성사되었다. 즉 남북교류에 있어 중요한 것은 남북간 상호 의지가 작용 결과이며, 국제정세 등 주변 환경은 교류 분위기 조성 등 간접적인 영향을 미친다고 할 수 있다.

남북 대결시대인 1960년대 북한은 대남경제 우위를 바탕으로 지속적이고 다발적으로 교류를 제의하였다. 그러나 남한이 호응하지 않음으로써 교류는 이루어지지 않았다. 1970년대 초 세계적인 데탕트 분위기 속에서 미·중은 남북한에 각각 대화를 압박하였다. 남북한도 화해 제스처 차원에서라도 대화가 필요했으므로 회담을 위한 회담인 '남북적십자회담'이 시작되었다. 남북은 1972년 「7.4공동성명」을 통해 사상 처음 "남북간에 다방면적인 교류를 실시"하기로 합의하였다. 그러나 교류는 전혀 이루어지지 않았다. 이것은 국제적인 환경과 남북간 합의 등 여러 요인이 남북교류에 긍정적인 환경을 조성하였지만 남북당국간 교류에 대한 실행의지가 결여됨으로써 말로써 끝나고 만 것이다. 「7.4공동성명」은 데탕트라는 국제정치 변화가 만들어낸 남북간 합의였지만 서로의 적대적 현실을 뛰어넘기는 어려웠던 것이다.

1980년대 세계는 화해협력과 냉전체제 유지라는 이중구조 속에 놓여 있었다. 이러한 분위기 속에서 북한은 종교 자체는 부정하면서도 1981년 종교 분야에서 교류를 시작하였다. 남북간 직접 교류가 어려운 상황에서 먼저 재미교포 목회자를 평양으로 초청하여 남북교류의 포석을 다지는 한편 교류의 주도권을 확보하기 위한 것이었다. 또한 북한 내 종교조직 신설에 도움을 받거나 대외 이미지 개선에 활용하기 위한 목적도 반영된 것이라고 할 수 있다. 나아가 해외에서 남한 종교인을 만나거나 국제조직을 통해 접촉한 것은 남한 종교계의 관계망을 활용하여 서방세계와 소통하기 위한 것이기도 하였다.

이렇게 북한은 남한의 종교계를 통해 교류여건 등을 탐색해 본 결과, 교류의 필요성과 함께 자신감을 갖게 된 것으로 보인다. 1985년 '남북 이산가족 고향방문 및 예술공연단' 교환공연을 적극적으로 제의한 것도 이와 같은 맥락이라고 할 수 있다. 남북간 최초의 문화교류인 이 예술공연이 성사되는 데는 서로 교류의 의도를 탐색하는 등 우여곡절이 있기는 하였으나 결과적으로 남한의 호응이 있었기 때문에 가능하였다.

1980년대 남북교류는 북한이 1980년 「고려민주연방공화국 창립방안」 제기와 대민족회의 소집, 제6차 당 대회에서 남한과 '합작과 교류'를 주장하면서 이를 실행하기 위한 탐색 차원에서 시작하였다고 할 수 있다. 또한, 북한은 자신들이 상대적으로 우월하다고 생각하는 예술 분야의 교류를 적극적으로 진행하려 하였으나 대결적인 남북관계가 지속됨에 따라 더 이상의 교류로 진전되지 못하였다.

1980년대 말 세계적으로 탈냉전이라는 국제환경의 변화가 시작되었다. 남한의 노태우 정부는 국제정세의 흐름에 맞추어 1988년 "남북 상호교류 및 교역 등으로 민족경제의 균형적 발전을 이루자"는 대북정책의 획기적인 선회와 함께 북방정책의 방향이 담긴 「7.7선언」을 발표하였다. 동구 사회주의권 붕괴를 시작으로 1989년 베를린장벽이 무너지고 소련이 개혁·개방과 함께 남한과 수교를 맺었다. 이러한 상황에서 북한은 외교적 고립과 사회주의 국제시장 상실로 경제적 어려움은 물론 체제 위협을 받고 있었다. 이 때 남한은 북한에 대화를 제의하였고 북한은 생존전략 차원에서라도 대화에 응할 수밖에 없었다.

남북한은 동서독이 1972년 체결한 「기본조약」을 모델로 하여 1991년 12월 남북관계의 장전이라 할 수 있는 「남북기본합의서」를 채택하였다. 남북교류협력에 관한 기본적인 원칙이 모두 포함되었다. 이 합의서 채택과정에서 남한은 국제정세 등을 배경으로 공세적으로 접근했고 북한은 수세적으로 대응할 수밖에 없었다.[383] 따라서 동 합의서가 남북교류의 기본 방침이 되기는 하였으나 북한은 "혁명과 사회주의 건설에 이로운 것만 협력과 교류한다."[384]는 방침에 따른 '모기장론'에 입각하여 소극적이고 제한적인 교류를 하였다. 북한은 1990년 서독의 동독 흡수통일이 교류협력에서 기인한 것으로 보고 남한문화의 유입이 우려되는 남북 인적교류를 극도로 꺼렸다. 이러한 북한의 태도가 남북교류가 가다서다를 반복하는 요인으로 작용하였다.

남북은 1990년 화해협력 분위기 조성 차원에서 정부 차원의 예술공연과 축구 등 이벤트성 행사를 서울과 평양에서 개최하였다. 그러나 북한은 1991년 12월 「남북기본합의서」 채택 후 1992년부터는 남북왕래 교류를 거의 중단하였다. 교류 분야도 방송과 언론교류는 자본주의 소식과 문화 유입에 대한 우려로 시도조차 하지 않으려고 하였다. 학술 교류도 통일·경제 등 북한의 입장에서 현실적으로 필요성이 있는 분야가 중심이 되었다. 이 시기 교류는 대부분 국제단체의 주선으로 제3국에서 개최되었다. 남한에서는 주로 이념성이 없는 북한의 순수한 그림이나 사진 전시회 등이 개최되었다.

---

383 1991년 12월 남북기본합의서 조인식을 마치고 평양에서 개성으로 오는 승용차 안에서 북한의 김영철 소장은 남한의 박용옥 소장에게 "이것은 당신네 협정이지, 우리 협정이 아니다."라고 불평했다. 돈 오버도퍼, 『두개의 코리아』(서울: 중앙일보, 1998), p. 249.

384 김일성은 1991년 12월 13일 남북기본합의서 채택 직후인 12월 24일 조선로동당 중앙위원회 제6기 제19차 전원회의에서 "우리는 북남사이의 협력과 교류를 실현하는 데서 우리 혁명과 사회주의 건설에 이로운 것만 하고 해로운 것은 하지 않는 원칙을 견지해야 합니다."라고 강조하였다. 김일성, 『김일성전집 91권』(평양: 조선로동당출판사, 2010), p. 563.

1993년 북한의 NPT 탈퇴와 1994년 김일성 사망으로 인한 조문 논쟁은 남한사회내 대북인식의 정치화를 초래하였고 남북관계에 부정적 영향을 미치면서 간헐적으로 진행되던 교류마저 중단되는 결과를 가져왔다. 게다가 1996년 9월 북한이 강릉 잠수함 침투사건을 일으킴으로써 남한정부는 교류를 중단시켰다. 북한은 3개월 후 미국을 통해 잠수함 침투사건에 대해 간접적으로 사과를 하기는 하였으나 이미 악화된 남북관계는 개선되지 않았다.

1990년대 초반 냉전체제 와해와 사회주의권 몰락이라는 세계사적인 환경 변화가 남북을 교류의 장(場)으로 견인하였다. 그러나 북한은 체제고수를 위한 '우리식사회주의'를 표방하면서 교류에 소극적인 자세를 취했다. 남한도 초반에 공세적인 교류 자세와 달리 중반 이후부터는 정부가 국민의 여론 흐름에 따라 대북정책이 오락가락하면서 방향을 잃게 됨으로써 남북교류에 관심이 멀어져 갔다.

1998년 국민의 정부의 대북 포용정책은 남북교류의 결정적인 요인으로 작용하였다. 대북 포용정책은 서독의 빌리 브란트 정부가 1960년대 후반 동독을 고립시키는 정책에서 동독과 '접촉을 통한 변화'를 추구하는 신동방정책을 모델로 하여 북한과 교류협력을 통해 공존하겠다는 것이다. 북한은 남한의 대북정책이 북한을 흡수통일하려고 한다는 의구심을 갖고 대남도발을 통해 남한의 대북정책을 시험하였다. 그러나 남한이 대북정책의 일관성을 유지함에 따라 그 진정성을 믿게 된 것으로 보인다. 경제적 어려움에 봉착한 북한은 남한의 남북공존 정책이 체제 유지에 도움이 된다는 판단에 따라 2000년 남북정상회담을 수용하였다. 「6.15공동선언」은 남북교류 제도화의 길을 열었고 교류 활성화를 가져왔다.

남북은 학술·교육, 문화·예술, 방송·언론·출판, 체육, 종교 분야에서 교류가 활발하게 진행되었다. 남북이 직접 왕래하면서 교류가 이루어짐에 따라 과거 해외단체가 주최하던 교류 방식은 거의 사라지게 되었다. 2001년부터는 새로운 교류 형태인 남북공동행사가 진행되면서 대규모 인적교류가 이루어졌다. 또한, 남한에서 개최된 아시안게임 등 국제경기에 파견된 북한 응원단은 남한국민들의 대북인식이 긍정적으로 전환되는데 기여하였다. 교류 장소도 지방으로까지 확대됨으로써 각 지역의 주민들이 교류에 참여하는 효과를 가져왔다.

북한은 우리민족끼리·민족공조 등의 명분을 내세우며 실리교류를 통해 그들의 교류 목적을 달성 할 수 있게 되었다. 그러나 한편으로는 항상 자본주의 문화 유입을 경계하였다. 남북 민간교류가 증대되면서 방북자중 일탈행위[385]를 하는 일이 발생함으로써 '남남갈등'이 야기되기도 하였다. 2004년에는 탈북민이 대거 입국함으로써 남북관계가 교착상태에 빠지기도 하였으나 교류는 지속되었다. 이와 같이 남북교류의 진행과 중단은 주변 환경의 영향보다는 쌍방의 실행의지가 가장 중요한 요인이 되었음을 알 수 있다.

2003년 참여정부의 평화번영정책에 의해 남북교류는 더욱 확대되고 발전되었다. 그러나 2006년 북한이 장거리미사일 발사와 핵실험을 함으로써 미국이 대북제재를 가하게 되었고 남한 내에서도

---

385 2001년 8.15공동행사 참석차 방북한 강정구 동국대 교수가 만경대 방명록 파문을 일으켜 남남갈등 야기와 본인 사법처리는 물론 당시 임동원 통일부장관이 해임되었다.

대북정책의 전환을 요구하는 여론이 비등하였다. 하지만 남한정부가 대북정책의 일관성을 유지함으로써 교류에는 큰 지장이 없었다. 2007년 남·북·미 삼각관계의 선순환[386] 속에서 남북정상회담이 개최되고 「10.4선언」을 통해 남북은 각 분야에서 교류협력사업을 더욱 발전시켜 나가기로 하였다. 그리고 후속조치로 「남북사회문화협력추진위원회」 구성에 합의하였으나, 2008년 정권이 교체되면서 이러한 합의는 사실상 무효화 되었다.

2008년 이명박 정부가 들어서면서 대북정책이 「비핵·개방·3000」이라는 조건부 상호주의로 전환됨에 따라 북한은 남북당국간 접촉과 대화를 일체 중단하고 「6.15공동선언」·「10.4선언」 이행만을 촉구하였다. 이 시기에 남북교류는 새로운 합의나 시작보다는 이전에 합의하였거나 진행해오던 사업을 마무리하는 수준에서 실시하였다. 『겨레말큰사전』 편찬사업이나 개성 역사유적 발굴 · 보존사업 등 민족문화유산과 관련된 사업은 가다서다를 반복하면서도 진행되었다.

그러나 2010년 3월 북한이 천안함 폭침사건을 일으킴으로써 남한정부가 '5.24조치'를 취해 모든 교류는 중단되었다. 결국, 북한의 입장에서는 남한 보수정권의 강경한 대북정책이 남북교류 중단에 가장 큰 영향을 미친 셈이 되었고, 남한의 입장에서는 북한의 대남도발 행위가 남북교류 중단의 결정적인 이유가 된 것이다. 2011년

---

386 미국 부시 대통령은 2006년 11월 하노이에서 열린 한미정상회담에서 "김정일체제를 인정하겠다"고 하면서 핵을 포기하면 노무현 대통령을 포함하여 3자가 평화협정을 맺자고 제안하였다. 찰스프리처드 지음, 김연철·서보혁 옮김, 『실패한 외교: 부시, 네오콘 그리고 북핵위기』(서울: 사계절, 2008), pp. 133-135.

남한정부는 8.15를 기점으로 '대북 유연화 방침'을 발표하고 '5.24 조치'가 존치함에도 비정치적 분야인 종교, 예술 분야의 교류는 허용하였다. 그러나 12월 김정일 사망 후 북한이 교류에 소극적으로 대응함으로써 다시 교류는 중단상태에 이르렀다.

2012년 집권한 김정은은 미국과 담판을 위한 핵·미사일 고도화를 완성하기 전까지는 남한과 상대하지 않으려는 것처럼 보였다. 신년사를 통해서는 남북관계 개선을 위해 대화하자는 제의를 하였으나, 실행에 옮기지 않는 등 이중적인 태도를 보였다. 그러다가 2014년 인천아시안게임에 선수단과 고위당국자를 파견하고, 2015년에는 정상회담 개최 가능성을 보이기도 하였다. 이런 가운데서도 북한은 핵 실험과 미사일 발사를 계속하였고 2017년 11월 '화성-15형' 발사 후 핵무력 완성을 선포하였다. 이에 또 다시 남북관계는 경색되고 국제사회도 대북제재 조치를 취함으로써 남북교류는 중단되었다.

남한의 보수정권이 집권한 후 대북 강경정책과 북한의 대남도발과 핵 개발이 서로 마찰을 일으키고, 국제사회의 대북제재가 가해지면서 남북교류는 간헐적인 진행과 중단이 반복되었다. 이렇게 남북한의 대북정책과 대남정책의 충돌로 인한 긴장관계가 남북교류를 크게 후퇴시키는 요인으로 작용을 한 것이다.

남북은 2018년 평창동계올림픽을 계기로 다시 화해협력 분위기 조성을 위한 체육, 예술공연 등에서 교류를 시작하였다. 또한, 남북정상이 「4.27판문점선언」을 통해 다방면적인 교류를 활성화하기로 합의함에 따라 남북교류는 전진을 기대하게 되었다.

나. 남북사회문화교류 전개 양상과 특징

지난 40년간 진행된 남북 사회문화교류 사례에서 보듯이 북한은 사회문화교류를 크게 두 방향으로 진행하였다. 하나는 통일전선 형성과 확대 차원에서 진행하였다고 할 수 있다. 시간의 흐름에 따라 통일전선 형태에는 변화가 있었다. 1960년대에는 남조선 혁명을 위한 통일전선 형성을 위해 남한국민들을 직접 만나 북한체제를 선전하고 영향을 주는 인적교류에 초점이 맞추어져 있었다. 그러나 1990년대 동구 사회주의권 몰락과 함께 찾아온 체제 및 경제 위기 시에는 남북공존의 필요성을 주장하면서도 인적교류는 기피하는 모습을 보였다. 2000년대 들어서는 남북교류가 활발해지면서 대규모의 인적교류가 이루어지는 남북공동행사 공간을 통일전선 확대에 적극적으로 활용하였다.

다른 하나는 남북관계 상황 변화에 따라 남북화해 분위기 조성 및 경제적 실리 확보 측면에서 진행하였다고 할 수 있다. 북한의 이러한 교류 태도로 인해 사회문화교류가 이벤트 또는 단발성으로 끝나는 등 지속되지 못하고 제도화도 이루어지지 않았다. 따라서 남북은 교류를 통한 상호 이해와 신뢰 회복은 물론 이질감 해소나 동질성 확대와는 상당한 거리가 있었다.

다만 북한은 김일성이 1970년대 처음 남북대화에서 강조했던 남북언어 통일, 민족문화유산 계승, 국제경기에 남북이 단일팀으로 참가하는 등 민족공통성을 확보 할 수 있는 교류는 남북관계 상황에 크게 좌우되지 않고 진행되었다. 대표적으로 『겨레말큰사전』 편찬사업과 개성 만월대 발굴·보존사업은 남북관계가 경색된 상황에서도 계속됨으로써 교류 본연의 모범적인 사례가 되었다. 또한, 올림픽 등 국제경기에 남북이 단일팀으로 참가함으로써 화해 분위기 조성에 기여하였다.

이러한 남북 사회문화교류를 뒷받침 할 수 있는 사례를 1981년부터 2018년까지 살펴보면 다음과 같은 특징이 있다.

첫째, 교류 시기별 전개과정은 교류 탐색기인 1981년에서 1989년까지는 1980년대 남북관계가 군사적 긴장 속에서 체제경쟁을 가속화하는 적대적 대결상태였기 때문에 남북은 상대방의 교류 의도 탐색차원에서 교류를 하였다. 따라서 의미 있는 교류는 진행되지 않았다. 1981년 처음으로 종교 분야에서 남북간 교류가 시작되었다. 이것은 북한이 종교인들과 접촉을 통해 남한과 교류 가능성 및 교류 방향 등을 타진하고 그들의 연계망을 통해 국제사회에 진출하려는 시도를 한 것이다. 1985년 남북예술단 교환공연은 북한이 그들의 문화예술 수준을 과시하고 정치적으로도 활용하고자 하는 의도가 있었다고 볼 수 있다. 또한 북한 영화의 미국 한인사회에서 시사회는 그들의 영화를 세계시장에도 진출시키기 위한 포석이라고 할 수 있다.

교류 시도기인 1990년에서 1997년까지는 북한이 당시 대내외적인 상황으로 인해 어쩔 수 없이 「남북기본합의서」를 채택하고 교류를 하기로 한 것이다. 북한은 서독에 의한 동독의 흡수통일이 교류협력의 결과로 비롯된 것이라는 판단 때문에 남북교류를 아주 제한적으로 진행하였다. 특히 남북왕래를 통한 인적교류는 주민들의 사상오염 등을 우려하여 「남북기본합의서」 채택 후에는 거의 중단하였다. 그러나 소수의 인원이 중국 등 제3국에서 접촉하는 학술회의에는 적극적으로 참여함으로써 이 시기에 학술 교류가 가장 활발하였다. 또한 남한에서 진행하는 북한 그림 · 사진 전시회 등은 인적교류가 수반되지 않고 교류 대가는 챙길 수 있어 선호하는 분야였다. 1990년대 중반에는 경제난과 국제 체육행사에 참가한 북한선수들의 이탈로 국제대회 참가가 어려워짐에 따라 남북체육교류도 현격히 줄어들었다.

교류 활성화기인 1998년에서 2007년까지는 국민의 정부의 대북포용정책에 의해 북한이 남북교류에 적극적으로 호응해 왔다. 2000년 남북정상회담과 「6.15공동선언」으로 학술·교육, 문화·예술, 방송·언론·출판, 체육, 종교 등 다양한 분야에서 교류가 활발히 전개되었을 뿐만 아니라 교류의 폭도 증가하였다. 교류가 활성화되면서 북한 지역을 방문하고자 하는 남한국민들의 욕구가 분출됨에 따라 대다수의 교류가 평양, 금강산, 개성 등 북한지역에서 이루어졌다. 2001년부터는 대규모의 인적교류가 이루어지는 민간 차원의 남북공동행사가 매년 남북지역을 번갈아 가며 개최됨에 따라 북한은 이 행사를 통일전선 확대에 적극 활용하였다. 또한 북한은 부산, 대구, 제주도 등에서 개최되는 아시안게임 등 국제 체육행사 및 민족문화체육축전에 대규모의 선수단과 응원단을 파견하여 남한국민들의 대북인식을 긍정적으로 전환하는데 활용하였다. 2005년 평양에서 개최된 '아리랑 공연'을 참관하기 위해 남한주민 7,300여명이 방북하기도 하였다. 남북주민의 왕래교류가 비교적 활발히 이루어졌으며,

북한주민들이 남한을 방문한 것은 사실상 이 시기이다.

교류 조정기인 2008년에서 2018년까지는 남한의 이명박·박근혜 정부의 강경한 대북정책과 북한의 대남도발과 핵 개발로 남북간 대립이 격화되면서 교류는 급격히 위축되었다. 이런 가운데서도 『겨레말큰사전』 편찬사업이나 개성 만월대 발굴 및 보존사업 등 민족문화유산 관련 협력사업은 진행되었다. 또한 비정치적인 체육이나 예술, 종교 분야는 교류를 이어갔다. 2017년 5월 남한이 진보정권으로 교체되고 2018년 평창동계올림픽을 계기로 남북이 화해 분위기 조성을 위해 체육경기, 예술공연을 서울과 평양에서 번갈아 개최하면서 교류가 재개되었다. 또한 4월 27일 남북정상회담과 「판문점선언」으로 남북교류 활성화를 기대하게 되었다.

둘째, 분야별 교류 현황은 전 시기에 걸쳐 문화·예술 분야의 교류가 가장 많이 진행되었다. 다음이 종교 분야, 그 다음이 방송·언론·출판 분야, 그리고 학술·교육 분야, 체육 분야, 남북공동행사 순으로 진행되었다.

분야별 교류의 특징을 보면, 문화·예술 분야는 남북관계 상황 변화에 따라 부문별로 다른 특징과 변화를 보이고 있다. 예술 공연은 주로 남북당국이 남북관계를 개선시켜야 할 중요한 분기점마다 화해협력 분위기 조성을 위해 적극 활용하였다. 남한에서 북한의 그림·사진 등 전시회와 영화 상영은 북한의 입장에서 직접적인 인적 교류가 없는데다 편리하게 교류 대가로 수익을 올릴 수 있어 선호하는 분야로 성사 건수가 가장 많았다.

종교 분야의 경우 남북간 직접교류가 어려운 상황에서 1980년대

가장 먼저 교류가 시작된 것은 북한이 종교계의 관계망을 활용하여 세계와 교류는 물론 북한 내 종교조직을 구축하기 위한 것이었다. 종교계는 남북관계 경색 상황에서도 인도주의 정신과 조직력 및 재정능력 등 실행력을 바탕으로 북한의 긴급구호와 인도적 지원, 교류협력사업을 꾸준히 진행하였다.

방송·언론·출판 분야는 북한이 체제유지 문제와 관련이 있어 1990년대 초반 교류를 가장 기피하던 분야이었다. 그러나 북한이 2000년 남북정상회담 전후로 방송·언론 분야 교류를 수용한 것은 언론이 김정일을 긍정적으로 보도하여 남한국민들의 대북 적대의식 해소에 유용하다고 판단했던 것으로 보인다. 또한 방송사는 재원 등에서 공신력 있는 사업주체이기도 하다. 출판은 인적교류 수반 없이 교류 대가를 확보할 수 있다는 장점이 있어 2000년 전후로 북한서적의 남한 내 출판이 상당히 진행되었다.

학술·교육 분야는 통일, 과학 및 언어, 일제잔재청산 문제가 학술회의의 주요 의제가 되었다. 1990년대 학술교류는 북한의 입장에서 통일문제와 관련한 자신들의 주장을 펼치고 정보화 추세에 맞춰 IT 교육 등 현실적인 필요성이 큰 분야와 민족공통성 확보 측면에서 이루어졌다. 한편 학술교류는 타 분야에 비해 경제적인 실리 획득 소지가 적고 시급성도 약해 2000년 전후로는 여타 분야에 비해 상대적으로 교류가 감소하였다.

체육 분야는 가장 비정치적인 분야로 남북 화해 협력 분위기 조성이 필요할 때 정부당국이 많이 활용했으며 남북지역 왕래교류도 활발하였다. 또한 북한은 남한에서 개최되는 국제행사에 대규모 선수단과 응원단을 파견하여 남한주민들의 대북인식을 긍정적으로 전환하는 데도 활용하였다.

남북공동행사는 2001년 처음으로 실시되었으며, 대규모의 인적 교류가 이루어진다는 특징이 있다. 또한 남북은 공동행사를 평양, 금강산 그리고 서울, 인천, 광주, 제주도 등 여러 지역에서 개최함으로써 다양한 주민들이 접촉하도록 했다. 북한은 남북공동행사를 통일전선 확대에 활용하였다.

셋째, 주체별 교류 현황과 특징은 교류가 전체적으로는 민간 주도로 이루어졌다. 그러나 교류 초창기인 1990년대 초반에는 아직 교류의 틀이 구축되지 않은 관계로 정부가 주도하거나, 정부의 지원 아래 민간이 교류를 추진하였다. 2000년대는 민간교류가 잘 이루어지도록 정부가 뒷받침을 하였다. 교류의 주최는 1990년대는 제3자인 해외단체가 주로 하였으나 2000년 전후로는 남한이, 2008년 이후는 남북이 공동으로 주최하는 경우가 많아졌다. 특히 사회문화교류는 누가 주도를 하고, 주최하느냐에 따라 교류의 성격과 내용도 달라진다. 민간 주도로 교류가 이루어지고 활성화되어야 교류 본래의 의미를 살릴 수 있을 것이다.

넷째, 장소별 교류의 특징은 교류의 절반 이상이 북한 지역에서 개최되었다는 점이다. 특히 2000년 이후에는 금강산, 개성 등에서 교류가 이루어지는 일이 많아짐으로써 남한국민들의 방북도 늘어났다. 북한주민들이 교류 차원에서 남한을 방문한 것은 2000년대이다. 1990년대는 북한의 남북 왕래교류 기피와 국제단체가 교류를 주선하는 경우가 많아 제3국에서 대부분의 교류가 이루어졌다.

이와 같은 남북 사회문화교류의 전개 양상과 특징을 요약하면 〈표 19〉와 같다.

〈표 19〉 남북 사회문화교류 전개 양상과 특징

※ 표의 기호 중 '〉' 는 교류가 많이 진행된 순서, '≒' 는 비슷하다는 표시

시기	교류 전개 양상		특징
탐색기 (1981~1989년)	분야	종교 〉 예술 공연	- 남한 주최 - 종교 교류 - 평양 진행
	주체	주도 : 민간 〉정부+민간 ≒ 정부	
		주최 : 남한 〉 해외 〉 북한	
	장소	북한(평양) 〉 해외 〉 남북	
시도기 (1990~1997년)	분야	종교 ≒ 문화·예술 ≒ 학술 〉 체육	- 해외 주최 - 종교, 학술 문화·예술 교류 - 해외 진행
	주체	주도 : 민간 〉 정부+민간 〉 정부	
		주최 : 해외 〉 남한 〉 남북	
	장소	해외 〉 남한 〉 북한	
활성화기 (1998~2007년)	분야	문화·예술 〉 방송·언론·출판 〉 종교 〉 학술·교육 〉 체육 ≒ 남북공동행사	- 남한 주최 - 문화·예술 교류 - 북한 진행
	주체	주도 : 민간 〉 정부+민간 〉 정부	
		주최 : 남북 〉 남한 〉 남북해외	
	장소	북한(평양 / 금강산·개성) 〉 남한 〉 해외	
조정기 (2008~2018년)	분야	종교 〉 문화·예술 〉 체육 〉 학술·교육 〉 남북공동행사	- 남북 주최 - 종교 교류 - 개성·금강산 진행
	주체	주도 : 민간 〉 정부 〉 정부+민간	
		주최 : 남북 〉 남한 〉 북한	
	장소	북한(개성·금강산 /평양) 〉 남한 〉 해외	

2

새로운 남북교류 추진 방안

가. 남한의 교류 추진 여건과 방향

남북교류 환경의 변화

2018년 평창동계올림픽을 계기로 남북간 조성된 화해 무드는 「4.27판문점선언」과 「9.19공동선언」으로 이어져 남북관계의 획기적인 전환을 기대하게 되었다. 이러한 가운데 남북간 예술단 교환공연이 개최되었고, 그동안 중단되었던 개성 만월대 발굴사업이 재개되었으며, 유소년 축구단 방북과 아시안게임 등에 남북단일팀 참가 등이 이루어지면서 남북교류에 대한 관심이 다시 고조되었다. 그러나 2019년 2월 하노이 북미 정상회담 결렬 이후 대북제재 상황이 계속되면서 남북교류 재개에 대한 회의적인 시각이 일게 되었다. 다른 한편으로는 대북제재와 무관한 사회문화교류라도 빨리 재개하여 남북관계를 견인해야 한다는 여론도 비등하였다.

남북관계가 사실상 단절된 지난 10여 년의 보수정권 시절에 비하면 남북교류에 대한 사회적 관심이 높아진 것은 사실이나 기대만큼 교류가 활성화 될 수 있을지는 의문의 여지가 있다. 2000년대 활발하게 진행되었던 남북교류가 남북간 상호 이해증진이나 발전에 기여한 바가 크지 않다는 것이다. 특히 양적으로 확대된 사회문화교류는 여러 가지 문제점을 안고 있다. 첫째, 사회문화교류가 활성화되었다고는 하지만 정치에 예속성은 더욱 높아졌다는 것이다. 남북관계의 개선과 경색 국면에 따라 교류도 진행과 중단 등의 변화를 겪었기 때문이다. 둘째, 남북관계가 정부의 적극적인 정책 추진에서 비롯된 만큼 사회문화교류에서도 정부의 몫이 확대되어 민간부문이 위축되었다는 점이다. 물론 민간이 교류를 주도한 것은 많지만 대부분 정부의 영향력 아래에 놓여 있었다는 점이다. 셋째, 사회문화교류에 대한 자본의 영향력이 확대되면서 사회문화교류에서 상품성이 지나치게 강조되었다. 그러다보니 이목을 집중할 수 있는 이벤트성 행사가 많고 북한에 제공하는 교류 대가가 양성화되었다는 점이다. 넷째, 반세기에 걸친 적대적 분단 상황으로 상대 문화를 받아들일 준비가 거의 되어 있지 않았다는 것이다.[387]

그동안 남북관계는 정치적 환경이 큰 영향을 미쳤다는 점에서 본다면, 문재인 정부의 화해협력을 바탕으로 하는 김대중·노무현 정부의 대북정책 계승과 「4.27판문점선언」으로 남북교류 활성화에 긍정적인 환경은 조성되었다. 물론 북핵문제 해결이 가시화 될때까지는

387 이우영, "새로운 남북 사회문화교류를 위한 성찰과 기대," 남북협회 뉴스레터 vol63, 2018년 12월.

교류 활성화를 기대하기는 어려운 상황이나 사회문화교류는 남북이 합의만 하면 추진할 수는 있다. 그럼에도 불구하고 교류 추진에 부정적인 요인들이 상당하다.

첫째, 우리사회 내 지난 보수정권 10여년 동안 대북인식이 악화되어 사회문화교류를 새롭게 추진할 수 있는 동력이 약화되었다는 점이다. 이는 2000년대 교류 활성화 시기에도 북한과 교류사업에서 당초 기대했던 효과를 거두지 못한 것이 주요 요인이라고 할 수 있다. 교류가 남북의 정치적 환경 변화에 따라 지속적으로 진행되지 못하고 단발성으로 끝나버린 경우가 대부분이다. 따라서 교류사업이 상업적으로도 성공하지 못하고 오히려 큰 부담만 안게 된 경우도 많았다. 현재 남북사회문화교류협력은 비영리 사업으로 못박고 있으나 실질적으로는 영리적 목적이 중요한 부분을 차지하여 왔다.

둘째, 김정은정권 들어 북한이 어느 정도 경제적 안정이 이루어지면서 2000년 전후 사회문화교류를 유인했던 경제적 동기가 효과가 없을 가능성이 크다는 점이다. 아직도 우리사회에서는 북한에 대한 인식 기준이 '고난의 행군' 시기에 머물러 있는 경우가 많다. 그러나 최근 북한은 긴급구호성 지원마저도 거부하고 있는 상황이다. 따라서 경제난이 어느 정도 해소되고 정상국가를 지향하고 있는 상황에서 과거와 같이 교류 대가를 받으면서 다양한 교류에 응해왔던 입장을 유지할지도 의문이다. 다른 한편으로는 남한의 자본력이 있는 단체나 기관만을 상대하여 교류를 추진함으로써 사회문화교류의 저변을 확대하는 데 걸림돌이 될 수도 있다는 것이다.

셋째, 과거 교류에 적극적이었던 시민사회단체들이 교류를 추진할 수 있는 사회적, 물적인 토대가 약화되었다는 점이다. 시민사회단체들은 장기간 교류 단절로 그동안 준비해왔던 사업을 포기한 경우가 많고, 교류 경험을 쌓았던 인적자원들도 많이 떠났다. 따라서 2000년대와 같은 교류 분위기가 조성되지 않고 있다.

넷째, 남북 사회문화교류를 위한 기본자료 부실과 정보 부족도 중요한 문제라고 할 수 있다. 김정은 시대에 들어 북한의 교류 단체나 기관 등에 대한 자료가 정비되어 있지 않다. 또한 과거 교류의 성공 · 실패 사례와 문제점 등에 대한 정보도 정리되어 있지 않다. 물론 남북경협사업 같은 경우에는 통일부나 남북교류협력지원협회 등에서 사례를 정리한 경우가 상당하지만 사회문화분야 교류는 극히 미미하다. 따라서 사회문화교류를 추진하고자 하는 단체나 기관 및 개인들은 자체적으로 자료도 수집하고 정보도 얻어야 하는 것이 현실이다.

남북교류 추진 방향

남북은 코로나19 위기 상황이 극복되고 북핵 문제가 해결을 위한 길로 들어서면 남북관계 복원을 위한 대화와 함께 정치적으로 부담이 적은 사회문화교류가 먼저 진행될 것이다. 그러나 지난 시기 남북교류에 대한 진단과 성찰없이 유사한 방법으로 교류를 진행한다면 과거와 같은 문제점은 반복될 것이고 교류 본래의 의미도 퇴색될 것이다.

따라서 우리의 다양한 대북접근을 정치논리로 대응하는 북한을 직접 자극하거나 정치적인 대응을 야기하지 않고 북한사회의 변화를 효과적으로 유도 할 수 있는 사회문화교류가 필요하다. 교류를 통해 남북주민들이 서로간 차이를 극복하고 상호 존중과 이해를 도모하며 평화롭게 공존하기 위해서는 다음과 같은 방향으로 사회문화교류를 추진 할 필요가 있다.

첫째, 남북은 서로를 평화공존·공영의 대상으로 보고 교류의 제도화 및 활성화를 추진해야 한다. 남북 상호간 체제적 모순이나 현실의 취약점을 자극하지 않고 서로 배려하되, 등가교환의 상호주의를 지양해야 한다. 또한 전시적 교류협력이 아닌 남북공동의 발전을 지향해야 할 것이다.

둘째, 남북은 상호 이해 및 신뢰 형성을 위한 교류의 근본 취지에 맞게 지속성과 일관성을 유지해야 한다 사회문화는 정치와는 별개인 고유영역으로 인식하여 남북간 정치, 군사적 쟁점 발생에 관계없이 일관성 있는 교류협력을 지속적으로 해야 한다. 이렇게 함으로써 북한 스스로 태도를 변화하도록 유도해야 한다.

셋째, 교류는 북한사회의 변화를 자극하고 유도하는 방향으로 추진해야 한다. 교류를 하는데 있어 남한은 북한에 대해 전향적이고 양보적인 자세를 견지함으로써 북한 스스로 정치적 의도를 배제하도록 해야 한다. 이를 위해 북한의 변화 욕구에 부합하는 교류협력의 프로그램을 지속적으로 개발하여야 한다.

넷째, 교류는 궁극적으로 상호 이질화 극복 및 동질성 증대를 지향해야 한다. 따라서 사회문화교류는 남북 사회통합과 민족화합 차원에서 모색되어야 한다. 서로간 정치논리를 배제하고 이념, 편견에 의한 문화적 배척 태도를 지양하며 사회문화 실상에 대해 다양성 차원에서 이해하고 포용하는 자세를 견지해야 한다.

다섯째, 교류는 무계획적인 단발성 교류를 지양하고 중 · 장기적인 전략 하에 점진적이고 단계적으로 추진해야 한다. 이를 위해 교류 단체간 조정, 협의기구를 통해 개별적이고 경쟁적인 교류협력을 지양하고 교류의 실효성 제고 및 활성화를 도모한다. 교류협력 활성화를 위한 '남북사회문화교류협력공동위원회'와 같은 기구를 상설하여 교류와 관련된 세부사항을 협의하고 실천해야 한다. 또한 종합적이고 체계적인 중·장기 교류협력 프로그램을 마련하여 단계적으로 추진해야 한다.

나. 북한의 변화 키워드: 사회주의 문명국

김정은시대 사회문화정책의 변화

김정은 시대 국가발전의 키워드는 '사회주의 문명국'이다. 사회주의 문명국은 높은 문화지식과 건강한 체력, 고상한 도덕품성을 지닌 인민들이 누리는 건전한 생활기풍이 차 넘치는 사회라고 한다. 교육, 보건, 문학예술, 체육을 비롯한 문화건설을 통해 사회주의 문명국을 건설하여 인민제일주의를 실현하겠다는 것이다. '사회주의 문명국 건설'은 김정은이 2012년 1월 1일 신년 공동사설을 통해 명시화하였다. 새로운 김정은시대가 시작된 2012년에 장기적인 국가발전 목표로 '사회주의 문명국 건설'을 제시한 것이다. 또한 같은 해 4월 15일 연설 '최후의 승리를 향하여 앞으로' 를 통해 "일심단결과

불패의 군력에 새 세기 산업혁명을 더하면 그것은 곧 사회주의 강성국가"라고 하여 사회주의 문명국이 곧 사회주의 강성국가의 구체적인 모습임을 밝혔다.

김정은은 2012년 4월 6일 조선로동당 중앙책임일꾼들과 한 담화 '위대한 김정일동지를 우리 당의 영원한 총비서로 높이 모시고 주체혁명위업을 빛나게 완성해나가자'를 통해 사회주의문명국 건설을 위한 구체적인 방안을 제시하였다.

> 교육, 보건, 문화예술, 체육을 비롯한 문화건설에서 모든 부분에게 끊임없는 혁명적 전환을 일으켜 우리나라를 발전된 사회주의 문명국으로 빛내여 나가야 합니다. **교육사업에 대한 국가적 투자를 늘이고 교육의 현대화를 실현**하여 중등일반교육 수준을 결정적으로 높이고 대학교육을 강화하여 사회주의 강성국가 건설을 떠메고 나갈 세계적 수준의 재능 있는 **과학기술인재들을 더 많이 키워내야** 합니다. 우리나라 사회주의 보건제도의 우월성을 높이 발양시키고 시대적 명작들을 더 많이 창작보급하며 **체육을 대중화하고 온 나라에 체육열풍**을 일으켜야 합니다. 그리하여 우리 인민들이 고상하고 문명한 사회주의 문화의 창조자, 향유자가 되게 하며 온 사회에 희열과 랑만이 차 넘치게 하여야 합니다. (강조 부분은 필자)

북한의 사회주의 문명국 건설을 위한 구체적인 실천전략은 과학기술 발전과 교육을 통한 인재 양성이다. 2012년 김정은은 첫 사회개혁으로 지식경제시대를 선도할 수 있도록 교육 기간을 연장하고 교육 내용을 개편하였다. 그리고 전민과학인재화, 과학기술보급실 건설 등 과학 분야 인프라를 건설하였다. 또한 가장 문명한 조건과 환경을 만들기 위해 '도시미화법', '공원유원지법' 같은 법규를 정비하고 휴양시설, 편의시설, 문화시설, 체육시설을 대대적으로 확충하였다. 대표적인 사례로 마식령스키장, 미림승마클럽, 문수물놀이장, 능라유원지의 곱등어관 등이 있다. 2016년 5월 7차 당대회에서는 문화회관, 극장, 체육관, 명승지, 공원, 유원지 같은 시설의 최상화를 언급하고 대대적인 정비를 하였다. 이 같은 문화시설 건립은 사회주의 문명국 건설을 위한 문화정책의 변화로 볼 수 있다.

2000년대 이후 북한은 '고난의 행군' 시절의 마이너스 성장에서 벗어났다. 시장화 등의 영향으로 돈주(錢主) 등 부를 축적한 계층이 형성되면서 상당한 수준의 소비생활을 하게 되었다. 또한 비공식적으로 다양한 외부문화를 접한 장마당 세대 등이 등장하였다. 장마당을 통한 자본주의 황색바람의 유입으로 인해 북한의 문학예술은 젊은세대로부터 외면을 받고 있는 것이 사실이다. 김정은은 자본주의 바람 차단을 위해 '비사회주의그루빠'를 통한 단속 등 각종 수단을 통해 통제와 처벌을 하고 있다. 한편으로는 2012년 7월 모란봉악단을 직접 창단하여 자본주의 바람을 잠재우려는 시도를 하였다. 모란봉악단이 미국 영화 '록키' 주제가와 디즈니 애니메이션 OST를 연주한 것 등에서 그러한 시도를 엿볼 수 있다. 이것을 두고 일부에서는 외부문화 수용의 징표로 보기도 하나, 자본주의 황색바람에 대처하기 위한 정도의 수용으로써 아직은 문화 개방이라고 보기는 어렵다.

북한은 모란봉악단 창단은 김정은의 각별한 관심과 지도에 따른 것이라고 선전하면서 김정은이 직접 악단 이름을 짓고 시범공연을 비롯하여 공연을 수십 차례 지도했다는 점을 강조하고 있다.[388] 김정은은 2014년 5월 9차 전국예술인대회에서 모란봉악단의 창조기풍을 따라 배워 예술창작 창조활동에서 혁신해야 한다고 강조하였다. 주민들의 문화에 대한 수준 높은 요구에 맞추어 변화해야 한다는 것이다. 이에 따라 오늘날까지 북한의 전 문학예술계에 모란봉악단의 창조기풍을 따라배우자는 열풍이 불고 있다. 모란봉악단이 김정은 체제의 혁신과 변화 그리고 문화의 아이콘이 된 것이다.

그렇다면 북한이 왜 이런 식의 변화를 보이고 있는 것인가? 이는 주민들의 삶의 방식이 변화했기 때문에 정치사상교양의 방법도 변화할 수 밖에 없게 된 것이다. 따라서 주민들을 위한 위락시설을 건설하고 모란봉악단을 등장시켰으며 다양한 외부 영상물을 접한 주민들에게 볼만한 영화 등을 제공해야만 하는 것이다. 김정은 시대에 들어서 북한의 변화는 남북교류에 있어서 주목해야 할 부분이 많다. '사회주의 문명국' 을 건설해 나가려는 북한 사회문화정책의 키워드는 변화, 속도(단숨), 시장이라고 해도 과언이 아니다. 이러한 키워드는 앞으로 남북이 무엇을 어떻게 어떤 방식으로 교류해야 할지를 연구하는 단서로 활용해야 할 필요성을 제공해 주고 있다.

388 "김정은동지께서는 주체조선의 새로운 100년대가 시작되는 올해에 문학예술부문에서 혁명을 일으키기 위한 원대한 구상을 안으시고 새 세기의 요구에 맞는 모란봉악단을 친히 조직하영 주시였다", "경애하는 김정은 동지께서 새로 조직된 모란봉악단의 시범공연을 관람하시였다", 『로동신문』, 2012년 7월 9일.

북한의 남북교류 기본 원칙: 모기장론

북한은 1980년대 말부터 박근혜 정부 때까지 남한의 정권교체와 대북정책이 바뀔 때마다 '남한에 의한 흡수통일'을 우려하였다. 그 이면에는 동서독 통일에서 보았듯이 교류로 인한 자본주의 문화(황색바람)가 사회주의체제를 흔들 수 있다는 염려가 깔려 있었다. 따라서 자본주의 문화를 모기에 비유하면서 자본주의 바람의 유입을 차단하기 위해 모기장을 단단히 쳐야한다고 강조하고 있는 것이다.

김일성은 1991년 「남북기본합의서」 채택 직후 당 전원회의를 통해 "모기장을 튼튼히 치고 교류" 하되, 사회주의 건설에 이로운 것만 교류하도록 지시하였다. 이 '모기장론'의 등장은 1980년대 후반 소련을 비롯한 동구 사회주의권 국가들의 붕괴와 사회주의 이념의 몰락이 가장 큰 원인이었다. 특히 감수성이 예민한 청년계층의 사상이완 현상이 큰 고민이었고 이들의 사상 강화와 함께 체제수호의 일환으로 '모기장론'을 들고 나온 것이다. 이에 따라 다방면에서 교류하자는 남북간 합의와는 달리 교류는 극히 제한적으로 이루어졌다.

김정일은 「6.15공동선언」 이후 남북교류가 활발히 진행되자, 이로 인해 나타날 자본주의 바람의 후유증을 막기 위해 "모기장론"을 재강조하였다. 2001년 2월 김일성사회주의청년동맹 기관지 『청년전위』는 미국 등 제국주의자들이 북한을 내부로부터 와해시키기 위해 부르주아 사상문화와 퇴폐적인 생활양식을 유포시키려 하고 있다면서 이에 대비하여 "그 어느때보다도 모기장을 든든이 쳐야한다"고 주장했다. 교류로 인한 자본주의 풍조가 북한내부에 스며들지 못하도록 그 통로를 차단하자는 것이다. 그러나 2000년대는1990년대와 달리 김정일의 '신사고 정책'을 뒷받침하기 위한 정지작업의 일환으로 모기장론을 선택하였다. 북한소설이나 영화, TV프로그램에서 남한 및 서구사회의 모습을 일부 보여주는 등 주민들의 문화생활에 어느 정도의 다양성과 오락성을 가미하였다. 따라서 무조건 외부사조의 유입을 차단하자는 것이 아니라 주민들에게 면역이 될만큼 조금씩 들어오게 하는 것이었다.

김정은도 2018년「4.27판문점선언」이후 "부르주아사상문화는 사회를 좀 먹는 독소"라고 하는 등 자본주의 문화 유입에 대해 주민들의 경각심을 일깨우고 있다. 2020년 5월 25일『로동신문』은 논설 '사상문화 진지를 백방으로 다지는 사업의 중요성'을 통해 "사상문화 진지를 다지는 사업은 사회주의 건설의 전 행정에서 소홀히 하지 말아야 할 중요한 사업"이라며 "경제 건설에만 치우치면서 사회생활의 부정적인 요소와 현상을 방임하면 사상문화 진지가 허물어지고 사회주의를 지켜낼 수 없다"고 강조하고 있다. 그만큼 사회 내부에 서방의 사고방식과 문화가 확산되고 있다는 증거이다.

북한은 여전히 자본주의 바람의 유입을 경계하고 있다. 김정은이 사회주의 문명국을 내세우며 다양한 분야에서 개혁과 주민들의 생활 향상 및 욕구 충족을 위해 일부 개방을 한다하더라도 기본적으로 사상문화 진지는 굳건히 지키고자 할 것이다. 따라서 이러한 북한의 상황을 고려하여 남북교류 분야 및 주제 선정, 추진 방법 등을 모색해야 한다.

다. 새로운 남북 사회문화교류 추진 방안

남북은 2018년 「4.27판문점선언」을 통해 민족적 화해와 단합의 분위기를 고조시켜 나가기 위하여 각계각층의 다방면적인 협력과 교류, 왕래와 접촉을 활성화하기로 하였다. 2018년 이후 북한은 과거 민화협 등 관변단체를 내세워 경제적인 실리를 확보하기 위해 사회문화교류를 진행해오던 행태가 아닌 당국이 직접 나서 체육경기 중심으로 교류를 진행하고 있다. 이는 남북관계 개선을 위한 화해 분위기 조성과 함께 남한정부와 새로운 관계 정립이 우선이었다고 할 수 있다. 한편으로는 북한이 그동안 교류를 진행해왔던 남한의 민간단체는 남한정부의 대북정책에 의해 교류의 지속성과 예측성을 담보할 수 없기 때문에 정부가 보장하는 교류를 하겠다는 의사가 반영된 것이라고도 볼 수 있다 물론 1990년대나 2000년대의 전례로 볼 때 남북관계 개선을 시작한 초반에는 정부 주도로 교류가 이루어질 수 밖에 없었던 것도 사실이다. 더욱이 시장화 등을 통해 주민들의 의식 수준이 변하고 있어 수시로 교육을 통해 "부르조아사상문화는 사회를 좀먹는 독소"라며 자본주의 문화 유입에 대한 주민들의 경각심을 제고시키고 있다.

이러한 북한의 태도 등을 고려해 볼 때, 북한당국은 2000년 전후와 같은 남북교류 방식에서 벗어나 새로운 형태의 교류 모델을 만들어 나가고 있는 것으로 보인다. 즉, 북한은 남한과 교류를 하더라도 최고지도자의 관심사항 위주로 교류를 진행할 것이며 당초 그들이 의도한 목적이나 경제적 실익이 크지 않은 사업은 하지 않을 것이다. 또한 교류를 정부당국 차원에서 추진하고 가급적 북한주민들의 남한국민들과 접촉은 제한할 것으로 보인다.

따라서 김정은정권의 '사회주의 문명국' 건설을 위한 핵심 키워드가 무엇인지를 알고 교류 계획을 수립하는 것이 중요하다 할 것이다. 교류는 아무리 좋은 방안이나 계획이라 하더라도 상대의 실행의지가 없으면 불가능하기 때문이다. 북한이 수용할 수 있는 남북간 이질화 극복 및 동질화를 위한 교류협력 추진방안을 살펴보면 다음과 같다.

첫째, 북한의 교류에 대한 열세적인 입장과 소극적인 태도를 고려하여 실현 가능성이 있는 분야부터 우선 추진한다. 북한이 1980년대부터 교류에 적극적인 입장을 보인 분야는 역사유적 부문과 상호 예술단 교환공연, 체육분야 교류협력이었다. 자본주의 바람의 유입을 우려하여 다수의 인적교류을 기피하고 있는 북한의 입장을 감안하여 교류 인원은 최소화하면서 교류 효과를 극대화 할 수 있는 분야를 발굴해야 한다.

둘째, 남북관계 개선과 남북 화해 · 협력 분위기 조성에 기여할 수 있는 대중문화 교류를 적극 추진한다. 남북주민 모두가 관심을 가지고 부담없이 즐길 수 있는 대중공연물 등이 좋다. 예컨대, 남북간 문화적 친밀도를 높일 수 있는 것으로 북한에서 유행하는 남한가요나 남북주민들이 서로 관심을 갖고 있는 영화 등도 좋은 소재이다. 대중문화 교류는 남북화해 분위기 조성은 물론 남북 생활문화에 대해 서로 이해하는 데 기여하는 바가 크기 때문이다.

셋째, 교류 활성화를 위해 정부는 교류 원칙 수립 및 조정 등 개입을 최소화하고 민간은 집행할 수 있도록 민관협조체제를 구축한다. 교류협력 확대를 위해 현재 정부가 추진하고 있는 남북교류협력법 개정 등 각종 규제조치를 완화 또는 철폐함으로써 민간의 자율적 참여를 보장해야 한다. 사회문화교류 관련 법과 제도는 정치, 사회질서를 유지하는 선에서 교류 참여자들이 최대한의 자율성과 독자성을 확보할 수 있도록 해야 한다. 또한 교류 관련 행정절차도 간편화하여 교류의 증대에 따른 현실성과 실효성을 제고해 나가야 한다.

넷째, 정부 차원의 교류협력 지원과 협조를 확대하고 강화한다. 정부가 남북 교류협력사업에 대한 정보 및 자료 제공과 재정 등을 지속적으로 지원하며 교류협력 제도화를 위한 각종 합의서 및 협정 체결 등 세부 규범 마련을 적극적으로 시행해야 한다. 동서독의 사회문화교류협력이 확대되기 시작한 것도 분야별 협정을 체결한 이후이었음을 상기해야 한다.

라. 남북 사회문화교류 우선 추진 분야

남북간 사회문화적인 차이를 좁히고 남북주민 사이에 공감대를 형성하면서 평화롭게 공존해 나가려면 우선 실현가능한 교류 방안을 모색해야 한다. 그리고 한반도 번영을 위한 보다 발전적인 로드맵을 구축하고 단계적으로 풀어나가야 한다. 북한의 비핵화와 코로나 19 문제로 그동안 중단되었던 남북교류의 실마리가 보일 때 우선적으로 추진할 수 있는 사회문화교류 분야는 다음과 같다 할 수 있다.

학술·교육 분야

김정은은 2012년 4월 6일 노동당 중앙책임일꾼들과 한 담화에서 '사회주의 문명국' 건설을 위한 방안을 제시하였다. 핵심은 교육 분야 투자를 통한 인력 양성이었다. 교육사업에 대한 투자 및 교육 현대화를 실현하여 중등일반교육 수준을 높이고 대학교육을 강화하여 세계적 수준의 재능 있는 과학기술 인재들을 육성하자는 것이었다. 지식경제시대를 선도할 수 있도록 교육기간을 연장하고 교육내용을 개편하였다. 특히 교육에서 강조한 것은 과학기술로 '과학으로 돌파하고, 과학으로 건설한다'는 캐치프레이즈 아래 과학기술의 발전에 총력을 기울이고 있다.

북한은 1990년대 남북교류가 제3자의 중개 하에 제한적으로 이루어지던 때에도 컴퓨터와 관련된 학술회의에는 적극 참여하였다. 2000년대 들어서는 세계 정보화 추세에 맞게 IT 등 선진과학기술 습득을 위해 남북 학술교류에 적극적이었다. 최근 북한이 과학기술의 중요성을 더욱 강조하고 있는 상황에서 과학 관련 전문가 학술회의나 교육은 IT강국인 남한이 북한을 교류의 장(場)으로 유인 할 소지가 가장 큰 분야이다. 물론 바세나르협정 위반 여부에 유의하면서 교류를 해야 한다. 또한 북한이 과학기술 장비 등의 현대화 사업을 추진하고 있는 점을 감안하여 국제표준화 시대에 대비할 수 있도록 해야 IT 등 과학분야의 지속적인 교류가 가능해 질수 있다.

김정은 시대에 학생들의 영어교육을 강화하고 있는 점도 북한과 교육교류 영역을 확장 할 수 있는 분야이다. 대중적인 영어 교육을 위해 관련 콘텐츠나 교육 기자재를 제공하고 이를 계기로 교육 관련

자가 직접 방북하여 교육을 실시하는 등 다방면으로 교류가 가능한 분야이다. 이를 통해 북한학생 등 주민들이 서구 문물을 자연스럽게 접할 수 있는 환경을 조성해 주는 일도 중요하다 할 것이다.

학술이나 교육 분야 교류는 과거의 사례에서 보듯이 교류 대가와 관련이 없고, 교류 장소도 크게 구애를 받지 않으므로 남북간 교류 의지만 있다면 손쉽게 교류가 이루어질 수 있다. 또한 학술과 교육 교류는 인적교류가 거의 수반되지 않아 북한이 선호하는 분야이기도 하다. 따라서 북한과 교류협력 할 수 있는 학술 · 교육 관련 다양한 컨텐츠를 개발하여 교류 재개에 대비해야 한다.

문화·예술 분야

김정은 체제를 대표하는 예술단으로 자리잡은 모란봉악단은 2012년 7월 6일 시범공연으로 첫선을 보인 후 '모란봉악단의 창조기풍', '모란봉악단의 일본새(일하는 본보기)'라는 신조어를 만들어냈다. 김정은은 모란봉악단은 공연의 주제와 구성, 편곡, 악기편성 및 연주기법 등 모든 음악요소들을 기존의 관례에서 벗어나 대담하게 혁신하였다고 평가하였다.[389] 그리고 사회 각 분야에서 변화와 혁신의 가장 모범적인 사례로 받아들일 것을 요구하고 있다. 북한에서 예술과 방송은 가장 적은 비용으로 주민들에게 효과적으로 메시지를 전달하는 수단이다. 그 중에서도 특히 음악의 역할은 대단하다. 북한이 음악정치[390]를 하는 이유도 거기에 있다.

389 "경애하는 김정은동지께서 새로 조직된 모란봉악단의 시범공연을 관람하시였다," 『로동신문』, 2012년 7월 9일.

390 북한의 '음악정치'는 인간의 감정을 바탕으로 하는 음악에 정치를 결합하여 이념

북한 대학생들 사이에 남한 가수 백지영의 '총 맞은 것처럼' 노래가 애창곡 1위라고 한다. 그리고 북한이 변화와 혁신의 사례로 선전하고 있는 평양 대성백화점 광고의 도입부에도 남한 가수 김건모의 '잘못된 만남'의 음악을 변주해 사용하였다.[391] 2018년 4월 남한의 가수들이 방북하여 '봄이 온다' 는 주제로 공연을 할 때 참관한 김정은에게 남측 기자들이 걸그룹 레드벨벳의 '빨간맛' 노래를 아느냐고 질문을 하였다. 김정은은 "같은 민족의 노래를 왜 모릅니까?"라고 반문한 적이 있다. 따라서 북한에서도 최고지도자가 남한 대중예술인들을 이미 만났기 때문에 이러한 노래를 수용하는 데는 별 문제가 없다. 따라서 남한의 대중가요를 자연스럽게 전파할 수 있는 기회로 활용할 수 있다는 것이다.

또한 북한의 악단들이 외국곡 '할렐루야', '로미오와 줄리엣' 등 클래식 음악도 연주한다. 즉 외부문화 도입이 어느 정도는 일상화되어 있다고 할 수 있다. 북한의 이러한 변화 분위기에 착안하여 문화예술 분야에서 우선적으로 음악 교류를 제안해 볼 필요가 있다. 음악 교류는 가요, 뮤지컬 등 남북간 교환공연은 물론 남북이 함께 부를 수 있는 가요 창작, 음악 관련 콘텐츠 제공 등 다양한 부문이 있을 수 있다.

영화와 관련하여 김정은은 2016년 5월 7차 당대회에서 문화예술, 특히 영화가 침체에 빠졌다고 하면서 새로운 영화혁명을 일으킬

과 사상보급·우상화에 활용하는 수단이 되었다. 음악정치는 김정은 시대에도 중요한 선전선동 수단으로 활용되고 있다. 북한의 3대 후계자로 김정은의 등장을 처음 알린 것은 김정은을 찬양하는〈발걸음〉이다. 2009년 10월 9일 밤 조선중앙TV에서 합창되었다.

391 SBS뉴스, 2020년 5월 17일.

것을 요구한 바 있다. 2020년 남한의 영화 '기생충'이 전 세계 영화제를 석권한 실력을 바탕으로 교류를 통해 북한영화 발전에 도움을 줄 수 있는 분야이다. 북한당국도 영화 제작 수준을 업그레이드하여 이미 장마당 등을 통해 외부 영상물을 접한 주민들에게 볼만한 영화를 제공하는 것은 주민들의 문화 욕구를 충족시켜 주는 결과로 작용할 것이다. 대규모 인적교류를 기피하는 북한의 입장을 감안하면, 영화 필름 교류가 남북간 상호 사회문화에 대한 이해도를 높일 수 있는 분야이며 향후 남북주민간 문화공감대 형성에 크게 기여할 수 있을 것이다.

김정은은 2014년 발표한 「민족유산보호사업 관련 로작」에서 "민족유산 보호사업은 선조들이 이룩한 귀중한 정신적 및 물질적 유산을 계승발전시켜 민족의 력사와 전통을 고수하고 빛내이기 위한 애국사업이다."[392]라고 하면서 사업 진행을 위한 방안을 제시한 바 있다. 또한 2018년 10월 24일 로동신문을 통해 "민족유산보호사업을 잘하는 것은 사회주의 건설을 다그치는데서 나서는 중요한 문제" 라고 강조하였다. 북한은 1990년대부터 민족문화유산·유적 발굴 및 보호사업을 대대적으로 추진하고 있다. 이러한 사업을 통해 민족의 정통성을 확보하려는 노력을 하고 있는 것이다. 남북은 2005년부터 개성 만월대 역사유적 발굴 사업을 진행하고 있고, 개성 역사유적 유네스코 등재를 추진하고 있다. 또한 북한이 이러한 사업은 주민들에게 민족적 긍지와 자부심을 북돋아주고 애국심을 불러일으키는 중요한 사업임을 강조하고 있는 점을 고려할 때, 앞으로 이 분야 관

392 『로동신문』, 2018년 10월 24일.

련 교류는 상당히 활발하게 진행될 것으로 보인다.

따라서 우리는 역사유적 발굴 및 민족공통성 보존 사업은 물론 관련 자료수집 및 학술회의 등을 사전 준비해 나가야 한다. 또한 『겨레말큰사전』 편찬사업 등 남북언어 통일을 위한 사업도 계속 진행해야 한다. 언어통일은 북한이 1960년대부터 먼저 주장해왔던 부문이다. 민족공통성을 확보하고 증진시켜 나갈 수 있는 사업은 발굴 범위도 넓고 다양할 것이다. 그리고 남북관계의 정치적인 상황과 관계없이 꾸준히 교류를 진행할 수 있는 분야인 점을 감안하여 민족문화유산 관련 사업을 적극 추진할 필요가 있다.

북한이 세계적인 경쟁력을 갖추었다고 자랑하는 애니메이션도 적극적으로 교류협력해나가야 할 중요 분야이다. 애니메이션은 남녀노소를 불문하고 문화공감대 형성에 가장 유용한 수단이므로 남북이 공동제작하여 동시 방영하는 것도 고려해 봐야 한다. 또한 컨텐츠나 작품을 공동제작하여 해외시장을 함께 노려보는 것도 좋은 방법이다. 이처럼 상대적으로 북한이 경쟁력이 앞선 분야에 대한 교류를 통해 그들이 교류를 지속해 나갈 명분을 확보해 줄 필요성이 있는 것이다.

한편 북한의 시장화가 진행되면서 피자, 스파게티 등과 같은 서구 음식이 주민들에게 인기가 있는 점도 우리의 쉐프들과 북한의 요리연구가들이 교류할 수 있는 분야가 될 수 있다. 과거 전통 및 향토음식에 대한 교류가 있기는 하였으나, 최근 북한 젊은이들의 취향을 반영한 음식문화 교류도 고려해야 할 새로운 분야이다. 패션 분야도 마찬가지이다. 과거 한복전시회에 한정되어 있었던 부분에서 벗어나 양장과 무대의상 등 공유할 부분이 많다. 상표 도안의 경우도 최근 북한이 국제적인 기준에 따라가려고 하고 있기 때문에 세련되게 변화시킬 수 있도록 인도할 수 있는 부분이라고 할 수 있다.

방송·언론·출판 분야

북한은 과거 방송이나 언론 분야는 체제유지 문제와 연계하여 교류를 꺼려하였으나, 2000년 남북정상회담 전후로 이 분야의 효용성을 알고 교류에 상당히 적극적인 태도를 취하였다. 남북관계가 화해 분위기 일때는 남한의 방송 등 언론이 북한 최고지도자의 장점 등을 부각해서 보도해 왔다는 점을 알고 있다. 또한 북한 소식과 영상물 등의 방영을 통해 우리국민들의 대북 적대의식 해소에 도움이 된다는 점도 잘 안다. 언론은 파급력이 크기 때문에 북한의 개방과 남북관계 개선에 큰 영향을 미칠 수 있으므로 남북관계가 복원되면 교류가 쉽게 이루어질 수 있는 분야이기도 하다.

최근 들어 북한도 세계사적 환경 변화에 맞게 유튜브를 운영하고 있다. '은하' 라는 여성을 통해 일상생활·쇼핑·음식 등을 서구적인 부드럽고 유연한 방식으로 소개하고, 7살 꼬마 '리수진'을 통해 북한 어린이들의 생활모습을 소개하고 있다. 외부 세계에서 생각하는 북한주민들의 통제되고 경직된 삶의 모습을 불식시키기 위한 의도라고 할 수 있으나, 이를 활용하는 것 자체에 의미가 있다 할 것이다. 따라서 북한이 유튜브 등 SNS계정을 적극 활용하고 있는 점을 새로운 교류 분야로 착안 할 필요가 있다.

출판 분야는 북한이 필요로 하는 과학기술서적 등을 제공하면서 자연스럽게 교류가 이루어질 수 있다. 최근에는 북한이 관광 분야를 집중적으로 연구하고 있는 점도 관련 서적 제공이나 학술회의 개최 등 다양한 교류로 이어질 수 있다. 북한 서적 중에서도 자연, 풍습 등 비정치적인 책들을 반입하여 연구자들이 활용하거나 국내에서 재판할 수도 있다. 출판 분야는 인적교류 없이도 교류가 이루어질 수 있기 때문에 남북이 서로 필요한 것에 대한 협의만 잘 진행된다면 교류가 쉽게 성사될 수 있는 분야이다.

체육 분야

김정은 시대의 구호 '축구는 세계로'는 축구강국을 향한 열망을 보여주는 구호이다. 『로동신문』 2011년 1월 16일자 사설 '축구강국을 향하여'를 통해 "선군조국을 축구의 나라, 축구강국으로 빛내이려는 것은 우리 당의 확고한 의지이다."라고 하면서 축구강국[393] 건설이 노동당의 핵심정책임을 강조하였다. 김정일도 '체육에서 기본은 축구'라면서 하면서 축구 활성화 정책을 추진한바 있다. 김정일 시기부터 시작된 축구강국 정책은 김정은 체제에서 세계화로 나타났으며 축구 발전을 위한 혁신적인 정책이 추진되고 있다. 북한은 축구 유망주의 해외 유학과 선수들의 해외 리그에서 활동, 해외 출신 축구감독 기용, 평양국제축구학교 개설[394] 등을 통해 세계적인

---

393 북한의 월드컵 대표팀은 지난 1966년 잉글랜드 월드컵에서 8강에 오르는 기염을 토했었고, 북한 U-17 여자축구 대표팀은 지난 2016년 국제축구연맹(FIFA) U-17 여자월드컵 결승전에서 숙적 일본을 제압하고 우승컵을 들어 올리는 등 국제 축구 무대에서 축구 강국의 면모를 여러 차례 보여주었다.

394 북한 축구도 세계적인 축구 강국들의 선수 육성 프로그램을 벤치마킹해 유소년 시절부터 체계적인 훈련과 교육으로 엘리트 선수를 육성해가고 있다. 2013년에

수준의 선수들을 양성하고 있다.

또한 북한당국은 주민들의 축구에 대한 관심을 제고하기 위해 『로동신문』 등을 통해 국제 축구소식 소개 및 남녀 축구팀의 1급 경기대회 일정과 결과를 보도하고 있다. 북한 여자축구는 20세 이하 여자월드컵대회에서 우승한 경험이 있는 등 세계적인 수준을 자랑한다. 이와 관련한 드라마 '우리녀자 축구팀'을 만들어 방영하기도 하였다. 북한 전역의 소학교, 초급 및 고급중학교에서 운영하는 축구반을 소재로 한 영화 '소학교의 작은 운동장'을 만들어 보급하였다. 이와 같이 북한은 축구강국 건설을 위한 혁신적인 사업들을 진행하고 있다.

그동안 남북간 축구경기 개최는 체육교류중 가장 빈번하였다. 교류도 1990년대 초반 남북교류가 시작될 때 당국의 지원 아래 가장 먼저 진행되었다. 체육교류는 정치적인 부담이 없는데다 남북 화해 분위기 조성에도 큰 역할을 하기 때문이었다. 북한이 이렇게 축구에 관심이 크다는 것은 그 만큼 남북간 교류의 여지가 많다고 할 수 있다. 북한선수들을 국내 유치하여 훈련이나 축구기술 전수 등 남북이 서로 강점을 교환하고 약점을 보완할 수 있으며 북한선수들의 해외 유학과 리그 진출 등을 도와줄 수 있는 부분도 있다. 축구 관련 용품

개교한 이학교는 현재는 정원이 2배로 늘어 160명의 교육생들이 있다.평양국제축구학교의 가장 큰 특징 중 하나는 '서바이벌 방식'의 훈련 프로그램이다. 전국 각지에서 선발한 7살부터 14살까지 학생들 가운데 매 학기 엄격한 테스트를 실시해 열등생을 걸러내고, 빈자리는 새로운 유망주들로 채우는 방식으로 최고의 엘리트 선수를 육성하는 중이라고 한다. 이 학교에서는 축구뿐 아니라 수학과 물리, 사회과목 등을 배울 수 있도록 시설을 구비했고, 생활 구역과 교육 구역을 명확하게 구분해 체계적인 축구 인재 육성이 가능하다고 한다. 『조선중앙 TV』, 2020년 10월 15일.

사업이나 축구 관련 게임 등 컨테츠 개발 사업 등 여러 측면에서 교류가 가능할 것이다.

이 외에도 체육교류는 아시안게임, 올림픽 등 국제대회에 공동참가하거나 2032하계올림픽 공동개최 등 국제행사를 함께 추진 할 수 있다. 남북선수가 서로 좋은 체육시설을 함께 이용하는 방법 등도 있다. 남북한 주민들을 위한 생활체육 등 관련 콘텐츠도 공동개발 할 필요가 있는 사업들이다.

관광 분야

김정은 시대 북한은 적극적이고 개방적인 관광정책을 추진하고 있다. 북한은 2013년 3월 당 중앙위원회 전원회의에서 '경제·핵무력건설 병진노선'을 채택하면서 원산·칠보산지구를 비롯한 여러 관광지구를 잘 조성하고 관광을 활성화할 것을 강조하였다. 이어 2016년 5월 7차 당대회에서도 경제개발구 운영 및 관광 부분 활성화를 역설하였다. 북한은 2016년 핵 실험 이후 대북 경제제재가 심화되자 제재를 우회하고 대외 이미지 제고에 기여할 수 있는 관광산업 활성화에 박차를 가하고 있다. 더불어 관광산업과 관련한 연구도 크게 늘어나고 있다. 이와 같은 것은 김정은 자신이 관광산업이 발달한 스위스에서 유학한 경험과 무관하지 않은 것으로 보인다.

북한은 28개 경제개발구 가운데 18개 개발구에 관광지 개발계획이 포함되도록 하는 등 전방위적인 경제개발구 정책을 추진하고 있다. 관광개발구도 관광목적에 따라 산악관광, 해안관광, 도시관광, 농촌관광, 문화전통관광, 치료관광, 휴식관광, 종합관광 등으로 구분하여 전략적으로 추진하고 있다. 관광상품도 과거 관망형 중심에서 체험형, 생활밀착형 등으로 다변화하고 있다. 이와 같은 북한의 관광산업 변화 시도에 따라 남북은 공동으로 온천, 숲, 한방, 명상, 힐링, 스파, 뷰티시설 등을 활용한 웰니스관광 상품을 개발 할 수 있을 것이다. 또한 남북이 연계한 테마관광상품은 남북한의 공동 번영을 도모하는 상품이 될 수 있다. 한편 북한은 관광산업 발전을 위한 연구에서 생태관광은 일반관광보다 서비스 시설 및 수단 등에 대한 투자가 적게 든다고 보고하고 있다. 따라서 남북이 공동으로 DMZ 등과 같은 생태관광지를 육성할 방안을 협의 할 필요가 있다. 이 같은 생태관광을 접점으로 하여 남북간 교류협력을 더욱 확대시켜 나갈 필요가 있는 것이다.

최근 북한은 세계관광시장 트렌드에 맞춘 관광산업 발전을 모색하고 있다. 세계관광시장 트렌드는 ICT(정보통신기술)의 발전으로 보다 편리하고 편안한 여행을 요구하는 관광객의 수가 늘고 있다고 분석하고 있다. 이미 스마트관광을 추진하고 있는 남한이 북한과 함께 스마트관광을 추진할 수 있는 가능성을 엿볼 수 있는 부분이다. 특히 생태관광과 연계하여 남북이 협력할 수 있는 분야이다. 우선 정보통신기술이나 관광의 경험, 편의, 서비스, 모빌리티, 플랫폼 등 스마트관광 요소에서 앞서 있는 남한이 주도하여 스마트관광 구축을 협력해 나갈 필요가 있다. 평양 등 북한 내부와 북중 경계 관광은 물론 향후 금강산과 개성의 육로관광이 재개되면 더욱 다양한 관광상품을 개발 할 수 있도록 준비해야 한다.

그러나 남북관광협력이 본격적으로 추진되기 위해서는 국제사회의 대북제재를 고려하지 않을 수 없다. 물론 UN이나 미국의 제재가 관광사업을 명시적으로 금지하고 있지는 않으나 남북 관광협력 재개에 영향을 미치고 있는 것은 사실이다. 또한, 코로나19 등 감염병을 비롯한 보건위생 문제도 남북 관광협력의 진전을 가로막고 있는 요소이다. 하지만 이러한 문제가 해결될 실마리가 보이면 북한이 우선적으로 관심을 보일 수 있는 분야이기도 하므로 지속 가능한 관광에 대한 교류협력이 필요하다.

기타

김정은 체제의 '인민대중제일주의'는 인민중시, 인민존중, 인민사랑의 정치로 선전한다. 김일성 때부터 3대에 걸쳐 인민을 제일로 여기는 정치를 하고 있다는 것을 강조한다. 김정은은 '사회주의 문명국' 건설과 함께 '인민생활 제일주의'를 내세우면서 소비자의 수요가 높은 상품 생산과 품질의 향상을 강조하고 있다. 그 예로 화장품, 휴대폰, 가전제품, 식료품, 섬유 잡화제품 등에 대한 품질의 제고를 강조하고 있다. 인민생활과 연결되어 있는 제품의 기술을 세계적인 수준으로 높일 것과 디자인 개발과 품질의 향상을 적극 주문하고 있는 것이다.

김정은은 집권 초기부터 '유희장 정치'라고 불릴 만큼 각종 레저시설을 건립하거나 개건하였다. 유희장 건설 등을 통해 주민들이 '사회주의 문명국'에서 즐길 수 있는 물리적인 공간을 확충하는 한편 뷰티, 가전 분야를 비롯하여 개인적인 욕구를 충족할 수 있는 환경을 만들고 있다. 즉 주민들이 '사회주의 문명'을 향유하는 사회로 만들어 나가고 있는 것이다. 그 사례로, 뷰티의 열풍으로 화장품의 품질이 고급화되고 있고, 북한의 선전 화보 『조선』에는 남성들의 머리 손질 사진까지도 실리고 있다. 또한 2016년 8월에는 주민들을 위한 '대동강맥주축전'을 개최하기도 하였다. 북한의 이러한 주민생활의 변화에 착안하여 레저, 뷰티, 헤어, 식음료 등 여러 분야에서 남북간 교류와 협력을 추진해야 한다. 이를 통해 남북주민들 사이에 사회문화적 공감대를 형성하고 동질성을 증대시켜 남북이 평화롭게 공존공영하여야 한다.

| 참고문헌 |

1. 북한문헌

가. 김일성·김정일 문헌

김일성. "천리마시대에 맞는 문학예술을 창조하자: 작가, 작곡가, 영화부문일군들과 한 담화(1960년 11월 27일)." 『김일성저작선집 2권』. 평양: 조선로동당출판사, 1968.

_____. "문화인들은 문화전선의 투사로 되어야 한다(1946년 5월 24일)." 『김일성선집 1권』. 평양: 조선로동당출판사, 1963.

_____. "우리 문학예술의 몇가지 문제에 대하여: 작가, 예술가들과의 담화(1951년 6월 30일)." 『김일성저작집 6권』. 평양: 조선로동당출판사, 1980.

_____. "농촌경리의 금후발전을 위한 우리 당의 정책에 관하여: 조선로동당 중앙위원회 전원회의에서 한 결론(1954년 11월 3일)." 『김일성저작집 9권』. 평양: 조선노동당출판사, 1980.

_____. "인민군대의 간부화와 군종 · 병종의 발전전망에 대하여: 조선인민군정 간부회의에서 한 연설(1954년 12월 23일)." 『김일성저작집 9권』. 평양: 조선노동당출판사, 1980.

_____. "8.15해방 10돐 경축대회에서 한 보고(1955년 8월 15일)." 『김일성저작집 9권』. 평양: 조선노동당출판사, 1980.

_____. "조선 인민의 민족적 명절 8.15해방 15돐 경축대회에서 한 보고." 『김일성저작집 14권』. 평양: 조선로동당출판사, 1981.

_____. "조선로동당 제5차 대회에서 한 중앙위원회 사업총화보고." 『김일성저작집 25권』. 평양: 조선로동당출판사, 1983.

_____. "당, 정권기관, 인민군대를 더욱 강화하며 사회주의대건설을 더 잘하여 혁명적 대사변을 승리적으로 맞이하자: 조선로동당 중앙위원회 제5기 제10차 전원회의에서 한 결론(1975년 2월 17일)." 『김일성저작집 30권』. 평양: 조선로동당출판사, 1985.

______. "일본 교도통신사대표단과 한 담화(1975년 8월 31일)." 『김일성저작집 30권』. 평양: 조선로동당출판사, 1985.

______. "쏘련 따스통신사대표단과 한 담화(1984년 3월 31일)." 『김일성저작집 38권』. 평양: 조선로동당출판사, 1992.

______. "민족올림픽위원회협회 위원장인 메히꼬출판사 위원잠 겸 사장일행과 함 담화(1991년 6월 5일)." 『김일성저작집 43권』. 평양: 조선로동당출판사. 1996.

______. "북남학생회담준비를 잘하여야 한다: 김일성종합대학 학생들과 한 담화(1961년 5월 5일)," 『김정일전집 3권』. 평양: 조선로동당출판사, 2013.

______. "남조선혁명과 조국통일을 위하여: 조선로동당 제 5차 대회에서 한 중앙위원회 사업총화보고(1970년 11월 2일)." 『김일성전집 45권』. 평양: 조선로동당출판사, 2002.

______. "조국통일의 3대원칙에 대하여: 북과 남사이의 고위급정치회담에 참가한 남조선측 대표들과 한 담화(1972년 5월 3일, 11월 3일)." 『김일성전집 48권』. 평양: 조선로동당출판사, 2003.

______. "미국 〈뉴욕타임스〉지 기자와 담화(1972년 5월 26일)."『김일성전집 48권』. 평양: 조선로동당출판사, 2003.

______. "북과 남 사이의 합작을 실현할 데 대하여: 북과 남사이의 고위급정치회담에 참가한 남조선측 대표들과 한 담화(1972년 11월 3일)." 『김일성전집 48권』. 평양: 조선로동당출판사, 2003.

______. "미국 〈워싱턴포스트〉지 기자와 담화(1972년 6월 25일)."『김일성전집 49권』. 평양: 조선로동당출판사, 2003.

______. "조국통일 5대 방침에 대하여(1973년 6월 25일)."『김일성전집 52권』. 평양: 조선로동당출판사, 2003.

______. "일본 이와나미서점 상무취체역 총편집장과 담화(1973년 9월 19일)."『김일성전집 52권』. 평양: 조선로동당출판사, 2003.

______. "조선로동당 제6차 대회에서 한 중앙위원회 사업보고(1980년 10월 10일)." 『김일성전집 72권』. 평양. 조선로동당출판사, 2007.

______. "우리나라 사회주의 우월성을 더욱 높이 발양시키자: 조선민주주의인민공화국 최고인민회의 제9기 제1차 회의에서 한 시정연설(1990년 5월 24일)," 『김일성전집 89권』. 평양. 조선로동당출판사, 2010.

______. "우리 당의 조국통일로선의 승리와 앞으로의 과업에 대하여." 조선로동당 중앙위원회 제 6기 제 19차 전원회의에서 한 결론(1991년 12월 24일)." 『김일성전집 91권』. 평양: 조선로동당출판사, 2010.

______. "우리민족의 대단결을 이룩하자(1991년 8월 1일)." 『김일성전집 91권』. 평양: 조선로동당출판사, 2010.

______. "전민족대단결 10대강령(1993년 4월 6일)." 『김일성전집 93권』. 평양: 조선로동당출판사, 2011.

김정일. "조국통일 3대원칙을 관철하기 위하여 견결히 투쟁하자." 『김정일선집 4권』. 평양: 조선로동당출판사, 2010.

______. "반제투쟁의 기치를 더욱 높이 들고 사회주의, 공산주의 길로 힘차게 나아가자: 조선로동당 중앙위원회 책임일군들과 함 담화(1987년 9월 25일)." 『김정일선집 9권』. 평양: 조선로동당출판사, 1997.

______. "우리나라 사회주의는 주체사상을 구현한 우리식 사회주의다: 조선로동당 중앙위원회 책임일군들 앞에서 한 연설(1990년 12월 27일)." 『김정일선집 10권』. 평양: 조선로동당출판사, 1994.

______. "위대한 수령님을 영원히 높이 모시고 수령님의 위업을 끝까지 완성하자: 조선로동당 중앙위원회 책임일군들과 한 담화(1994년 10월 16일)." 『김정일선집 18권』. 평양: 조선로동당출판사, 2012.

______. "조선민족제일주의정신을 높이 발양시키자: 조선로동당 중앙위원회 선전선동부 문학예술부문 책임일군들과 한 담화(1996년 4월 25일)." 『김정일선집 9권』. 평양: 조선로동당출판사. 1997.

______. "일군들은 고난의 행군으로 살며 일해야 한다: 조선로동당 중앙위원회 책임일군들과 한 담화(1996년 1월 14일)." 『김정일선집 14권』. 평양: 조선로동당출판사, 2004.

______. "오늘을 위한 오늘에 살지 말고 래일을 위한 오늘에 살자: 조선로동당 중앙위원회 책임일군들과 한 담화(1996년 1월 14일)." 『김정일선집 9권』. 평양: 조선로동당출판사. 2004.

______. "당사업을 강화하여 우리식 사회주의를 더욱 빛내이자-조선로동당 중앙위원회 책임일군들과 한 담화(1992년 1월 1일)." 『김정일선집 12권』. 평양: 조선로동당출판사, 1997.

______. "일심단결을 더욱 강화하며 조선민족제일주의정신을 높이 발양시키자:

조선로동당 중앙위원회 책임일군들과 한 담화(1992년 2월 4일)."『김정일선집 13권』. 평양: 조선로동당출판사, 1998.

______. "혁명발전의 요구에 맞게 간부들을 철저히 혁명화할데 대하여(1994년 5월 24일)." 『김정일선집 13권』. 평양: 조선로동당출판사, 1998.

______. "조선민족제일주의 정신을 높이 발양시키자: 조선로동당 중앙위원회 책임일군들 앞에서 한 연설(1989년 12월 28일)." 『김정일선집 13권』. 평양: 조선로동당출판사, 2012.

______. "위대한 수령김일성동지의 조국통일유훈을 철저히 관철하자."『김정일선집 14권』. 평양: 조선로동당출판사, 2000.

______. "문학예술부문에서 명작을 더 많이 창작하자: 조선로동당 중앙위원회 선전선동부 문학예술부문 책임일군들과 한 담화(1996년 4월 25일)." 『김정일선집 14권』. 평양: 조선로동당출판사, 2004.

______. "온 민족이 대단결하여 조국의 자주적 평화통일을 이룩하자: 력사적인 남북조선 정당, 사회단체대표자 련석회의 50돐기념 중앙연구토론회에 보낸 서한(1998년 4월 18일)." 『김정일선집 14권』. 평양: 조선로동당출판사, 2000.

______. "혁명과 건설에서 주체성과 민족성을 고수할데 대하여(1997년 6월 19일)." 『김정일선집 14권』. 평양: 조선로동당출판사, 2004.

______. "올해를 새 세기의 진격로를 열어 나가는데서 전환의 해로 되게 하자: 조선로동당 중앙위원회 책임일군들과 한 담화(2001년 1월 3일)." 『김정일선집 15권』. 평양: 조선로동당출판사, 2005.

______. "사회주의 건설의 력사적 교훈과 우리당의 총노선: 조선로동당 중앙위원회 책임일군들과 한 담화(1992년 1월 3일)." 『김정일선집 16권』. 평양: 조선로동당출판사, 2012.

______. "사회주의는 과학이다: 조선로동당 중앙위원회기관지《로동신문》에 발표한 론문(1994년 11월 1일)." 『김정일선집 18권』. 평양: 조선로동당출판사, 2012.

______. "온 민족이 대단결하여 조국의 자주적 평화통일을 이룩하자: 력사적인 남북조선 정당 · 사회단체대표자련석회의 50돐기념 중앙연구토론회에 보낸 서한(1998년 4월 18일)." 『김정일선집 19권』. 평양: 조선로동당출판사, 2013.

______.“온 민족이 대단결하여 조국의 자주적평화통일을 이룩하자: 력사적인 남북조선 정당.사회단체대표자련석회의 50돐기념 중앙연구토론회에 보낸 서한(1998년 4월18일).”『김정일선집 19권』. 평양: 조선로동당출판사, 2013.

______.“대집단체조와 예술공연 아리랑은 새 세기를 대표하는 세계적인 대걸작이다: 김일성상계관작품 대집단체조와 예술공연 아리랑을 보고 일군들과 한 담화(2002년 8월 15일).”『김정일선집 21권』. 평양: 조선로동당출판사, 2013.

나. 단행본

고영환.『우리민족제일주의론』. 평양: 평양출판사, 1989.

김일성.『남조선혁명과 조국통일에 대하여』. 평양: 조선로동당출판사, 1969.

______.『통일전선사업에 대하여』. 평양: 조선로동당출판사, 1982.

______.『김일성동지의 주요 문헌집 2: 社會政治學總論』. 서울: 太陽社

______.『조국통일을위한전민족대단결 10대강령』. 평양: 조선로동당출판사, 1993

김정일.『주체문학론』. 평양: 조선로동당출판사, 1992.

______.『민족문화유산과 민족적 전통에 대하여』. 평양: 조선로동당출판사. 2006.

김혜련·류승일·최금룡.『조국통일을 위한 력사적로정』. 평양: 평양출판사, 2008.

김희일.『민족대단합의 길에 빛나는 거룩한 자욱』. 평양: 평양출판사, 2007.

민　원.『김일성주석과 민족대단결』. 평양: 평양출판사, 1994.

류승일·최금룡·김영범.『장군님과 우리민족끼리 통일시대』. 평양: 평양출판사, 2012.

리현길.『위대한 령도자 김정일동지의 사상리론: 문예학 1·2·3』. 평양: 사회과학출판사, 1996.

사회과학출판사.『전민족대단결 10대강령은 주체의 민족관을 구현한 조국통일위업의 대강』. 평양: 사회과학출판사, 1994.

송국현.『우리민족끼리』. 평양: 평양출판사, 2002.

심병철.『조국통일문제 100문 100답』. 평양: 평양출판사, 2003.

엄국현. 『6.15시대 통일운동의 과제』. 평양: 평양출판사, 2007.

최기환. 『6.15시대와 민족공조』. 평양: 평양출판사, 2004.

최수남 외. 『조선을 이끌어 70년』. 평양: 조선 · 평양 외국문출판사, 2015.

허종호. 『주체사상에 기초한 남조선혁명과 조국통일 리론』. 평양: 조선로동당출판사, 1975.

조선중앙통신사. 『조선중앙년감』. 평양: 조선중앙통신사, 1961~2018.

다. 논문

김기욱. "예술성이 없는 예술은 예술이 아니다: 서울 예술단이 출연한 재담을 놓고." 『조선예술』. 1986년 1호.

리제일. "위대한 주체사상은 우리식사회주의의 사상적 기초." 『근로자』. 1990년 12호.

본사 기자. "민족의 자랑, 명성 높은 가수." 『조선예술』. 2001년 6호.

송석환. "북남문화교류에서 남측의 속심." 『조선예술』. 1985년 12호.

정봉섭. "복고주의적이며 퇴페적인 음악: 서울 예술단의 공연을 보고." 『조선예술』. 1986년 1호.

주문걸. "남조선괴뢰예술공연의 반동적 본질: 승공의 야망을 실현하겠다는 속심." 『조선문학』. 1985년 12호.

라. 기타

『로동신문』. 1957년 ~ 2020년.

『조선중앙방송』. 1998년 ~ 2004년.

『조선중앙TV』 2000 ~ 2020년.

『평양방송』. 2004년 1월.

『평양신문』. 1991년 12월.

『조선신보』. 2012년~2020년.

과학백과사전출판사. 『대중정치용어사전』. 평양: 과학백과사전출판사, 2005.

법률출판사. 『조선민주주의인민공화국 법전(증보판)』. 평양: 법률출판사, 2016.

사회과학백과사전출판사. 『철학사전』. 평양: 사회과학백과사전출판사, 1985.

사회과학출판사. 『정치사전』. 평양: 사회과학출판사, 1973.

사회과학출판사. 『조선말대사전』. 평양: 사회과학출판사, 2017.

조선로동당규약. 2016. 5 제 7차 당 대회.

2. 국내문헌

가. 단행본

강인덕 · 송종환. 『남북회담: 7.4에서 6.15까지』. 서울: 극동문제연구소, 2004.

경남대학교 북한대학원 엮음. 『북한 문화, 둘이면서 하나인 문화』. 파주: 한울 아카데미, 2006.

______. 『북한연구 방법론』. 서울: 한울 아카데미, 2003.

고려대학교 아세아문제연구소. 『공산권자료 총서 2: 북한연구 자료집』, 서울: 고려대학교출판부, 1974.

곽태환 외. 『북한의 협상전략과 남북한 관계』. 서울: 경남대학교 극동문제연구소, 1997.

국제문제조사연구소. 『남북기본합의서 개요』. 서울: 국제문제조사연구소, 1992.

국토통일원, 『남북한통일제의자료총람 제1권』. 서울: 국토통일원, 1985.

김광운. 『북한정치사 연구 1』. 서울: 선인, 2003.

김성윤. 『신 데탕트 기류하의 한반도』. 서울: 반도출판사, 1989.

김연철. 『70년의 대화: 새로 읽는 남북관계사』. 서울: 창작과비평, 2018.

김조영. 『4.19와 남북관계』. 서울: 민연, 2000.

김지행. 『데탕트와 남북관계』. 서울: 선인, 2008.

김학성. 『서독의 분단질서 관리 외교정책 연구』. 서울: 민족통일연구원, 1995.
______. 『동서독 인적교류 실태 연구』. 서울: 민족통일연구원, 1996.
남북회담사무국. 『적십자회담수첩』. 서울: 남북회담사무국, 1994.
______. 『사회문화공동위수첩』. 서울: 남북회담사무국, 1995.
대한적십자사. 『이산가족백서』. 서울: 대한적십자사, 1976.
돈 오버도퍼, 『두개의 코리아』. 서울: 중앙일보, 1998.
동북아평화연구회. 『국민의 정부 대북 포용정책』. 서울: 밀레니엄북스, 1999.
문익환. 『걸어서라도 갈테야』. 서울: 실천문학사, 1990.
문화체육관광부, 『남북 문화교류협력 사업 분석 및 발전방안 연구』. 서울: 문화체육관광부, 2013.
민족통일연구원.『북한지도부의 정세인식 변화와 정책전망』. 서울: 민족통일연구원, 1994.
민족화해범국민협의회. 『남북교류협력의 재조명』. 서울: 늘품플러스, 2015.
박병석. 『남북한 사회문화교류의 현황과 전망』. 서울: 아태평화재단, 1995.
박영정. 『남북 문화예술 교류협력 활성화를 위한 정부와 민간의 역할』. 서울: 문화체육관광부, 2013.
______. 『남북 문화교류협력사업 분석 및 발전방안 연구』. 서울: 문화체육관광부, 2013.
박영호. 『남북한 평화공존과 대북정책』. 서울: 통일연구원, 2001.
박철언. 『바른역사를 위한 증언 1, 2』. 서울: 랜덤하우스 중앙, 2005.
박형중. 『남북한 사회통합: 비교사회론적 접근』. 서울: 민족통일연구원, 1997.
백영철. 『분단을 넘어 통일을 향해』. 서울: 건국대출판부, 2000.
백영철 외. 『한반도 평화 프로세스』. 서울: 건국대학교출판부, 2005.
백종천. 『한국의 국가전략: 전략 환경과 선택』. 경기: 세종연구소, 2004.
밸러리 허드슨 밸러리 저, 신욱희 외 역, 『외교정책론』. 서울: 을유문화사, 2009
세종연구소 북한연구센터 엮음. 『북한의 대외관계』. 서울: 한울아카데미, 2007.
세종연구소편. 『정상회담 이후 남북관계 개선 전략』. 경기: 세종연구소, 2000.

송종환. 『남북회담 종합평가』. 서울: 국토통일원, 1976.

신종대 외. 『분단 70년과 대한민국』. 서울: 대한민국역사박물관, 2016.

윤덕희 · 김도태. 『남북 사회문화공동체 형성 방안』. 서울: 민족통일연구원, 1992.

이교덕 외. 『남북한사회문화협력 거버넌스 활성화방안』. 서울: 통일연구원, 2007.

이동복. 『통일의 숲길을 열어가며 1, 2』. 서울: 삶과 꿈, 1999.

이상우. 『국제관계론』. 서울: 박영사, 1979.

이온죽 외. 『남북한 사회통합론』. 서울: 삶과 꿈, 1997.

이우영 외. 『남북한 평화공존을 위한 사회문화교류협력의 활성화 방안』. 서울: 통일연구원, 2001.

이찬행. 『북한의 사회주의 현실과 변화』. 서울: 두리, 1993.

임동원. 『평화와 화해 협력을 위한 대북정책과 남북현안에 대한 입장』. 서울: 통일부, 1999.

______. 『피스메이커』. 서울: 창비, 2015.

장명봉. 『김정일 체제하의 최근 북한법령집』. 서울: 북한법연구회, 2005.

전국대학 북한학과협의회 엮음. 『북한 정치의 이해』. 서울: 을유문화사, 2001.

전성우. 『남북한 사회통합: 비교사회론적 접근: 그 현황과 전망』. 서울: 민족통일연구원, 1997.

______. 『남북한 사회통합의 길』. 서울: 금왕출판사, 2001.

전영선. 『북한의 사회와 문화』. 서울: 도서출판 역락, 2005.

______. 『글과 사진으로 보는 북한의 사회와 문화』. 서울: 경진출판, 2016.

전현준. 『북한의 대남정책 특징』. 서울: 통일연구원, 2002.

정문헌. 『탈냉전기 남북한과 미국: 남북관계의 부침』. 서울: 매봉, 2004.

정성장. 『북한은 변하고 있는가?』. 경기: 세종연구소, 2008.

정성장 외. 『북한의 국가 전략』. 서울: 한울, 2003.

정성장 편. 『김정은 정권의 대내전략과 대외관계』. 경기: 세종연구소, 2014.

정해구. 『탈냉전 10년(1988-1997)의 남북관계』. 성남: 세종연구소, 1999.

조한범. 『남북 사회문화교류협력의 평가와 발전방향』. 서울: 통일연구원, 1999.

______. 『전환기 남북관계 발전 추진방안』. 서울: 통일연구원, 2017.

______. 『최근 북한의 대남논조 민족공조론 강조의 배경과 의도』. 서울: 통일연구원, 2004.

찰스 프리처드 지음. 김연철 · 서보혁 옮김. 『실패한 외교: 부시, 네오콘 그리고 북핵위기』. 서울: 사계절, 2008.

최대석. 『남북문화교류 활성화방안 연구』. 서울: 민족통일연구원, 1995.

______. 『통일과 북한 사회문화 하』. 서울: 민족통일연구원, 1995.

최의철. 『남북한 교류협력 활성화 방안』. 서울: 통일연구원, 2000.

Philip Zelikow · Condoleeza Rice 저, 김태현 · 유복근 역, 『독일 통일과 유럽의 변환: 치국경세술 연구』. 서울: 모음북스, 2008.

통계청. 『남북한 경제 · 사회상 비교』. 대전: 통계청, 2000.

통일교육원. 『통일문제이해』. 서울: 통일교육원, 1996.

______. 『통일문제이해-통일환경과 남북관계 1999』. 서울: 통일교육원, 1998.

통일부. 『통일백서 1997』. 서울: 통일부, 1997.

______. 『남북대화연표 1998』. 서울: 통일부, 1998.

______. 『햇볕정책의 의미와 추진방향』. 서울: 통일부, 1998.

______. 『대북정책 어떻게 추진되고 있나』. 서울: 통일부 통일교육원, 1998.

______. 『햇볕정책의 의미와 방향』. 서울: 1999.

______. 『1998 통일백서』. 서울: 통일부 통일정책실, 1999.

______. 『국민의 정부 출범 6개월 대북정책 어떻게 추진되고 있나』. 서울: 통일부, 1998.

______. 『남북교류협력법규집』. 서울: 통일부, 1999.

______. 『1999 통일백서』. 서울: 통일부 통일정책실, 1999.

______. 『2000 북한개요』. 서울: 통일부 정보분석국, 1999.

______. 『사회문화분야 남북교류협력 실무안내』. 서울: 통일부, 2000.

______. 『2001 통일백서』. 서울: 통일부 통일정책실, 2001.

______. 『2009 통일백서』. 서울: 통일부, 2009.

______. 『2009 북한개요』. 서울: 통일연구원, 2009.

______. 『북한이해』. 서울: 통일부, 2002.

통일원. 『1990 통일백서』. 서울: 통일원, 1990.

______. 『10년간의 독일정책: 1969~1979년간 동서독관계발전 중심』. 서울: 통일원, 1992.

______. 『남북 고위급회담: 남북 기본합의서 및 분야별 부속합의서 타결과정』. 서울: 통일원, 1993.

______. 『동서독 교류협력 사례집』. 서울: 통일원, 1995.

______. 『사회문화 분야 남북교류협력실무안내』. 서울: 통일원, 1996.

통일연구원. 『평화번영정책 추진성과와 향후과제』. 서울: 통일연구원, 2007.

평화문제연구소. 『동서독 통합 20년, 독일 통일 바로알기』. 서울: 평화문제연구소. 2010.

한국문화관광연구원. 『남북한 문화교류협력의 현황과 과제』. 서울: 한국문화관광연구원. 2000.

한국문화예술진흥원 문화발전연구소. 『북한의 문화정책과 남북문화교류의 방향』. 서울: 한국문화예술진흥원, 1992.

한국문화정책개발원. 『정상회담 이후의 남북관계와 문화교류』. 서울: 한국문화정책개발원, 2001.

한국사회연구소. 『1989 한국사회연감』. 서울: 백산서당, 1990.

______. 『1991 한국사회연감』. 서울: 백산서당, 1992.

황병덕 외 『신동방정책과 대북 포용정책: 브란트와 김대중의 민족통일 대구상』. 서울: 두리, 2000.

나. 논문

고병철. "남북관계 시련기로 들어가나." 『Issue & Knowledge』. 제35호, 2001.

고유환. "북한의 대내정치와 대남정책의 상관성 분석." 『통일경제』, 제1호, 1997.

구영록. "대외정치의 핵심개념으로서의 국가이익." 『한국과 국제정치』. 제10권 1호, 1994.

김경웅. "남북한의 사회문화적통합을 위한 전략적접근." 『통일경제』.제6호, 1995.

김문조 · 김종길. "남북한사회통합의 추진과제 및 방안." 『아세아연구』. 제96호, 2002.

김영윤. "동서독교류협력과 대동독 대가지급." 『통일정책연구』.제10권 2호, 2001.

류길재. "6.15공동선언 5주년의 평가; 후속 성과 없이 상징으로만 남은 6.15-단 한번의 정상회담이 분단구조를 깰 순 없다." 『통일한국』. 제258권, 2005.

박병영. "사회문화 통합의 이론과 그 쟁점." 『통일연구』. 제8권 제2호, 2004.

박성조. "동서독간의 교류 및 협력형태와 남북한 교류에 주는 시사점 1,2." 『평화문제연구』. 제1권 4호, 1989.

박영호. "남북관계 환경변화와 남북교류협력 발전전략." 민족화해범국민협의회 엮음. 『남북교류협력의 재조명』. 서울: 늘품플러스, 2015.

방인혁. "김일성 시대 북한의 대남인식 변화 연구." 『현대정치연구』. 제5권 2호, 2012.

배성인 · 이경국. "남북한 사회문화 교류협력의 전개과정과 특징: 김대중 정부에 대한 평가와 향후 과제." 『북한연구학회보』. 제7권 1호, 2003.

서 훈. "북한의 선군외교 연구: 약소국의 대미 강압외교 관점에서." 동국대학교 대학원 박사학위논문, 2008.

신종대. "한국정치의 북한요인 연구: 1961-1972년을 중심으로." 서강대학교 대학원 박사학위논문, 2002.

안문석. "북한 핵실험에 대한 한국의 대북정책 결정과정 분석: 관료정치모델의 적용." 『한국정치학회보』. 제42권 1호, 2008.

양무진. "북한의 대남협상전략 유형." 경남대학교대학원 박사학위논문, 2001.

오기성. "남북교류 활성화를 위한 민간단체의 역할: 사회문화교류를 중심으로." 『통일문제와 국제관계』. 제10호, 1998.

오양열. "남북정상회담 이후 북한 문예지의 변화양상과 문예정책 동향." 『통일문제연구』. 2호, 2001.

윤은주. "남북종교교류 경험을 통해 본 민족화합의 가능성과 과제." 『비핵평화 프로세스와 남북협력의 방향』. 2018 북한연구학회 추계학술회의 자료집, 2018년 10월 12일.

이기동. “김정은 체제의 권력구조와 향후 전망.” 『KDI 북한경제 리뷰』. 제15권 10호, 2013.

이기종. “북한의 대남정책 결정요인과 전망.” 『국제정치논총』. 제37집 2호, 1997.

이동복. “1970년대 남북조절위원회에서 한국측 협상목표 : 전략 · 전술 및 교훈과 향후 대책.” 『극동문제연구소 전문가 워크숍 냉전기 한국의 대북협상전략: 실제와 교훈』. 2003년 11월 26일.

이수석. “북한의 대남 사회문화교류 정책에 관한 연구.” 『북한조사연구』. 제5권 2호, 2001.

이영미. “최근 방북 공연과 김연자 공연의 시사점.” 『통일과 문화』. No.1, 2001.

이우영. “북한관과 남남갈등.” 『남남갈등: 진단 및 해소방안』. 경남대학교 통일관 개관기념 학술회의. 2004.

______. “새로운 사회문화교류 발전 방향과 민관 협력.” 『2018 민족화해 심포지엄: 한반도 평화와 번영을 위한 새로운 도전』, 2018년 6월 18일.

이우영, “김정은 정권의 사회문화전략.” 『한반도 포커스』. 제36호, 2016.

이우영 · 천현식, “남북 사회문화교류 10년의 회고와 전망.” 『국제고려학회 2008년 학술대회 : 지난 10년 대북정책 · 교류의 회고와 평가』. 2008년 06월.

이장희. “통독정책으로서 동서독간 문화협정.” 『국제법학회논총』. 제33권 2호, 1988.

이정진. “대북정책 결정과정에 나타난 대통령과 여론의 영향력.” 『국제정치논총』. 제43권 1호, 2003.

이정철. “북핵의 진실게임과 사즉생의 선군정치.” 『현대북한연구』. 제7권 1호, 2004.

이헌경. “남북한 사회문화교류협력의 전개과정과 장애요인 분석.” 『통일문제연구』. 통권 35호, 2001.

임동원. “남북기본합의서와 6.15남북공동선언.” 『역사비평』. 통권 97호, 2011.

임수호. “한국의 정권교체와 대북정책 변화: 이명박 정부를 중심으로.” 『한국정치연구』. 제9권 2호, 2010.

장달중 · 이정철. "냉전과 탈냉전의 남북관계." 『세계정치』. 24호, 2002.

장명봉. "최근 북한 사회주의 헌법 개정 '98.9.5의 분석-배경 · 내용 · 평가 및 정책 전망." 『통일연구논총』. 제7권 2호, 1998.

전미영. "남북사회문화통합을 위한 교류협력의 과제." 『통일문제연구』. 통권 제46호, 2006.

______. "남북 사회문화교류 활성화를 위한 과제." 『북한학연구』. 제6권 1호. 2010.

전성훈. "한국의 국가 이익과 국가전략." 『국가 전략』. 제5권 2호, 1999.

전영선. "북한의 조선민족제일주의와 민족문예 정책." 『통일논총』. 제17권 1호, 1999.

______. "북한 초점: 2000년 이후 남북 사회문화교류에 대한 평가와 전망." 『아태지역동향』. 제169호, 2006.

전재성. "관여정책의 국제정치 이론적 기반과 한국의 대북정책." 『국제정치논총』. 제43권 1호, 2003.

정영철. "남북한 대립 상징의 구조와 변화." 『북한연구학회보』. 제11권 1호, 2007.

______. "사회문화교류의 순수성 신화에 대한 비판." 『북한학연구』. 제11권 2호, 2015.

______. "북한의 민족주의와 문화병용: 김정은 시대 북한 문화의 변화," 『문화정책논총』. 제31집 2호, 2017.

조 광. "남북한 역사학계의 학술교류." 『국제고려학회 서울지회 제2회 전국 학술대회』, 2000년 7월 11일.

조동호. "남북관계 패러다임의 변화와 통일경제 시대의 준비: 북중관계의 변화와 남북경협," 『통일경제』. 38권, 2012.

차주완. "북한의 통일전선전술 변화 연구." 경남대학교대학원 박사학위논문, 2010.

최광식. "남북한 고대사학계의 학술교류방안." 『국제고려학회 서울지회 제2회 전국 학술대회』, 2000년 7월 11일.

최대석 외. "북한의 대남 협상전술과 주요 협상가." 『통일문제연구』. 통권 제48호, 2007.

최대석 · 김용현. "남북 문화예술교류협력 활성화를 위한 정부와 민간의 역할." 『북한연구학회보』. 제6권 2호, 2002.

최완규. “김정일 정권의 대남정책 변화요인과 방향 연구(1994-1998): 북한 국내정치와 대남정책과의 상관성을 중심으로.” 『안보학술논집』. 1998.

_____. “대북포용정책에 대한 북한의 인식과 대응.” 『한국민족문화』. 14권, 1999.

_____. “대북 화해협력정책의 성찰적 분석.” 한국정치학회 · 이정복 편. 『북핵문제의 해법과 전망』. 서울: 중앙 M&B, 2003.

최준택. “김정일의 정치리더십 연구: 현지지도를 중심으로.” 건국대학교 박사학위 논문, 2007.

최척호. “모기장 재등장의 의미.” 한국문화정책개발연구원 편. 『정상회담 이후의 남북관계와 문화교류』. 서울: 한국문화정책개발연구원, 2001.

한기범. “권력승계 시기 북한의 지배구조와 대내외 정책 전망.” 『통일경제연구』. 제19권 2호, 2010.

한창균. “북한고고학의 현황과 과제.” 『국제고려학회 서울지회 제2회 전국 학술대회』, 2000년 7월 11일.

홍석률. “데탕트기 한국의 대공산권 외교정책.” 『한국문화연구』. 제34권, 2018.

황병덕. “동독의 대서독정책과 북한의 대남정책의 비교분석.” 『통일연구논총』. 제67권 1호, 1998.

다. 기타

강인덕. “월간조선 발굴, 한국현대사 자료 125건.” 『월간 조선』. 1996.

김달술. “7.7선언 이후의 남북관계 어떻게 달라졌나.” 『월간 통일』. 1989년 6월호.

김영삼. “대통령 취임사: 우리 나함께 신한국으로(1993년 2월 25일).” 1993.

박형중. “김정은 통치 1년과 신주류의 권력 공고화 프로젝트 추진.” 『Online-serios Co 12-43』. 2013.

송종환 외. “좌담: 남북한 체제경쟁 선언-8.15 평화통일구상 선언 비화.” 『월간조선』. 2003년 8월호.

신광연. “특집 8.15 고향방문단, 예술 공연단 교류를 기대하며: 특별초대석-조영식 1천만 이산가족 재회촉진 위원장: 더 시간 가기 전에 어서 통일….” 『통일한국』. 제20호, 1985.

이동복. “서동권, ‘김정일 훈령’을 입수하다!.” 『월간조선』. 2000년 9월호.

이우영. “새로운 남북사회문화교류를 위한 성찰과 기대.” 『남북협회 뉴스레터』 vol 63. 2018년 12월

중앙일보. “北, 잠수함사건 공식사과 3자설명회 1월 개최.” 『중앙일보』, 1996년 12월 30일.

청와대. “대통령 취임사.” 2008년 2월 25일.

청와대 대통령기록실. 『인도적대북지원-사실은 이렇습니다』. 서울: 통일부, 2015.

______. 역대 대통령 취임사 및 기자회견

황장엽. “자유민주주의의 승리를 위하여 독재와 민주주의는 양립할 수 없다.” 『월간조선』. 2000년 12월호.

통일부. “북한 제7차 당대회 종합평가.” 『통일부정책보고서』. 2016년 5월 13일.

______. “제7차 당대회 사업총화보고 분석.” 『통일부정책보고서』. 2016년5월9일.

통일부 북한정보포털 http://nkinfo.unikorea.go.kr/nkp/main/portalMain.do

평화문제연구소. “8.15 고향방문단 · 예술공연단 교류를 기대하며.” 『통일한국』 20권 7호, 1985.

한국민족문화대백과사전 http://encykorea.aks.ac.kr/

3. 외국문헌

가. 단행본

Ash, Timothy Garten. *In Europe's Name*. New York: Vintage Books, 1993.

______. *Im Namen Europas: Deutschland und der geteilte Kontinent*. Ulm: Hanser Verlag, 1993 & Frankfurt/a.M.: Fischer Taschenbuch Verlag, 1995.

Bender, Peter. *Die Neue Ostpolitik und ihre Folgen: Vom Mauerbau bis zur Vereinigung*. München, 1995.

Brandt, Willy. *Erinnerungen*. Frankfrt am Main: Propyläen, 1989.

Bruns, Wilhelm. *Deutsch-deutsche Beziehungen. Prämissen, Probleme, Perspektiven*. Opladen 1984.

Bundesministerium für innerdeutsche Beziehungen, *Das Kulturabkommen*. Bonn: BMB,

1990.

Clough, Ralph N. *East Asia and U.S. Security*. Washington, D.C.: The Brookings Institution, 1975.

Griffith, William W. *The Ostpolitik of the Federal Republic of Germany*. Cambridge, MA: The MIT Press, 1978.

Murawski, Klaus-Eberhard. "Die Kulturbeziehungen zwischen der BRD und DDR." Erika Lieser-Triebnigg (hrsg.) *Kultur im geteileten Deutschland*. Berlin, 1984.

Ritzer. G. et. al. *Sociology*. Boston: Allyn & Bacon. 1979.

Rosenau, James. "Pre-Theories and Theories of Foreign Policy," Barry Farrell ed. *Approaches in Comparative and International Politics*. Evanston: Northwestern University Press, 1966.

Tylor, Edward. B. *Religion in Primitive Culture*. New York: Harper and Row, 1958.

Vogtmeier, Andreas. *Egon Bahr und die deutsche Frage: Zur Entwicklung der sozialdemokraatischen Ost-und Deutschlandpolitik vorn Krigesende bis zur Vereinigung*. Berlin: Verlag J. H. W. Dietz Nachfolger, 1996.

나. 논문

Armacost, Michael H. "The Korean Peninsula and its Impact on Northeast Asian Affairs," in Catherine Dalpino and Bates Gill eds. *Brookings Northeast Survey 2001-02*. 2002.

Hesse, Kurt R. "Nutzung und Images des Westfernsehens bei DDR-Üersiedlern," *Media Perspektive* 4, 1986.

Kim, Yong Ho. "Characteristics and Lessons of North Korea's Negotiation Tactics with the United States." *East Asian Review* Vol. 7, No. 3. Autumn 1995.

Mansourov, Alexandre. "North Korean Decision-Making Process Regarding the Nuclear Issue." *Nautilus Institute Special Report*. May 1994.

Nuechterlein, Donald. "The Concept of 'National Interest': A Time for New Approach," *Orbis*. Spring 1979.

다. 기타

Bleek, Wihelm, Rainer Bevermann, *'Die Deutschlandpolitik der SPD/FDP-Koalition 1969-1982."* Materialien der Enquete -Kommission Aufarbeitung von Geschichte und Folgen der SED-Diktatur in Deutschland. Ulm, 1995.

Dujarric, Robert "Changes on Korean Peninsula and Prospects for the Establishment of Peace in Northeast Asia." *Proceedings of International Symposium on Changes in Inter-Korean Relations*. Korea Press Center. Seoul, November 2, 2000.

Goss, Anthony John. "Die Darstellung des deutsch-deutschen Verhältnisses in der Fernsehberichterstattung beider deutscher Staaten." *Deutschland Archiv* 4, 1980.

Helwig, Giesela. "Jugendaustausch zwischen beiden deutschen Staaten." *Deutschland Archiv*, 1984.8

Volze, Amin. "Kirchliche Transferleistungen in die DDR", *Deutschland Archiv*, 1. 1991.

| 부록 |

주요 남북 사회문화교류 현황(1981년 - 2018년8월)

연번	기간	사업명	장소
1	1981.6.7-12.17	재미교포 김상락 목사 방북	평양
2	1982.2	박창득 신부 일행 방북	평양
3	1984.3.24	고종옥 신부 북한 방문	평양
4	1985.9.2-9.23	이산가족고향방문단 및 예술공연단 교환 방문	서울 국립중앙극장, 평양 평양대극장
5	1985.9.22	지학순 주교 미사 봉헌	평양 고려호텔
6	1986.9.2	세계기독교협의회 남북 동시 참가(비공식 제1차 글리온회의)	스위스 글리온
7	1986.12	세계불교도우회(WFB) 한국본부 임원단- 북한 불교계와 회동	네팔
8	1988.7.20-7.30	하와이 대원스님 북한 방문	평양 용화사
9	1988.11	제16차 세계불교도우회(WFB) 남북한 동시 참석	미국 LA
10	1988.11.23-11.25	제2차 글리온회의	스위스 글리온
11	1989	한국영화제(Korean Film Festival)	미국 콜롬비아대
12	1989.2.14-2.23	남한 신부단 방북	평양
13	1989.2.19	남북 천주교 합동미사	평양 장충성당
14	1989.4.23-4.26	한반도 평화와 통일세미나	미국 워싱턴
15	1989.6.6	남북공동 통일염원 미사	북한 장충성당, 남한 임진각
16	1989.6.17	법타스님 방북	평양
17	1990.7.10-7.13	제1회 조국의 평화통일과 선교에 관한 기독교인 동경회의	일본 재일본한국 YMCA
18	1989.7.29-8.12	제1회 조선그리스도교연맹(KCF)방문	평양 봉수교회
19	1989.8.13	문규현 신부 방북	평양 장충성당
20	1990.9.4-9.6	아시아태평양지역 대화·평화·협력에 관한 국제학술회의	소련 블라디보스톡
21	1990.10.9-10.13	남북통일 축구 경기	평양 5.1경기장
22	1990.10.10-10.14	제1회 뉴욕 남북영화제	뉴욕 퀸즈대학 골든센터

23	1990.10.18-10.23	제1회 범민족통일음악회	평양 2·8문화회관 등
24	1990.10.21-10.25	남북통일 축구 경기	서울
25	1990.12.9-12.12	1990송년통일전통음악회	서울 예술의전당 국립중앙극장
26	1990.12	제3차 글리온회의	스위스 글리온
27	1991.1-1993.6	남북한 언어비교 공동연구	폴란드 바르샤바 대학
28	1991.3	한겨레울림특별연주회	일본 동경
29	1991.3	고종옥 신부 미사 봉헌	평양 장충성당
30	1991.3.23-3.25	동북아 안보회의	중국 북경
31	1991.4	법타스님, 김도안스님 방북	평양
32	1991.4.24-5.6	제41차 세계탁구선수권대회	일본
33	1991.5.2-5.5	환동해국제예술제	일본후까이현 쓰루가시
34	1991.5.20-5.28	제2차 아시아 사학회	중국 길림성
35	1991.5.27-5.29	남북코리아서화전	북경 아시안게임 국제회의센터
36	1991.5.31-6.2	제1차 '아세아의 평화와 여성의 역할'토론회	일본 도쿄
37	1991.6.14-6.30	제6차 세계청년축구선수권대회	포르투갈
38	1991.7.9-7.12	제2회 조국의 평화통일과 선교에 관한 기독자 동경회의	일본 재일본한국 YMCA
39	1991.8.17	남북통일 전통미용 풍속제	러시아 사할린
40	1991.9.24-10.1	소망교회 곽선희 목사 방북	평양
41	1991.10	제4차 아시아종교인평화회의(ACRP)조선천주교협회 참석	네팔 카트만두
42	1991.10	남북합동기원법회 봉헌	미국
43	1991.10.28-11.4	남북한 불교대표자 연석회의	미국LA 관음사
44	1991.11.25-11.29	제2차 '아세아의 평화와 여성의 역할'토론회	서울 라마다올림피아호텔
45	1992	북한서적『리조실록』국내 출판	
46	1992.1.7-1.13	KNCC 권호경 목사 방북	평양
47	1992.4.28-5.5	평양 동북아경제포럼	평양
48	1992.5.22-6.5	북한미술전 - 그리운 산하	서울 예술의전당 한가람미술관
49	1992.6.16-6.17	기계화를 위한 한글의 로마자 표기법에 관한 남북회의	프랑스 파리

50	1992.8.15-8.17	제1회 통일예술축제	러시아 사할린
51	1992.8.17-8.19	상해 유엔 군축회의	중국 상해
52	1992.9.1-9.6	제3차 '아세아의 평화와 여성의 역할'토론회	평양 인민문화궁전
53	1992.10.20-10.22	제3회 조국의 평화통일과 선교에 관한 기독자 동경회의	일본 동경
54	1993.4.15-4.17	동북아 조선민족문화의 계승과 발전 세미나	중국 연변대
55	1993.4.19-4.26	조선천주교인협회, 일본 한인 천주교회 방문	일본 동경
56	1993.4.24	제4차 '아세아의 평화와 여성의 역할'토론회	일본 동경
57	1993.5.27-6.13	러시아 연해주 발해 유적 발굴	러시아 우스리스크
58	1993.8.11-8.14	고구려 문화 국제학술회의	중국 집안
59	1995.7.18-7.21	21세기 동북아 국제학술회의	중국 심양
60	1993.8.28-8.31	제1차 통일을 지향하는 언어와 철학 학술회의	중국 북경
61	1993.10.5-10.23	코리아 통일 미술전	일본도쿄,오사카
62	1993.11.6-11.9	일본의 전후처리문제에 관한 국제토론회	평양
63	1994.	북한서적 『동의보감』 국내 출판	남한
64	1994.2.20-2.23	제2차 통일을 지향하는 언어와 철학 학술회의	중국 북경
65	1994.3.12-3.14	북한 천도교위원장 유미영 - 안호상 단군 대종교 총전교 접촉	중국 북경
66	1994.5.31-6.2	제4회 조국의 평화통일과 선교에 관한 기독자 동경회의	일본 재일본한국 YMCA
67	1994.8.1-8.5	동아시아 역시연구 국제학술회의	중국 상해시
68	1994.8.6-8.8	제1차 Korean 컴퓨터처리 국제학술대회	중국 연길
69	1994.9. 26-30	뉴코리아나 국제 사진전 (남·북한·중국 사진전)	중국 연길
70	1995.1.27-1.28	제4차 '한반도 평화통일을 위한 기독교 국제협의회'개최 관련 남북대표 예비모임	중국 북경
71	1995.2	조계종 총무원장 월주스님 - 조선불교도연맹 박태화위원장 회담	중국 북경
72	1995.2.5	천주교 장재철단장 - 이범 대표 등 접촉	미국 필라델피아

73	1995.3.28-3.31	한반도 평화와통일을위한 제4차 기독교 국제협의회(제4차 글리온회의)	일본 교토
74	1995.4.23-5.1	조국평화통일추진불교인협의회(평불협) 이정산 스님 등 2명 방북	평양
75	1995.4.29	북한 조선천주교인협회 - 천주교 정의구현전국사제단에 선물	북한 → 남한
76	1995.5.23-5.24	남북불교종단대표 북경 회담	중국 북경
77	1995.6.30-6.31	남북 천주교 합동미사 봉헌	미국 포트리 힐튼호텔
78	1995.7.31-8.1	제1차 남북해외학자통일토론회	중국 북경
79	1995.8.3-8.4	Korean 규범문제 관련 국제학술토론회	중국 연길
80	1995.8.4-8.6	동북아시아 원시·고대 문명 재검토 학술회의	일본 오사카 경제법과대
81	1995.8.9-8.22	광복 50년, 북한미술의 오늘전	서울갤러리 도올
82	1995.8.10-11.7	가고 싶은 산하, 오늘의 북한미술전	한국산업은행 여의도 본점
83	1995.8.22-8.28	소망교회 곽선희 목사 방북	평양
84	1995.8.23-9.5	김기창 - 김기만 형제전	서울갤러리 도올
85	1995.9.13-9.16	제2차 Korean 컴퓨터처리 국제학술대회	중국 연길
86	1995.9.29-11.20	광주비엔날레 북한미술 공예품전	광주 비엔날레 북한관
87	1995.10.27-11.2	남북 해외 천주교인 뉴욕 세미나(제1차 남북 천주교인 세미나)	미국 뉴저지
88	1996.	북한 조선화 특별전	대구 대백플라자
89	1996.2.23-3.5	북한미술의 오늘, 망향전	서울갤러리 도올
90	1996.3.14	제1회 남북종교인 북경 회의	중국 북경
91	1996.4.7	'민족의 화해와 일치를 위한 평화통일 기원 미사'(남북 동시 봉헌)	남한-명동성당 북한 - 장충성당
92	1996.6.5-6.7	제5회 조국의 평화통일과 선교에 관한 기독자 동경회의	일본 동경
93	1996.8.6-8.7	한국어 언어학자 국제학술 토론회	중국 장춘
94	1996.8.12-8.14	제3차 Korean 컴퓨터처리 국제학술대회	중국 연길
95	1996.9-11	북한 현대미술 작품전	대전 엑스포 기념 전시관
96	1996.9.13-9.15	제2차 남북해외동포학자 학술회의	중국 베이징
97	1997.3.17-3.19	남·북·미 교회협의회	미국 뉴욕

98	1997.5.6	부처님 오신 날 불교도 공동발원문 합의	평양 광법사, 서울 조계사
99	1997.6	한반도 평화와 화합을 위한 모임	중국 북경
100	1997.6.4-6.7	'평화통일을 위한 천주교인들의 역할'세미나(제2차 남북 천주교인 세미나)	중국 북경 켐핀스키 호텔
101	1997.7	제3회 고구려 학술회의	일본 동경
102	1997.7	세계청년학생 평화세미나	중국 북경
103	1997.7.20-7.21	고구려 국제학술대회	일본 동경
104	1997.7.22-8.3	'북한 원로 작가전'-평양 송화미술원 특별전	동아일보사 일민미술관
105	1997.8.29-8.30	제3차 남북해외학자통일토론회	중국 북경
106	1997.9.1-21	북한 신동 그림전	롯데월드어드벤처
107	1997.9.1-11.27	광주비엔날레 북한미술 공예품전	광주 비엔날레 북한관
108	1997.9-10	중앙일보 통일문화연구소의 북한지역 문화유적 답사	북한지역 역사유적
109	1997.11.3-11.5	북녘어린이돕기 북한미술대전	서울 이북5도청
110	1998.	북한서적 『고려사』 CD롬 제작	남한
111	1998.1	유홍준의 『나의 북한 문화유산답사기』 출판	북한
112	1998.2.20-2.21	제4차 남북해외학자통일토론회	중국 북경
113	1998.3.3-3.4	KBS 답사 - 북녘산하, 북녘유산	북한
114	1998.3.16-3.18	통일과나눔 남북교회 협의회	호주 시드니
115	1998.4.12	부활절 '남북의 화해와 이산가족 재회를 기원하는 미사'남북동시 봉헌	서울·평양(장충성당 박창득 신부)
116	1998.5.2-5.12	리틀엔젤스 평양공연	봉화예술극장, 만경대학생소년궁전
117	1998.5.15-5.22	천주교 서울대교구 민족화해위원회 방북	평양
118	1998.5.26-6.2	한국기독교교회협의회(KNCC) 방북	평양
119	1998.5.28-6.11	남북공동사진전 〈백두에서한라까지 렌즈로 본 조국〉	평양 서울 예술의전당
120	1998.6	나진·선봉과기대 설립	나진, 선봉
121	1998.6	남북문화정보화사업	북한
122	1998.6.30-7.7	민족통일선교협회 방북	평양
123	1998.8.9	KBS, 솔런 호아스 기자의 '평양일기'방영	평양

124	1998.8.10-8.14	SBS '김승규의 평양리포트'방영	평양
125	1998.8.11-8.17	천주교정의구현전국사제단 방북	평양
126	1998.8.24	SBS '김혜자의 5일간의 북한체험'방영	북한
127	1998.8.31-9.7	통일물산전 - 북한예술품전	현대백화점부산, 울산, 대구, 광주, 대전, 서울 순회
128	1998.9.1	북한영화〈안중근 이등박문을 쏘다〉 방영	남한
129	1998.9.6, 9.13	KBS 일요스페셜, '북한산하 기행'	북한
130	1998.9.11	고구려 고분벽화 모형전	경주엑스포 북한관
131	1998.9.16	Q채널 '그리운 북한 땅 - 우리 문화 답사기'방영	북한
132	1998.9.26-10.3	기독교 대한감리회 서부연회 방북	평양
133	1998.10.9-10.10	제6회 조국의 평화통일과 선교에 관한 기독자 오사카 회의	일본 오사카
134	1998.10.17-11.15	북한드라마 〈림꺽정〉 (10부작)방영	남한
135	1998.10.20-10.27	동아일보회장단 방북	평양 등
136	1998.11.3-11.5	제1회 윤이상 통일음악회	평양모란봉극장, 윤이상 음악당
137	1998.11.6-11.14	북한저명화가 초대전	서울 예술의전당
138	1998.12.21-12.29	북한저명화가 금강산그림전	서울 무역센터 현대백화점
139	1998.11.10-11.17	한겨레신문사 사장단 방북	평양 등
140	1998.11.21-11.28	한국종교인평화회의KCRP 방북	개성
141	1998.2.19-3.4	북한미술전	서울 백상기념관
142	1998.12.26	MBC '금강산 가는 길'방영	금강산
143	1999.	북한서적 『개성이야기』 국내출판 (1999 계약, 2000 출판)	남한
144	1999.1.3	북한영화 〈온달전〉 방영	남한
145	1999.1.7	MBC '평양체류, 6박 7일'방영	평양
146	1999.1.9	인천방송- 북한 애니메이션의 세계 방영	북한
147	1999.2.15	평양교예단 공연실황 방영	남한
148	1999.2.19-3.4	제1차 한국원로화가 북녘산하 기행	서울 롯데백화점
149	1999.4.24-4.27	종교인 북경 평화모임	중국 북경
150	1999.6.8-6.15	민족화합불교추진위원회 방북	묘향산 보현사

151	1999.7	통일세미나	중국 북경
152	1999.8.10-8.14	통일염원 남북노동자축구대회	평양
153	1999.9.18-9.25	대한불교 진각종 방북	평양
154	1999.9.27-10.2	통일농구경기대회	평양
155	1999.9.28-9.29	SBS 남북통일 농구대회 방영	평양체육관
156	1999.10.26-10.27	제5차 남북해외학자통일토론회	중국 북경
157	1999.11	통일염원 금강산 국제랠리	금강산
158	1999.11.23-11.30	민족화합불교추진위원회 방북	평양
159	1999.12.5	2000평화친선음악회-로저클린턴평양공연	평양봉화예술극장
160	1999.12.7	SBS '조경철박사의 평양방문기'방영	평양
161	1999.12.7-12.14	조국평화통일불교협회 방북	평양
162	1999.12.11-12.18	KCRP 명예회장 등 방북	평양
163	1999.12.20	제1회 민족통일음악회	평양봉화예술극장
164	1999.12.22-12.25	통일농구경기대회	서울잠실체육관
165	2000.1	광주북구자미축제- 북한애니메이션영화제	광주
166	2000.2.10-2.21	세계평화미술제전	서울 예술의전당
167	2000.3.20-25	북한 유고작가 초대전	세종문화회관
168	2000.3.29-6.7	광주비엔날레 - 북한 미술의 어제와 오늘	광주시립 미술관
169	2000.4.3	『조선유적유물도감』(총5권) 출판	남한
170	2000.4.7-4.14	조국통일기도동지협의회 방북	평양 봉수교회
171	2000.4.23	부활절 남북공동 예배	평양
172	2000.5.3-16	천재화가 오은별전	갤러리K H
173	2000.5.24-5.30	평양학생소년예술단 서울공연	서울 예술의전당
174	2000.5.29-6.11	평양교예단 서울공연	서울 잠실체육관
175	2000.6.1	북한영화 〈홍길동〉 방영	남한
176	2000.6.1	북한영화 〈사랑 사랑 내사랑〉 방영	남한
177	2000.6.11	EBS 〈북한애니메이션특집〉 방영	남한
178	2000.7	북한 문화자료 정보화사업	북한
179	2000.7.22	북한영화 〈불가사리〉 국내 개봉	남한
180	2000.7.15-7.22	감리회서부연회 은희곤 총무 방북	평양, 황남 해주
181	2000.7.26-7.30	남북탁구경기	평양
182	2000.7.26-7.30	평양통일탁구대회 취재	평양체육관

183	2000.8.5-8.12	이산가족상봉 방송물 제작	방북 제작, 남에서 방영
184	2000.8.5-12	언론사사장단 방북	평양, 묘향산, 백두산 등
185	2000.8.14	MBC, 현미 ·남보원이 본 평양	평양
186	2000.8.15	MBC, '금강산을 달린다'금강산랠리 방영	금강산 7.31경기장
187	2000.8.15	8.15 남북동시 법회	서울, 평양
188	2000.8.15-8.17, 8.26-8.18	KBS 특별기획 3부작 〈북녘땅 고향은 지금〉제작	북한
189	2000.8.18-8.24	남북교향악단 합동연주회	서울 KBS홀, 예술의전당
190	2000.8.26-9.16	북한현지 생방송 〈백두에서 한라까지〉	백두산, 서울, 한라산 3원 방송
191	2000.9.10-10.9	북한저명화가 작품전	운현궁전시장
192	2000.9.11-9.13	MBC〈서울-평양 뉴스데스크〉 이원생방송	서울, 평양
193	2000.9.15-10.1	2000 시드니올림픽 남북동시입장	호주 시드니
194	2000.9.19-9.26	대한불교 진각종 방북	평양
195	2000.9.22-9.28	백두산관광단 방북	평양, 백두산, 묘향산 등
196	2000.10.2-10.5	남북 신문 교환	판문점(남북)
197	2000.10.9-10.14	SBS 창사 10주년 기념 8시뉴스 평양편	평양
198	2000.11	춘천 국제만화 축제 - 북한만화영화사이트 개설	춘천(웹사이트)
199	2000.11.2	영화 〈공동경비구역 JSA〉필름 전달	북한
200	2000.11.3	EBS 프로그램 북한 TV 방영	조선중앙텔레비전방송
201	2000.11.9	북한영화 〈소금〉 국내 상영	서울 애니메이션센터
202	2000.11.11-11.18	남한 영화인 방북	평양
203	2000.11.21-11.25	대한불교 천태종 방북	평양
204	2000.11.24	조선장학회 100주년기념 - 고대사 심포지엄	일본 도쿄, 신주쿠
205	2000.12.11-12.18	금강산가극단 서울 공연	서울 리틀엔젤스회관
206	2000.12.12-12.24	남북노동자통일대토론회	금강산여관
207	2000.12.12-12.15	第7회 조국의 평화통일과 선교에 관한 기독자 후쿠오카회의	일본 후쿠오카

208	2000.12.12	북한 바둑게임(묘향산 바둑) 국내 서비스 시작	남한
209	2000.12.23-12.24	남북 인터넷 바둑대회	남북 온라인
210	2001.2	금강산 신계사 복원 기원법회	금강산 신계사
211	2001.2.1-2.2	창극 〈춘향전〉 평양 공연	평양봉화예술극장
212	2001.2.16	MBC 스페셜 〈춘향 평양가다〉	평양봉화예술극장 등
213	2001.2.22-2.24	제4차 Korean 컴퓨터처리 국제학술대회	중국 연길
214	2001.3.1	3.1절남북학자토론회 및 자료전시회	평양
215	2001.3.10-3.15	김한길 문화관광부장관 등 방북	평양
216	2001.3.26-3.27	창극 〈황진이〉 금강산 공연	금강산 문예회관
217	2001.3.26-3.29	남북종교인평화모임 변진흥 KCRP 사무총장 등 31명 방북	평양
218	2001.4	제1회 금강산 신계사 등달기 행사	금강산 신계사
219	2001.4.2	DVD〈미달이의 신나는 손놀이〉전달	북한
220	2001.4.7-4.14	부활절 연합예배 개최	평양
221	2001.4.7-4.11	제19차 '4월의 봄 친선예술축전'김연자 방북공연	평양청년중앙회관, 함흥대극장
222	2001.4.15	MBC여기자 북한방문기〈평양 10박11일〉	평양 촬영
223	2001.5.1	남북노동자 5.1절 통일대회	금강산
224	2001.5.1	MBC- 노동절 행사 뉴스 보도	금강산
225	2001.5.18-6.2	KBS보도특집 〈관광산업, IT 산업〉	평양 등
226	2001.5.26-5.28	남북합동콘서트〈남북이하나가되어〉	노르웨이 스타방거,오슬로,베르겐
227	2001.6	모스크바국제영화제 남북영화 상영	러시아 모스크바
228	2001.6.1	일요스페셜〈남과 북, 함께 부르는 노래〉	평양 등
229	2001.6.1-6.29	특집 〈여기는 평양입니다〉	평양
230	2001.6.4	KBS- 북한 조선중앙티비 스튜디오에서 〈9시뉴스〉 일부 진행	북한 조선중앙티비 스튜디오
231	2001.6.5	평양과기대 건립, 운영	평양
232	2001.6.7-6.8	이영희 평양 초청 민족옷 전시회	평양청년중앙회관

233	2001.6.14-6.23/8.14-8.23	남북공동사진전-백두에서 한라까지	평양 인민문화궁전(6.14-23), 서울 세종문화회관(8.14-23)
234	2001.6.15	6.15공동선언발표 1돐기념 민족통일대토론회	금강산
235	2001.6.19-6.23	천도교 교령 일행 방북	평양
236	2001.6.20-7.1	북한미술 특별전	서울 문예진흥원 미술회관
237	2001.7	통일염원 금강산 국제랠리	금강산
238	2001.7.18-7.19	남북농민대회	금강산
239	2001.8	북한영화 〈살아있는 령혼들〉 특별 상영회	남산빌딩 감독협회
240	2001.8	민족네트워크-평양정보센터, TV시리즈 '모디스 프로젝트'(104편)완성	남한, 북한
241	2001.8.14	자연다큐멘터리 〈백두고원을 가다〉	백두산 등
242	2001.8.15-8.21	2001년 민족통일대축전	평양
243	2001.10	조선시네마사이트 운영을 위한 북한 영화 수입	남한
244	2001.10.6-12.29	역사스페셜 〈한민족 특별기획 - 북한문화유산시리즈〉	북한
245	2001.12.18	북한 공훈예술가 리철우(재일동포) 방한 강연	서울 등
246	2001.12.14-12.16	2001년 남북언어 동질성 회복을 위한 제1차 국제학술회의	중국 북경
247	2001-2003	금강산 신계사 발굴사업	금강산 신계사
248	2001-2005	남북합작 애니메이션 〈게으른 고양이 딩가1, 2〉 제작	남북(평양 삼천리 총회사)
249	2002.	남북합작 애니메이션 〈왕후 심청〉 제작	평양 4.26아동영화촬영소
250	2002.3.2-3.3	KBS대하드라마 〈제국의 아침〉방영	북한(백두산 등)
251	2002.3.15-3.16	금강산가극단 예술인 초청공연	서울 국립극장
252	2002.3.20-4.7	북한예술가 손국연 방한 퍼포먼스	서울 아트사이드(관훈동)
253	2002.4	재일 한국무용가 정명자 방북 공연	평양국제영화회관
254	2002.4	제2회 금강산 신계사 등달기 행사	금강산 신계사

255	2002.4.4-4.11	第20次 '4월의봄 친선예술축전'김연자 방북공연	평양4.25문화회관,봉화예술극장, 만수대예술극장
256	2002.4.17	북한미술특별전	서울 공평아트센터(인사동)
257	2002.5	영화 〈집으로〉 북한 전달	중국 북경
258	2002.5.2	〈북한 아리랑〉 관련 취재 및 방송물 제작	일본 동경
259	2002.5.11-5.14	한국미래연합 박근혜 위원장 방북	평양
260	2002.5.15-6.8	2002 남북평화미술축전	서울세종문화회관, 조달청 조달문화관
261	2002.6.14-6.15	6.15공동선언 발표2돐기념민족통일대축전	금강산
262	2002.7.1-8.23	한양대 교수, 북한대학생 IT교육	김일성종합대학교,김책공업대학교
263	2002.7.22-7.25	제8차 조국의 평화통일과 선교에 관한 기독교 동경회의	일본 동경
264	2002.8	남북아리랑기념사업	평양
265	2002.8.3-8.7	2002년 정보화시대에 따르는 민족어의 통일적 발전과 언어정보산업 표준에 관한 학술모임	중국 북경
266	2002.8.4-8.6	남북언어정보표준화 회의	중국 북경
267	2002.8.13-8.15	SBS, 북한영상물 〈임진왜란 3부작〉 방영	남한
268	2002.8.14-8.15	8.15민족통일대회 예술 공연	서울 워커힐호텔
269	2002.8.15-8.16	6.15공동선언 실천을 위한 민족공동 미술전시회	서울 워커힐호텔
270	2002.8.15-16	8.15민족통일대회	서울
329	2002.8.29	남북청년공동문화행사	대구
271	2002.9.4-9.6	재일조선학생소년예술단 방한 공연	서울교육문화회관, 전주한국소리문화전당
272	2002.9.7	남북통일축구경기 KBS방영	남한
273	2002.9.7	2002 남북통일 축구경기	서울 성엄월드컵경기장
274	2002.9.11-9.13	북한 아시아경기대회준비상황위성생방송	남한, 북한

275	2002.9.14-17	남한 태권도시범단 방북	평양 태권도전당
276	2002.9.16-9.22	특별취재 〈북의 경제와 스포츠의 현장〉	평양 안골촌 등 스포츠 현장
277	2002.9.16-9.22	추석맞이 남북교향악단 평양합동연주회	평양봉화예술극장
278	2002.9.17-9.21	KBS 9시뉴스, 북한현지취재 생방송	북한
279	2002.9.27-9.29	2002 MBC 평양특별공연	동평양대극장
280	2002.9.29-10.14	제14차 부산아시안게임 북한 참가	부산
281	2002.10.1-10.5	개천절 민족공동행사	평양 단군릉
282	2002.10.1-10.5	단군 및 고조선에 관한 남북 공동 학술 토론회	평양인민문화궁전
283	2002.10.13-10.14	남북해외청년학생통일대회	금강산
284	2002.10.17-10.18	'한민족전통문화의 현대적 조명'학술모임	중국 선양
285	2002.10.18-10.23 /2003.9.30-10.4	이두용 감독 〈아리랑〉시사회	평양국제영화회관
286	2002.10.23-26	북한 태권도시범단 방한 공연	서울
287	2002.10.26-11.3	북한 경제고찰단 방한	서울 및 지방 산업시찰
288	2002.11.9	KBS역사스페셜 〈세계의 문화유산 한반도 고인돌〉	촬영-황해도,남포,상원, 평양 등 (2002.9.16-28)
289	2002.11.30-12.10	금강산가극단 방한 공연	부산 KBS홀, 전주 전북대공연장
290	2002.12.3	MBC 창사특집 〈통일염소의 대장정 - 남북농업교류, 1년의 기록〉	북한
291	2002.12.6-2003.3.6	특별기획전 고구려! - 평양에서 온 고분벽화와 유물	서울 코엑스 특별전시장
292	2002.12.16-12.17	남북여성통일대회	금강산
293	2002.12.23-12.24	남·북·중 여성학 학술회의	중국 연변
294	2002-2005	남북합작 애니메이션 〈뽀롱뽀롱 뽀로로 1, 2〉 제작	남, 북(평양 삼천리총회사)
295	2003.1-2005.10.31	영통사 복원 불사 지원 및 완성	개성 및 영통사
296	2003.2.1-2.8	아오모리 동계아시안게임 개·폐회식 공동입장	일본 아오모리
297	2003.2.20	일제의 조선인 강제연행 범죄성에 대한 토론회	평양 인민문화궁전
298	2003.3.1-3.2	평화와 통일을 위한 3.1민족대회	서울

299	2003.3.11-3.15	남북노동자대표회의	평양
300	2003.3.11-3.15	북한 사찰 단청 지원사업	평양
301	2003.3.23-3.25	한민족 화합 기도회	금강산 신계사터
302	2003.3.26-3.27	남북해외학자통일회의	평양인민문화궁전
303	2003.4	제3회 금강산 신계사 등달기 행사	금강산 신계사
304	2003.4.1	KBS, 남북·해외학자통일회의 방영	평양
305	2003.4.5	평양신학원 건축 기공 예배 참석	평양
306	2003.4.12- 4.28	한국미술의 잃어버린 페이지전	밀알미술관
307	2003.4.24-4.28	북한교회선교협력 및 쌀 지원 확인	평양
308	2003.4.25-5.4	전주국제영화제 북한영화 상영	전주
309	2003.6.19	북한영화 〈청자의 넋〉 상영	남한
310	2003.7	남북사회문화교류협력분과위 구성	서울
311	2003.7.29	남북 단청자료 전시 및 학술토론회	금강산
312	2003.7.29-8.2	전교조대표단 방북	평양
313	2003.8.15	KBS 특별기획 〈평양노래자랑〉	평양
314	2003.8.15-9.16	평화와 통일을 위한 8.15민족대회	평양 능라유원지
315	2003.8.19-8.26	국호영문표기문제 남북학술토론회	평양, 김일성종합대학교
316	2003.8.21-8.31	제22차 세계대학생체육경기대회	대구
317	2003.8.29	대구유니버시아드대회 남북청년 공동문화행사	대구 두류공원 야구장
318	2003.9.22-9.26	청년학생 역사유적답사단 방북	평양, 백두산, 남포, 묘향산 등
319	2003.9.22-9.26	남북 청년학생 공동행사	평양
320	2003.9.29	〈우끼시마루〉사건 진상규명 토론회	평양인민문화궁전
321	2003.10.2	제2차 단군 및 고조선에 관한 남북공동 학술토론회	평양 인민문화궁전
322	2003.10.2-10.10	부산국제영화제 북한영화 상영	부산
323	2003.10.3	개천절기념 민족공동행사	평양 단군릉
324	2003.10.6-10.7	류경정주영체육관 개관 기념 통일음악회	평양 류경정주영체육관
325	2003.10.6	류경정주영체육관 개관 기념 평양 통일 농구대회	평양
326	2003.10.13	손정도목사기념사업회 설립기념 평양학술대회	평양

327	2003.10.18	〈남북경협현장 - 평양, 남포 그리고 개성〉 취재 방영	평양,남포,개성 등
328	2003.10.18	남북방송인 토론회	평양인민문화궁전
330	2003.10.23-10.27	민족통일평화체육문화축전	제주도 종합경기장 등
331	2005.6	남북권투 교류	평양 류경체육관
332	2003.11	남북도서 공동번역 및 출판	평양
333	2003.11	백두산 자연총서 개발	평양
334	2003.11	평양 제일교회 건립사업	평양
335	2003.11.6-11.9	민족어의 통일적 발전과 방언 조사연구에 관한 학술모임	중국 북경
336	2003.11.20-11.22	남북 합동 수석전	금강산
337	2003-2007	KBS 사극〈사육신〉남북공동제작 및 방영	평양, 서울
338	2004.1.15	MBC 〈북녘의 음식 기행〉 방영	북한
339	2004.1.16-1.19	문익환목사 10주기 추모 행사에 북한 대표단 방한	서울
340	2004.2.25	일제만행 관련 남북토론회	평양인문문화궁전,조선미술박물관
341	2004.3.13	남북대학생상봉모임	금강산
342	2004.3.24-3.28	일제약탈문화재 반환 공동학술토론회	평양 조선미술박물관
343	2004.4	한반도종합식물지 작성	평양
344	2004.4.6	금강산 신계사 착공식	금강산 신계사
345	2004.4	제4회 금강산 신계사 등달기 행사	금강산 신계사
346	2004.4-2009.12	겨레말큰사전 남북공동편찬사업	평양, 금강산, 개성, 북경, 심양
347	2004.4.9-6.20	2004 남북공동기획 고구려 문화전 - '우리 땅 살아오는 고구려'	서울 한솔동의보감 7층 컨벤션홀
348	2004.4.30-5.3	남북노동자 5.1절 통일대회	평양
349	2004.5	일제과거청산을요구하는 국제연대협의회	서울
350	2004.6.14-6.20	남북공동사진전 '꽃으로 본 내나라'	평양 문화전시관
351	2004.6.15	남북해외학자통일회의	서울
352	2004.6.15-6.16	6.15선언 4돐 기념 우리민족대회	인천문학경기장 등

353	2004.6.23-6.25	민족어유산의 수집정리와 고유어체계의 발전 풍부화에 관한 학술모임	중국 북경
354	2004.6.24	MBC 〈살아있는 고구려〉 방영	평양 등
355	2004.6.27	남북농민통일대회	금강산
356	2004.7.10-7.11	KBS역사스페셜〈고구려는 살아있다〉방영	북한
357	2004.7.19	남북교육자통일대회	금강산
358	2004.8.11	아테네올림픽 북한방송 중계 지원	북한
359	2004.8.14	아테네올림픽공동입장	그리스 아테네
360	2004.8.19	남북공동 학술세미나 개최	개성
361	2004.9	고건축 실측조사 및 보고서 발간	평양
362	2004.9	과학기술대백과 사전 편찬	평양
363	2004.9.10-9.18	북녘작가 미술대전	청주예술의 전당
364	2004.9.11-9.12/10-12	고구려 고분군 세계문화유산 등재 기념 전시 및 학술토론회	금강산 온정각, 문화회관
365	2004.11.5-11.6	극단 아리랑 전통 연희극 '금강산'공연	금강산 문화회관
366	2004.12	남북한, 중국 탁구대회	중국
367	2004.12.20-12.22	Korean 컴퓨터 처리 국제학술대회 10주년 기념 학술회의	중국 선양
368	2004.12.20-12.24	방언 연구와 조사 및 코퍼스에 관한 국제학술회의	중국 선양
369	2005.1	북한 방송제작물 서비스 및 판매	북한
370	2005.10	플레시모바일게임 개발 및 컨텐츠 교류	북한(조선륙일오편집사)
371	2005.1.21-1.30	북녘작가 미술대전	울산 문화예술회관
372	2005.2	고구려·발해 역사 관련 남·북·러 3국 공동학술회의	러시아 블라디보스톡
373	2005.2.22	MBC PD수첩 〈개성을 가다〉 방영	북한 취재, 남한 방영
374	2005.2.24-2.25	남·북·러 3국 공동학술회의	러시아 블라디보스톡
375	2005.3	북한무용수 조명애 출연 광고 촬영	중국 상해
376	2005.3.15	MBC 다큐멘터리 〈한반도의 지붕, 개마고원을 가다〉 방영	북한 취재, 남한 방영
377	2005.4	『조선요리 100선』 남북공동 제작	북한
378	2005.4-2007.6	신계사 복원 공사기록 및 영상 기록물 제작 위해 방북	북한
379	2005.4.29-5.6	전주국제영화제 북한 영화 상영	전주

380	2005.4.29	남북농민대표자 연대회의	금강산
381	2005.5	북한 성경, 찬송가 제작 자재 지원	평양
382	2005.5	북한소설 '임꺽정'정식저작권료합의	금강산
383	2005.5.7-7.10/ 7.23-8.31	6.15공동선언 발표 5돌과 조국광복 60돌 기념 고구려유물 전시회	고려대 박물관, 서울역사박물관
384	2005.5.23-5.27/ 7.17-7.18	남북대학생 상봉모임	금강산
385	2005.6	북관대첩비반환사업(일본에서 환수)	서울
386	2005.6.8.(녹화)/ 6.12(방송)	KBS 금강산 열린음악회	금강산
387	2005.6.14-6.17	6.15선언5돐기념 민족통일대축전	평양
388	2005.6.16	가극〈금강〉평양공연	평양봉화예술극장
389	2005.7	『북한 역사유물유적총람』 발간	북한
390	2005.7	왜성사과 과수원 조성사업	북한
391	2005.7	평양신학원 운영 지원	평양
392	2005.7	북한에 축구용품 지원	북한
393	2005.7.20-7.25	6.15공동선언 실천을 위한 민족작가대회	평양,백두산,묘향산
394	2005.7.25-9.20	제1회 남북전통공예 교류전	서울 덕수궁
395	2005.8	KLPGA 평양오픈대회	평양
396	2005.8.1	남북통일축구	서울, 파주
397	2005.8.14-8.17	8.15민족대축전	서울
398	2005.8.23	조용필 평양공연	평양 류경정주영체육관
399	2005.8.23-8.27	6.15시대 정당의역할에 관한 토론회	평양인민문화궁전
400	2005.9.1	인천 아시아육상선수권대회 북한 참가	인천
401	2005.9.7	뮤지컬 〈아, 고구려 광개토호태왕〉 평양공연	평양 봉화예술극장
402	2005.9.7-2006.3 (회담:3회), 2006.6 (공동조사)	안중근의사 유해발굴사업 남북공동추진	개성, 중국 대련
403	2005.9.10-9.14	남북여성연단 개최	평양
404	2005.9.26-10.31	남한국민의 '아리랑공연'참관 및 문화유적답사(7,300여명)	평양, 인근유적지
405	2005.9.27-9.29	남북강원도 민속문화제	금강산
406	2005.10	광복60주년 기념 남북공동학술회의	평양

407	2005.11	개성 세계문화유산등재 지원을 위한 남북공동학술회의	개성
408	2005.11.7	을사5조약 날조 100년 남북공동 사진 전시회	서울 국회헌정기념관
409	2005.11.13-11.21	개성역사지구의 세계문화유산 등재를 위한 남북공동학술토론회	개성 자남산여관
410	2005.11.23-11.26	평양 - 남포 마라톤대회	평양, 남포 서산 축구경기장
411	2005.11.30-12.3	2006서울세계도서관정보대회 조직위 관계자 방북	평양
412	2005.12	민간교류 활성화 방안 남북공동 세미나	평양
413	2005.12.19	남북교육자대회	개성
414	2006.1	평양 봉수교회 지원	평양
415	2006.1	『조선향토대백과』 출판	남한
416	2006.2.7-2.11	열린정책연구원 대표단 방북	평양
417	2006.2.21	남북청년 연환모임	평양청년중앙회관
418	2006.3	남북아이스하키 친선경기	춘천
419	2006.3, 5	북한 보건관련 학술회의 개최	중국 상해, 심양
420	2006.3.1	남북여성대표자회의	금강산
421	2006.3.1	북관대첩비 북한에 이관	개성 성균관
422	2006.3.6-3.24	'그리운 북녘 산하'전	전라북도청사
423	2006.3.14	남북노동자대표자회의	개성
424	2006.4	남북기사교류 및 방북취재	북한
425	2006.4.1-7.7	고구려 안학궁 발굴사업	평양 안학궁터
426	2006.4.4	남북농민단체대표자회의	개성
427	2006.4.5-4.6	과학기술총연합회대표단 방북	평양
428	2006.4.8-19	개성공단 지표 조사 시출 및 발굴 조사	개성공단1단계 부지
429	2006.4.10/5.16(1차), 11-12(2차)	2006 남북공동나무심기 행사	개성지역
430	2006.4.19-5.2	유네스코 세계문화유산 등재 고구려고분 남북공동조사	평양
431	2006.4.29	금강산 윤이상 음악회	금강산 문화회관
432	2006.5.2-5.6	의학자대표단 방북	평양인민문화궁전
433	2006.5.10-5.11	남북대학생대표자회의	금강산

434	2006.5.15-5.20	제9차 평양 봄철 국제상품 전람회 남한 대표단 참관	평양
435	2006.5.16-5.20	남북경제문화협력재단 방북	평양
436	2006.6	북한 전통문화 기록화 사업	북한
437	2006.6.1	제4차 남북프로권투대회	금강산
438	2006.6.4-6.8	금강산가극단 특별공연	서울, 수원
439	2006.6.6-6.11, 6.12-6.18, 7, 8	사진전 '평양사람 서울나들이'초청 전시	서울 프레스센터 등 전국 전시
440	2006.6.13-10.26	〈북녘의 문화유산 - 평양에서 온 국보들〉전시	국립중앙박물관, 국립대구박물관
441	2006.6.14-9.15	'만수대창작사 3인 3색 - 정창모, 선우영, 탁효연'전	서울갤러리북(北)
442	2006.6.15	6.15 남북공동행사	광주
443	2006.7.3-8.16	제2회 남북전통공예교류전	서울 역사박물관
444	2006.8.18-9.2	남북문화재도서전	서울중요무형문화재전수회관
445	2006.9	재북 임시정부요인 묘소 성묘사업	평양
446	2006.10.15-10.20	윤이상 평화 음악축전	일본, 한국, 독일
447	2006.10.22	태국 차이퐁컵 국제친선 청소년축구대회 단일팀 참가	태국
448	2006.10.29-10.31	'6.15민족문학인협회'출범	금강산
449	2006.11	개성지역 청소년평화통일 숲가꾸기	개성
450	2006.12.28	'북한의 공예'출판	서울
451	2006.12	북한 처소교회 지원	평양
452	2007.1	남북프로권투대회	개성
453	2007.1.5	『강경애, 시대와 문학』 출간	남한
454	2007.2	북한 소프트웨어 전문인력 교육	평양
455	2007.3	남북 기사, 사진 등 콘텐츠 이메일 교환, 홈페이지 게재	남한, 북한
456	2007.3.7-3.10/5.2-5.5	열린우리당 동북아평화위원회 대표단 방북	평양
457	2007.3.22-3.25	남북경제문화협력재단 방북	평양
458	2007.4	북한 유소년대표 남한 전지훈련	제주도 등
459	2007.4	6.15 7돌기념평양-남포 자전거평화대행진	평양, 남포
460	2007.4.6-4.9	북한 태권도 시범행사	춘천, 서울
461	2007.4.29-5.1	5.1절 남북노동자통일대회	경남 창원

462	2007.5	음반 '동인'발매	남북한
463	2007.5.1	남북노동자축구대회	창원
464	2007.5.9-5.12	동아시아미래재단 관계자 방북	평양
465	2007.5.15-5.20	'창원에서 만나는 북녘 그림'전시	창원 성산아트홀
466	2007.5.19	북한미술 전문 상설 전시장 개관	경기도 고양시 'K Art Gallery'
467	2007.5.29-6.2	동북아음악연구소, 국악협력사업 협의차 방북	평양
468	2007.5.30-6.9	고구려벽화무덤 참관차 남북역사학자협의회 및 역사학자단 방북	평양(력포구역 동명왕릉 지구)
469	2007.6	남북축구단 친선경기	평양
470	2007.6-11	남북유소년축구팀 친선경기	전남 강진, 평양
471	2007.6.1-6.10	경남통일사진전 개최	경남도청 도민홀
472	2007.6.5	8.15공동선언 이행과 평화통일을 위한 남북교회 금강산 기도회'개최	금강산
473	2007.6.8-6.23	불교 천태종, 개성 영통사 성지순례 답사	개성 영통사, 개성 시내
474	2007.6.14-6.17	6.15선언 7돐 민족통일대축전	평양
475	2007.7	'남북학술용어집'공동연구 개발	남한, 북한
476	2007.8.11., 18, 23 (3회)	불교천태종, 개성 영통사 성지순례	개성 영통사, 개성 시내
477	2007.9	태국 차이퐁컵 국제친선 청소년 축구대회 단일팀 참가	태국
478	2007.9	북한에 남한학술지 제공	북한
479	2007.9.12-9.13	의학자대표단 방북	평양인민문화궁전
480	2007.10.2-10.28	2007청주국제공예비엔날레 북한공예 특별전	청주 국제공예 비엔날레 전시장
481	2007.10.11-10.19	하나를 위한 어우러짐-새로운 시선. 북녘그림전	백인제 기념 도서관
482	2007.10.13	신계사 낙성 기념법회	금강산 신계사
483	2007.11	평양 조용기 심장전문병원 건립	평양
484	2007.11.14	대각국사의천 열반 906주기 다례제	개성 영통사
485	2007.11.20-11.24	안성 남사당 풍물단 평양공연	평양 정방산 성불사
486	2007.11.28-12.3	'북한 대표화가 5인'작품전	울산 남구문화원
487	2008.1	북한에 IT학술지 제공	북한

488	2008.2(북한), 2008.5(남한)	『통일문학』 창간 1호 발행	남북한
489	2008.2.26.(평양), 2008.2.28(서울)	뉴욕필하모닉 평양 - 서울 순회공연	평양동평양대극장 서울 예술의전당
490	2008.4	북한 소프트웨어 전문인력 교육	평양
491	2008.4.27-4.28	6.15선언과 10.4선언 실천을위한 제5차 남북청년학생단체대표자 회의	금강산
492	2008.5.8-5.9	남북언론인대표자 회의	금강산
493	2008.5.15-5.16	남북여성대표자 회의	금강산
494	2008.5.29-5.30	남북교육자대표자 회의	금강산
495	2008.6.15-6.16	6.15선언 8돐 민족통일대회	금강산
496	2008.7(북한), 2008.10(남한)	『통일문학』 2호 발행	남한, 북한
497	2008.11.9	영통사 낙성 3주년 법회 및 성지순례 원만성취 기원 남북공동 대법회	개성 영통사
498	2008.11.20-11.26	남북미술전	한국미술관(인사동)
499	2009.4.1	'2010 남아공월드컵'예선 남북축구 대표팀 경기	서울 상암월드컵경기장
500	2009.5.19-5.22	일제가 약탈해간 문화재 반환 촉구 남북 불교도 합동법회	평양 대성산 광법사
501	2009.7.17-8.4	남북유소년 축구선수단 친선경기	중국 곤명
502	2009.10.13	신계사 낙성 2주년 기념법회	금강산 신계사
503	2009.10.14-10.25	북녘의 산하전	송암문화재단 전시관(종로수송동)
504	2009.10.17-10.25 11.2-11.4	'남북 KOREA 녀성 오늘전 '- 남북 녀성미술가 교류전 개최	한전프라자갤러리,국회의원회관
505	2009.11.21	대각국사의천 열반 908주기 다례제	개성 영통사
506	2010.10.13	신계사 낙성 3주년 기념 법회	금강산 신계사
507	2010.12	개성만월대 3개년 발굴조사	개성
508	2011.3.29-4.12	백두산 화산 공동연구	문산 개성
509	2011.5.4	조계종방북단 금강산 방문	금강산
510	2011.8.10-8.11	북한사찰사진전시회〈분단 66년, 북녘의 불교문화유산〉	남한 여의도 국회의원회관 1층 로비
511	2011.8.15	조계종 8.15 남북 동시 법회	서울 조계사, 평양 광법사

512	2011.9.3-9.7	조계종 팔만대장경 판각 1천년기념 조국통일기원 남북불교도합동법회	묘향산 보현사
513	2011.9.12	서울시립교향악단 지휘자 정명훈 방북	평양
514	2011.9.21-9.24	남북종교인 모임	평양
515	2011.10.13	신계사 낙성 4주년 기념 법회	금강산 신계사
516	2011.10.31	영통사 낙성6주년 기념법회 및 대각국사의천 910주기열반 다례제	개성 영통사
517	2011.11.2-11.5	한국기독교교회협의회 대표단 방북,남북공동기도회	평양
518	2011.11.4-11.23	개성 만월대 유적 안전진단	개성
519	2011.11.12-11.15	천도교, 남북합동시일식	평양
520	2011.11.24-12.23	개성 만월대 유적 복구·보존	개성
521	2012.6.13-7.22	'풍경남북-풍경으로 넘어 보는 우리 땅' 전시회	고양 아람누리 아람미술관(고양시 아람누리)
522	2012.10.2	문화재 제자리 찾기 운동 실무협의	중국 심양
523	2012.10.10-10.12	부산국제영화제 북한영화 상영	부산
524	2012.10.13	신계사 낙성 5주년 기념 법회	금강산 신계사
525	2012.10.16-10.17	남불불교 실무회담	중국 심양
526	2012.10.17-10.18	남북불교문화교류 논의	중국 심양
527	2012.10.18-10.19	원불교 - 조불련 회동	중국 심양
528	2012.11.8-11.12	광주국제영화제 북한영화 상영	광주
529	2012.11.13-11.17	안중근의사기념사업회, 안중근의사 유적지 방문	평양, 신천군
530	2012.11.15	영통사 낙성7주년 기념법회 및 의천대각국사 911주기 열반 다례재	개성 영통사
531	2012.11.17-11.21	통일기원 합동미사	평양 장충성당
532	2013.7.20-7.28	2013동아시아축구선수권대회	서울, 화성
533	2013.8	광주국제영화제 북한영화 상영	광주
534	2013.8.22-9.3	2015광주하계유니버시아드대회 유스리더십 프로그램에 북한 참가	광주
535	2013.9.12-9.17	2013아시안컵 및 아시아클럽역도선수권대회	평양
536	2013.10.12	신계사낙성6주년기념 남북합동법회	금강산 신계사
537	2013.11.1	장충성당 설립 25주년 합동미사	평양 장충성당
538	2013.11.7	대각국사 다례제 및 영통사 낙성 8주년 남북합동법회	개성 영통사
539	2013.11.22	개성 만월대 현장방문	개성

540	2014.6.29	만해스님 열반 70주기 합동 다례제	금강산 신계사
541	2014.7.2-8.6	겨레말큰사전 남북공동편찬 회의	중국 심양
542	2014.7.22-8.16	개성 만월대 남북공동발굴조사	개성
543	2014.8.7-8.10	제9회 부산국제매직페스티벌	부산
544	2014.8.13-8.16	남북합동기도회	평양 봉수교회
545	2014.9.19-10.4	2014인천아시아경기대회	인천
546	2014.9.26-9.29	윤이상연구소 창립30주년 기념행사	평양
547	2014.10.3	개천절 민족공동행사	금강산
548	2014.10.13	신계사낙성7주년기념 남북합동법회	금강산 신계사
549	2014.10.15-10.18	남북합동기도회	평양 봉수교회
550	2014.10.18-10.24	2014 인천 장애인아시아경기대회	인천
551	2014.10.30-11.8	겨레말큰사전 남북공동편찬 회의	평양
552	2014.11.7-11.9	국제유소년(U-15)축구대회	경기도 연천
553	2014.11.26	대각국사 다례제 및 영통사 막성 8주년 남북합동법회	개성 영통사
554	2015.5.5-5.11	겨레말큰사전 남북공동편찬 회의	중국 심양
555	2015.8.21-8.24	국제유소년(U-15)축구대회	평양
556	2015.9.18	두만강포럼	중국 연변대
557	2015.10.19-10.26	세계평화를 위한 국제학술회의	평양
558	2015.10.12-10.19	겨레말큰사전 남북공동편찬 회의	금강산
559	2015.10.13-12.14(1, 2차)	광복 70주년 남북공동발굴 개성만월대 특별전	서울
560	2015.10.15	신계사복원8주년기념 남북합동법회	금강산 신계사
561	2015.10.15-11.15	개성만월대 출토 유물 공동전시회 및 학술토론회	개성
562	2015.10.23-10.27	장충성당 남북공동미사	평양
563	2015.10.23-10.30	한반도 에큐메니칼 포럼	평양
564	2015.10.28-10.31	남북노동자축구대회	평양
565	2015.11.9-11.10	남북 종교인 모임	금강산
566	2015.11.3	영통사복원10주년기념남북합동법회	개성 영통사
567	2015.12.23	광복 70주년 계기 남북여성모임	평양단군릉
568	2016.10.6-10.7	10.4선언 9돐 남북해외공동토론회	중국 심양
569	2016.10.14-10.16	두만강포럼	중국 연변대
570	2017.4.1-4.9	2017 국제아이스하키연맹 세계여자선수권대회 북한 참가	강릉
571	2017.4.3-4.11	2018여자축구 아시안컵 예선 남한 참가	평양

572	2017.6.24-6.30	세계태권도선수권대회 북한 참가	무주,전주,서울
573	2017.8.29-8.30	무장 갈등 예방을 위한 글로벌 파트너쉽	몽골 올란바토르
574	2017.12.19-12.22	화학기술 및 산업 협력방안 도출을 위한 국제화학 세미나	중국 연변
575	2017.12.19-12.22	제3회 아리스포츠컵 국제유소년(U-15) 축구대회	중국 쿤밍
576	2018.2	북한 태권도시범단 방한공연	평창, 속초, 서울
577	2018.2.8, 2.11	북한 삼지연관현악단 특별공연	강릉, 서울
578	2018.2.9-2.25	2018평창동계올림픽 남북공동 입장	평창
579	2018.2.9-2.25	남북 여자아이스하키 단일팀 참가	강릉
580	2018.3.9-3.18	2018평창동계패럴림픽남북공동입장	평창
581	2018.4	남한 태권도시범단 평양공연	평양
582	2018.4.1-4.3	2018 남북평화협력 기원 평양공연 - 봄이온다	평양동평양대극장,류경정주영체육관
583	2018.5.18-5.19	제7회 평화통일기원 한민족 축제	카자흐스탄
584	2018.7.3-7.5	남북통일농구대회	평양 류경정주영 체육관
585	2018.7.15-7.22	2018 코리아오픈 국제탁구대회	대전 충무체육관 등
586	2018.7.16-7.19	민화협 대표 상임의장 등 5명 방북	평양
587	2018.7.29	'2018 자카르타-팔렘방 아시안게임'남북단일팀 참가 대비 훈련	충주 진천선수촌
588	2018.8.10-12	남북노동자축구대회	서울 상암월드컵 경기장
589	2018.8.18-9.2	'2018 자카르타-팔렘방 아시안게임'남북공동입장	인도네시아
590	2018.8.18-9.2	'2018 자카르타-팔렘방 아시안게임'남북단일팀 참가	인도네시아

| 색인 |

ㄷ

ㄹ

ㅁ

ㅂ

ㅅ

ㅇ

ㅈ

ㅊ

ㅌ

ㅍ

ㅎ

기타

남북교류 어떻게 해야 할까?
교류 60여년 진단과 새로운 방안

초판 인쇄 2021년 1월 21일
초판 발행 2021년 1월 27일

지은이 김영란
펴낸이 김재광
펴낸곳 솔과학
편 집 디자인86
영 업 최회선
디자인 miro1970@hanmail.net
등 록 제10-140호 1997년 2월 22일
주 소 서울특별시 마포구 독막로 295번지 302호(염리동 삼부골든타워)
전 화 02)714 – 8655
팩 스 02)711 – 4656
E-mail solkwahak@hanmail.net

ISBN 979 – 11 – 87124 – 80 – 1 93390

값 25,000원

본 책의 〈표〉와 〈그림〉은 필자가 통일부의 『통일백서』, 북한의 『조선중앙년감』·『로동신문』 등 여러 자료를 참고·분석하여 작성한 것임을 밝혀둔다.